从一到无穷大

〔乌克兰〕乔治·伽莫夫——著
刘昭远——译

ONE TWO THREE
...
INFINITY

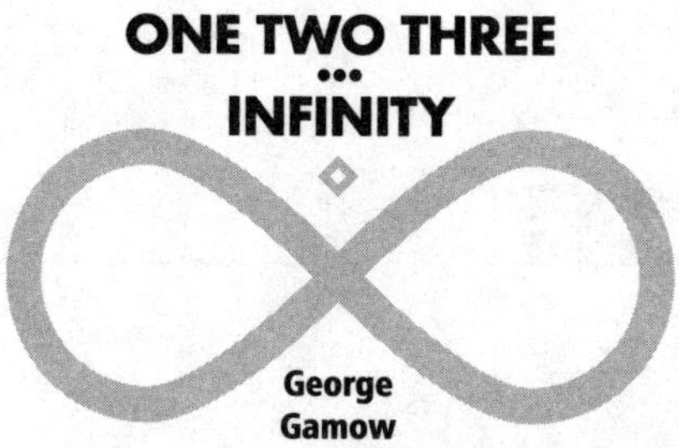

George Gamow

江苏凤凰文艺出版社
JIANGSU PHOENIX LITERATURE AND ART PUBLISHING, LTD

图书在版编目（CIP）数据

从一到无穷大 / (乌克兰) 乔治·伽莫夫著 ; 刘昭远译. -- 南京:江苏凤凰文艺出版社, 2020.4（2022.1重印）
ISBN 978-7-5594-4683-1

Ⅰ.①从… Ⅱ.①乔… ②刘… Ⅲ.①自然科学 - 普及读物 Ⅳ.①N49

中国版本图书馆CIP数据核字（2020）第043481号

从一到无穷大

［乌克兰］乔治·伽莫夫 著　刘昭远 译

责任编辑　李龙姣
图书策划　薛纪雨
版式设计　姜　楠
出版发行　江苏凤凰文艺出版社
　　　　　南京市中央路 165 号，邮编：210009
网　　址　http://www.jswenyi.com
印　　刷　唐山富达印务有限公司
开　　本　880 毫米 ×1230 毫米　1/32
印　　张　10.75
字　　数　250 千字
版　　次　2020 年 4 月第 1 版　2022 年 1 月第 2 次印刷
书　　号　ISBN 978-7-5594-4683-1
定　　价　45.00 元

1961年版前言

无论是哪种科学书籍，在出版几年后，都难逃过时的命运。而《从一到无穷大》无疑是幸运的。这本书出版于13年前，是我在科学刚刚取得了一些重大进展时写成的。因此在这本书中，我将那些重大进展都写了进去。换句话说，我并不需要做太多的修改和补充，就能使它跟得上时代的潮流。

比如我在这本书中写过的重大进展，其中有一项是，利用氢弹爆炸的形式，通过热核反应，人们已经成功释放出了原子能，并且一步一个脚印，正在缓慢而坚定地朝着既定的目标——通过受控热核过程和平利用核能——前进。关于热核反应的原理，以及它在天体物理学中的应用，我在本书第一版的第十一章中已经有过描述，因此如果想要对人类朝着这一目标前进的过程加以讨论，只需在第七章的结尾处稍作补充。

当然，除此之外，还会有其他一些变动。这些变动与加利福尼亚帕洛马山上那台新望远镜所进行的探测有关。通过这台新的200英寸的海尔望远镜，人们对宇宙年龄的认识发生了改变，从过去的二三十亿年增长到了五十亿年。另外，这台望远镜还对天文距离的尺度进行了修正。

再有，因为生物化学最近取得的进展，我必须将图101重新绘制一遍，并对与之有关的文字进行修改，还要在第九章的结尾处补充一些新资料，这些资料都与“合成简单生命有机体”这一课题有关。在第一版中，我曾写道：“没错，在生命与非生命之间，肯定存在过渡的一步。如果在未来几年，某位生物化学家——他必定具有天才般的头脑——能利用普通的化学元素合成一个病毒分子，那么他将有权向世界宣布：‘我已经在一块死物质中成功地注入了生气！’”其实，加利福尼亚州几年前就已经有人能够做到这一点了，或者更准确地说，是差不多做到了。关于这项工作，我在第九章的结尾处进行了简要的介绍。

还有一个改变是，我将这本书的第一版献给了我的儿子伊戈尔，在书中，我曾提到过“他想当一个牛仔”。后来，我收到很多读者的来信，询问我伊戈尔是否实现了自己的梦想。在此我不得不告诉大家，并没有。事实上，他现在正在攻读生物学，并将于明年夏天毕业。至于以后，他打算从事遗传学方面的研究。

乔治·伽莫夫
科罗拉多大学
1960 年 11 月

第一版前言

在这本书里，我们将讨论很多问题，比如原子、恒星和星云是怎样构成的，比如熵和基因是什么东西，它们是否能令空间发生扭曲，还比如火箭收缩的原因等。当然，除此之外，我们还会讨论许多其他同样有趣的事物。

在现代科学中，有许许多多有趣的事实和理论，我想将它们收集起来，并且从微观和宏观两个方面，将今天科学家们所看到的宇宙的总体图景展现在读者面前。这就是我写这本书的原因。毫无疑问，这项计划所涵盖的范围极其广泛，如果每个故事、每处角落都必须详细地讲述一遍，那无论我怎么做，这本书最后都会变成一套有许多卷的百科全书。所以，我打算化繁为简，只选取其中一些主题来讨论。这些主题简要地涵盖了基础科学知识的所有领域，并没有什么遗漏。

不过，在这本书中，对这些主题的介绍会有某种失衡，比如有些章节简单易懂，就算是孩子也不会有什么疑问，而另一些章节会略显晦涩，要想完全理解，就必须集中所有注意力去研究。为什么会这样呢？是因为在选取书中主题时，我看的是它重不重要、有不有趣，而不是它够不够简单。但不管怎么说，我还是希望在阅读这本书时，哪怕是那些对基础科学知识没什么了解的人，也不会遇到太大困难。

大家应该已经发现了，本书后半部分对“微观宇宙”和“宏观宇宙”进行了讨论，但在篇幅上，后者要比前者短得多。之所以会这样，是因为在《太阳的诞生与消亡》（*The Birth and*

Death of the Sun）和《地球自转》（*Biography of the Earth*）[①]两书中，我已经对与宏观宇宙有关的种种问题进行了详细的讨论。所以在这本书里，我不想再重复这一方面的内容，否则很容易因枯燥乏味而令读者感到厌烦。因此，我在这一部分只是像平常那样，对行星、恒星和星云世界里的物理事实及事件，还有支配它们的客观规律，进行了一下简要的论述。当然，我也会对一些问题进行较为详细的讨论，这些问题无一例外，都是随着近几年科学知识的发展而逐渐明晰起来的新问题。在这些新问题中，有两个方面的新观点最为吸引我的目光。一个是巨大的恒星爆发，也就是所谓的"超新星"，是由物理学中已知的最小粒子——中微子——引起的。另一个是新的行星形成理论。在此之前，大家普遍认为行星的诞生是因为太阳与其他恒星发生了碰撞，但新理论却完全摒弃了这一观点，反而对康德和拉普拉斯那几乎被世人遗忘的旧观点大加肯定，甚至使其重新确立起来。

在此，我要对很多艺术家和插画师表示感谢，因为这本书中有许多插图正是以他们的拓扑变形作品为基础的（见第二卷第三章）。我尤其要感谢玛丽娜·冯·诺伊曼（Marina von Neumann）。这位年轻的朋友总是说，无论在哪个方面，她都比她颇负盛名的父亲要懂得多。当然，只除了数学。她认为她的父亲在这方面倒是能和她打个平手。她在看过这本书的部分手稿后对我说，里面有很多东西她都无法理解。原本，我写这本书是打算给孩子们看的，可因为她的这句话，我不得不打消了这个念头，并转而将它写成了现在的这个样子。

乔治·伽莫夫

1946 年 12 月 1 日

---

① 《太阳的诞生与消亡》出版于 1940 年，《地球自转》出版于 1941 年。两书均由纽约海盗出版社出版。——原注

目　录

contents

第一部分

数字游戏

第一章　大数

一、你能数到几?

有一个故事，讲的是两位匈牙利贵族做游戏的事。他们做的是一个数字游戏——看看谁说出的数最大。

“没问题，”其中一位贵族说，“你先开始吧！”

另一位贵族苦苦思索了一阵子，几分钟后终于说出了他能想到的最大的数字：“3。”

现在轮到第一位贵族了，他飞快地转动脑筋，苦思冥想了好半天，最后竟决定弃权，他说：“我认输！”

显然，这两位匈牙利贵族的智力并不发达。又或者，这原本就是一个讽刺故事。不过如果将故事中的匈牙利人换成南非的霍屯督人，上述对话或许就会有几分可信性。事实上，据一些非洲探险家说，很多霍屯督人都不知道该怎样表达比 3 大的数。如果你问当地的土著，他有几个儿子或者杀死过几个敌人，只要答案超过 3，他就会用“很多”来回答。可见，单从数数这点上来看，霍屯督的勇士们甚至还不如我们幼儿园里的小孩子，这些小孩子至少还能数到 10 呢！

现在，我们总是习惯性地认为，我们想把一个数写成多大，就能把它写成多大。如果我们想要一个大数，只要在这个数的右边加上足够的零就可以了，不管是用分来表示战争的开销，还是用英寸来表示星体间的距离。你可以不停地写下去，一直写到手腕酸软无力。不知不觉间，你就会得到一个比宇宙中的原子总数[①]，也就是 300 000 000 000 000 000 000 000 000 000 000 000 000 000 000 000 000 000 000 000 000 000 000 000 000 ，还要大的数。

其实，上面这个原子总数还有一种更简短的写法，即 3×10^{74}。在这个式子中，10 右上角的小数字 74 表示的就是 3 后面一共有多少个 0。换句话说，也就是 3 要用 10 乘上 74 次。

不过在古代，人们并不知道这种能令“算术化繁为简”的方法。事实上，这种方法最早出现在一千多年前，是一位不知姓名的印度数学家发明的。虽然很多时候我们意识不到，但这确实是一项伟大的发明。在此之前，在表示每一个十进制单位时，人们会使用一个特殊的符号。当人们想要写一个数时，就反复书写这个符号。比如，古埃及人在写 8732 这个数时，会把它写成：

而在恺撒政府中，那些职员会把这个数写成：

MMMMMMMMDCCXXXII

对我们来说，第二种写法并不陌生，因为就算到了今天，在表示书籍的卷数或章数时，在庄严的纪念碑上记录历史事件的日期时，我们还是会用到这种罗马数字。不过在古代，人们计数最多不过几千，所以并没有符号来表示更高的十进制单位。也就是说，哪怕是一个在算术方面经受过很多训练的古罗马人，也很难写出一个像“一百万”这样的大数。如果非要让他写一个“一百万”，

---

①　这里的宇宙指的是现在最大的望远镜所能探测到的那部分宇宙。——原注

他能想到的最好的办法大概就是花费几个小时写下一千个 M。

在古代人眼中，像天上的星、海里的鱼、岸上的沙这样的大数，都是“不可计数”的，就好像在霍屯督人眼中，像“5”这个数也是“不可计数”的，因此只能用“很多”来表示一样。

可是，在公元前 3 世纪，有一位声名远播的科学家曾开动他那天才的大脑，得出一个伟大的结论，即就算是巨大的数，也是有可能被写出来的。这位科学家就是阿基米德（Archimedes）。在《数沙者》（*The Psammites*）一书中，他说：

在一些人眼中，沙粒的数目无穷无尽，根本数不过来。这里所说的沙粒是指地球上有人烟处和无人烟处能找到的所有沙粒，而不单是指锡拉库萨周围以及整个西西里岛的沙粒。而在另一些人眼中，这个数目是可以数出来的，并非无穷无尽，只是他们不知道该怎样

图 1

一个样貌和恺撒颇为相像的罗马人正在写“一百万”，他使用的是罗马数字，因此哪怕他将墙上的那块板全部写满，最多也不会超过“十万”。

来表示这种比地球上沙粒数目还要大的数。如果将地球想象成一个大沙堆，并用沙粒填满那些海洋和洞穴，使它们变得像最高的山一样高，那持有第二种观点的人一定会更加确信，像这样堆积起来的沙粒，它的数目是根本无法表示出来的。可是现在，我要告诉大家的是，如果使用我所命名的各种数，无论是像上述方法那样填满整个地球的沙粒数，甚或是填满整个宇宙的沙粒数，都是可以表示出来的。

在这部有名的著作中，阿基米德提出的计大数的方法与现代科学中使用的方法颇为类似。当时在古希腊的算术中，最大的单位是“万”。阿基米德由此开始，引入了“亿”“亿亿”“亿亿亿”等分别作为“第二级单位”“第三级单位”和“第四级单位”……

如果专门用几页的篇幅去谈论怎样写出一些大数，似乎有些小题大做，但不可否认，在阿基米德所处的那个时代，能够找到写出大数的办法，确实是一项了不起的发现，为数学的发展做出了很大的贡献。

要想填满整个宇宙，究竟需要多少沙粒呢？如果想回答这个问题，阿基米德必须先弄清宇宙的大小。当时，人们认为宇宙被一个水晶天球包围着，这个天球上附有恒星。在阿基米德所处的那个时代，有一位著名的天文学家，来自萨摩斯的阿里斯塔克斯（Aristarchus of Samos）。据他估算，地球距离天球表面大概有10 000 000 000 斯塔蒂亚[①]远，也就是 1 000 000 000 英里。

知道了天球的尺寸后，阿基米德将它与沙粒相比，进行了一系列复杂的计算——如果高中生看到这样的计算，恐怕会被吓得

① 古希腊计量长度的单位，1 斯塔蒂亚等于 606 英尺 6 英寸，相当于 188 米。——原注

做噩梦——最后得出结论说：

如果按阿里斯塔克斯所估算的天球包围的空间来看，很明显，填满这个空间所需要的沙粒数不会超过一千万个第八级单位。①

这里有一点必须注意，即与现代科学家所观测到的宇宙半径相比，阿基米德当时估算的数值要小得多。事实上，10亿英里只不过刚刚超过太阳到土星的距离。也许以后通过望远镜，我们会发现宇宙的边缘在5 000 000 000 000 000 000 000英里远的地方。要想填满这样一个宇宙，我们需要的沙粒数大概会超过10^{100}（即1的后面有100个0）。

在本章的开头，我们曾提到过宇宙中的原子总数，即3×10^{74}。与这个原子总数相比，10^{100}显然要大得多。为什么会这样呢？是因为宇宙中并非塞满了原子，实际上，宇宙的每一立方米空间中，才平均只有一个原子。

将整个宇宙都填满沙粒，显然是一种极端的做法。如果我们只是想得到一个足够大的数，其实并不一定非要这么做。事实上，很多看似简单的问题中也隐藏着巨大的数字，只不过事先我们是绝对想不到这一点的，只会以为它最大不过几千。

印度的舍罕王（King Shirham）就曾在大数上吃过亏。这件事发生在很久很久以前，相传，当时舍罕王打算奖赏发明了国际

---

① 这个数用我们的计数方法可表示为：

一千万　第二级　第三级　第四级

(10 000 000) × (100 000 000) × (100 000 000) × (100 000 000) ×

第五级　第六级　第七级　第八级

(100 000 000) × (100 000 000) × (100 000 000) × (100 000 000)

当然，也有更简短的写法，即10^{63}，也就是说1的后面有63个0。——原注

象棋并将这种象棋献给他的首席大臣施宾达（Sissa Ben Dahir）。这位大臣十分聪明，表面看来，他提出了一个很容易就能满足的要求。他跪在地上，对面前的国王说：“陛下，请赏赐给我一些麦子。我希望您能在这张棋盘的第一个小格内放进一粒麦子，在第二个小格内放进两粒，在第三个小格内放进四粒，在第四个小格内放进八粒，之后每一个小格内都像这样，放进比前一个小格多一倍的麦子，直到放满棋盘上的 64 个小格为止。请您就把这些麦子赏赐给我吧！”

图 2

聪明的数学家——首席大臣施宾达正在请求印度舍罕王的赏赐。

“我的臣子，你竟然只要这么点儿东西，”国王心中暗喜，他虽然因这项神奇的发明而大方地许下赏赐，但如果这赏赐并不需要他破费多少，那无疑是件值得高兴的事，“你的要求肯定会得到满足。”国王说着就命人拿来了一袋麦子。

可令人没想到的是，按照施宾达的方法，第一个小格内放一粒麦子，第二个小格内放两粒麦子，第三个小格内放四粒……结果还没放到第二十个小格，那袋麦子就见底了。之后不断有人将麦子送到国王面前，一袋又一袋，但每个小格所需的麦子数也在不断增长，而且速度极快。所以没过多久大家就看出来了，即使把整个印度的所有麦子都拿来，也满足不了施宾达的要求，国王对施宾达许下的承诺根本无法实现。因为要想按这种方法填满棋盘上的 64 个小格，至少需要 18 446 744 073 709 551 615 粒[①]麦子！

这个数虽然不能与宇宙中的原子总数相提并论，但也算是一个很大的数了。如果 1 蒲式耳小麦有 5 000 000 粒，那么要想满足施宾达的要求，就需要 4 万亿蒲式耳的小麦，这几乎相当于全世界在两千年内所产出的全部小麦。舍罕王根本没有料到，这位首席大臣索要的“一些小麦”竟是这么多，等他明白过来时，已经欠了这位聪明的大臣好大一笔债。这要怎么办呢？是忍受施宾达无休止的催讨，还是干脆杀掉他呢？我觉得舍罕王大概会选择后者。

还有另一个故事，也是由大数当主角，而且同样发生在印度。这个故事和“世界末日”有关。历史学家鲍尔（W.W.R.Ball）是位数学爱好者，他是这样讲述这个故事的：[②]

---

① 我们可以用这样的算式来表示这位聪明的大臣想要的麦子数，即 $1+2+2^2+2^3+2^4+\cdots+2^{62}+2^{63}$。像这种从第二个数开始，每一个数都是前一个数的固定倍数的数列，在算术中被称为“几何级数”。因此可证，这种级数的所有项之和，等于固定倍数（在本例中为 2）的项数次方幂（在本例中为 64）减去第一项（在本例中为 1）所得的差除以固定倍数减 1。在上述例子中，因此可得出算式：$(2^{64}-1)/(2-1)=2^{64}-1$。计算之后，可得出结果 18 446 744 073 709 551 615。——原注

② 摘自历史学家鲍尔的《数学拾零》（*Mathmatical Recreations and Essays*），麦克尼兰公司（The Macrnillan Co.），纽约，1939。——原注

在瓦拉纳西[①]那座伟大的、标志着世界中心的神庙的穹顶下，安放着一个上面固定着3根宝石针的黄铜板。这3根宝石针每根的粗细和蜜蜂的身体差不多，每根的高度能达到1腕尺，也就是差不多20英寸。创世时，在其中一根宝石针上，梵天[②]放置了64个金片。这64个金片摞在一起，从上到下面积依次增大，也就是说位于底部紧挨着黄铜板的金片是最大的。这就是所谓的梵塔。

无论是白天还是黑夜，都有一位值班的僧侣按照梵塔固定不变的法则——每次只能移动一片，而且必须保证，不管在哪根宝石针上，金片摞起来的方式都是下面的大上面的小——将这些金片从一根针上移动到另一根针上。等到这64个金片全都移动到另一根宝石针上时，不管是梵塔、神庙，还是众婆罗门，都将随着一声霹雳化为灰烬，世界也将随之毁灭。

---

①　瓦拉纳西又名贝拿勒斯，位于印度北方邦东南部，坐落于恒河中游新月形曲流段的左岸，是印度教的圣地，著名的历史古城。——译注

②　梵天也被称为造书天、净天、婆罗贺摩天，是印度教的创造之神，也常被认为是智慧之神，与毗湿奴、湿婆并称印度教三主神。——译注

图 3

在巨大的梵天雕像前，一位僧侣正在解决“世界末日”的问题。
值得注意的是，为了方便，图中所画的金片并不够 64 个。

图 3 描绘的就是故事里的景象，不过值得注意的是，图中并没有将 64 个金片全部画出来。事实上，像这样一个“玩具”并不难制作，你只需要用一些硬纸片和长铁钉来代替传说中的金片和宝石针就行了。而当你开始按照梵天的法则移动那些金片，很快就会发现一个规律，即移动每个金片的次数总要比移动上个金片的次数增加一倍。也就是说，移动第一个金片时只需一次，之后每移动一片，其移动的次数都会按几何级数加倍。这样一来，当你移动到 64 片时，需要移动的次数就会和施宾达想要的麦子数一样多！①

要想将梵塔上的 64 个金片全都移动到另一根宝石针上，到

---

① 我们假设只有 7 个金片，那需要移动的次数就是 $1+2^1+2^2+2^3+\cdots$，也就是 $2^7-1=2\times2\times2\times2\times2\times2\times2-1=127$。如果你的手法够准确，速度够快，那大概只需 1 个小时就能移动完这些次数。可是，当金片的总数变成 64 时，我们需要移动的次数就变成了 $2^{64}-1=18\ 446\ 744\ 073\ 709\ 551\ 615$ 次。这个次数与施宾达想要的麦子数一样。——原注

底需要多长时间呢？我们假设僧侣们不眠不休，每秒都移动一次，按一年约有 31 558 000 秒来算，要想完成这项工作，大概需要 58 万亿年。

上述关于世界末日、宇宙寿命的预言纯属传说，但这并不妨碍我们将它与现代科学所做的预言进行对比。根据现在的宇宙进化论，我们可以得知，恒星、太阳以及行星都是在大约 30 亿年前由没有具体形态的物质形成的。我们的地球同样如此。而为恒星，特别是为太阳提供能量的“原子燃料”大概还能维持 100 亿到 150 亿年（详情见“创世纪时期”一章）。因此可以肯定，我们所处的宇宙，其寿命最多不超过 200 亿年。这与印度传说中预言的58万亿年相差甚远，不过后者毕竟是传说，又怎么能当真呢？

提起与文学作品有关的最大的数，大概就不能不提那个著名的“印刷行数问题”了。假设我们制造了一台可以连续印刷出一行行文字的印刷机，而且这台印刷机在印刷每一行文字时，都能够自动选择字母和其他印刷符号的组合。像这样的一台印刷机，上面应该会有很多可以分离的轮盘，这些轮盘像汽车的里程指示表中的数码盘那样装配在一起，每个轮盘的边缘都刻满了字母和符号，当一个轮盘转动一周时，就会带动下一个轮盘向前移动一个位置。每发生一次移动，纸张都会通过滚筒自动送入盘下。要想制造这样一台自动印

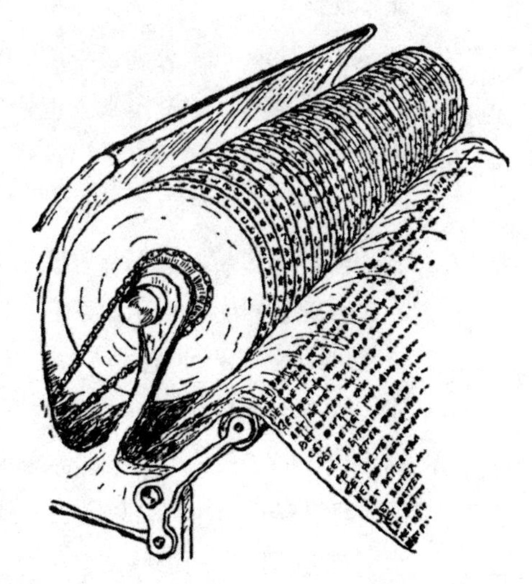

图 4

一台刚刚准确印出一行莎士比亚诗句的自动印刷机。

刷机，其实并不是什么难事。它大概就是图 4 的这个样子。

将这台机器打开后，它会一直不停地印刷出东西来，现在就让我们来看看其中都有什么吧！这些东西大部分都不具备什么实际意义，比如“aaaaaaaaaaa…”“booboobooboo…”或是“zawkpopkossscilm…”等。

但是不要忘了，这台机器的功能十分强大，只要是我们能想到的字母和符号的组合，它都能印刷出来。所以在这些没什么意义的句子中，我们总能找出一点儿有意思的东西来。当然，有意思并不代表有用，事实上，有些句子并不能起到什么实际的作用，比如“horse has six legs and…”（马有六条腿，并且……）或者“I like apples cooked in terpentin…”（我喜欢松节油煎苹果……）。

不过，只要我们有足够的耐心，一直找下去，就一定能发现莎士比亚曾写下的每一句话。哪怕是他写完扔掉的那些，我们也能发现。

事实上，自人类学会写字以来，我们所能写出的每一句话，这台机器都可以印刷出来。也就是说，这台机器可以印刷出我们所写的每一句散文、每一句诗歌，报纸上的每一篇评论、每一个广告，每一卷厚厚的学术论著，每一封情书，每一份订奶单……

更神奇的是，我们写过的它能印刷出来，我们没有写过但未来很可能会写的那些东西，它也能印刷出来。我们从滚筒下的纸张上可以找到 30 世纪的诗歌，找到未来科学的发现，找到第 500 届美国国会上的演讲，找到关于 2344 年星际交通事故的报道，找到那些尚未被人创作出来的长篇小说和短篇小说。如果出版商们能有这样一台机器，只需将它放在地下室里，让它不停地印刷，然后对它印刷出的那些文字进行筛选，抛弃那些没什么意义和作用的东西，只留下极少数的好句子，再将它们编辑在一起就可以了。事实上，这和他们现在所做的工作并没有什么区别。

可为什么没有人这样干呢？

在英语字母表上共有 50 个字符，其中包括 26 个字母、10 个数字（0 到 9）和 14 个常用符号（句号、逗号、冒号、分号、问号、感叹号、破折号、引号、省略号、空白符、连字符，以及大中小三种括号）。如果我们假设这台打印机上有 65 个轮盘，每个轮盘都对应印刷行上的一个位置。印刷出的每一行的第一个字母，可以是 50 个字符中的任意一个。也就是说，这个字母有 50 种可能性。而该行第二个位置的字符，对应这 50 种可能性的每一种，又有 50 种可能性。也就是说，仅前两个字符的排列组合就有 $50 \times 50 = 2500$ 种。而第三个位置的字符，对应前两个字符的每一种排列组合，仍然有 50 种选择。按这种方式数下去，打印一整行字符时，它的可能性就有：

$$50 \times 50 \times 50 \times 50 \times \cdots \times 50 \text{（65 个 50 相乘）}$$

也就是 50^{65} 种，而 $50^{65}=10^{110}$。

这个数究竟有多大呢？你可以想象一下，如果宇宙中的每个原子都是一台独立的印刷机，那在同一时间，就有 3×10^{74} 台印刷机在工作。再想象一下，假设自宇宙诞生以来，这些机器就一直在不停地运转。也就是说，它们已经运转了 30 亿年，即 10^{17} 秒。而且在运转时，它们印刷的频率与原子振动的频率是一致的，每秒可以印刷出 10^{15}。那么这些机器到了今天，大概可以印刷出 $3 \times 10^{74} \times 10^{17} \times 10^{15} = 3 \times 10^{106}$ 行。这个数虽然很大，但与上面那个总数相比，仍然相差甚远。事实上，这个行数大概只是那个总数的三千分之一而已。

由此可见，那些出版商必须花费极其漫长的时间，才能在这些自动印刷出来的字符中做出某种选择。

二、无穷大该怎样计数

在上一节中，我们对一些数进行了讨论。在这些数中，有很多是毫无疑问的大数，比如像施宾达想要的麦子数。只是，这些大数虽然大得不可思议，但毕竟是有限的，只要我们的时间足够充裕，早晚能将它完整地写出来。

可是，在这些有限的大数之外，其实还存在着一些无论我们花费多长时间，都没办法完全写出来的无穷大数，比如“所有数的个数”“一条线上所有几何点的个数”。对于这些数目，我们除了说它们是无穷大的还能说什么呢？难道还能把这两个不同的无穷大数拿过来比比看哪个更大吗？有这种可能吗？“所有数的个数和一条线上所有几何点的个数究竟哪个更大？”这是一个有意义的问题吗？乍看之下，这个问题确实有些荒诞离奇，不过却引起了格奥尔格·康托尔（Georg Cantor）的注意。这位著名的数学家是最先思考这个问题的人，因此，他算得上是“无穷大算术”名副其实的奠基人。

无穷大数既读不出来也写不出来，那么该如何去比较呢？这是我们在比较无穷大数大小时必须面对的一个问题。此时，我们就好像是一个正在检查自己的财物，并迫切地想要知道，在那些财物中，玻璃珠和铜币到底哪种更多的霍屯督人。可是不要忘了，之前我们已经说过，霍屯督人在计数这方面并没什么天赋，他们能数到的最大的数字是3。也就是说，只要玻璃珠和铜币的数目大于3，那他们就数不出来了。可是，他们会因此就放弃比较两者的数目吗？当然不可能。事实上，如果这位霍屯督人足够聪明，那为了得到答案，他就会将玻璃珠和铜币拿出来，一个一个地比较下去。一颗玻璃珠对应一枚铜币，一直这样两两比较下去……如果最后玻璃珠用完了，而铜币还有剩余，那他就会知道，两者相比，铜币更多。反之，则玻璃珠更多。如果两者同时用完，则说明它们的数量相等。

在对两个无穷大数进行比较时，康托尔使用的正是这种方法：如果在对两组无穷大数进行比较时，我们能将它们的各个对象一一配对，一组无穷大数中的每个对象，都能在另一组无穷大数中找到相应的对象，两组数都没有任何对象遗漏，那么这两组无穷大数就应该是同样大；如果其中一组的对象有剩余，也就是说没有在另一组中找到能够匹配的对象，那么与另一组相比，这组无穷大数就要更大、更强一些。

显然，如果我们想将两个无穷大数进行比较，上述方法就是极为合理并且唯一可行的规则。只是，当你将这种方法付诸实践时，很可能会大吃一惊。举个例子，将所有偶数的个数和所有奇数的个数这两个无穷大数进行比较。看完题目，仅凭直觉，你就会知道这两个无穷大数相等。事实上，这两个无穷大数的比较完全适用于上述规则，因为它们之间确实能够一一匹配：

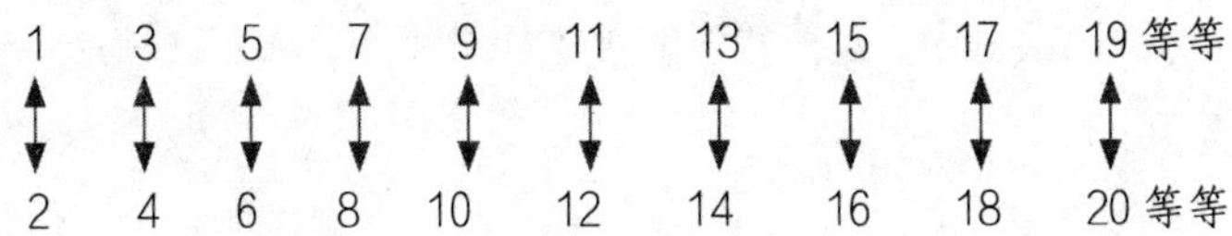

从这张表中我们可以看出，每一个奇数都对应着一个偶数，每一个偶数也都对应着一个奇数。因此，偶数的无穷大和奇数的无穷大是相等的。看起来确实没有比这更简单、更自然的事了。

不过先别着急，让我们再看看另一个问题：所有整数（包括奇数和偶数）的个数和所有偶数的个数哪个更大？所有整数不仅包含了所有偶数，还包含了所有奇数，所以你肯定以为前者更大，但事实证明，这不过是你的想当然而已。如果我们想知道正确的答案，就必须再次运用那个合理的规则，对这两个无穷大数进行一番比较。当你真的这么做时就会发现，你的“想当然”确实是错的。让我们将这两个无穷大数的对象一一匹配一番：

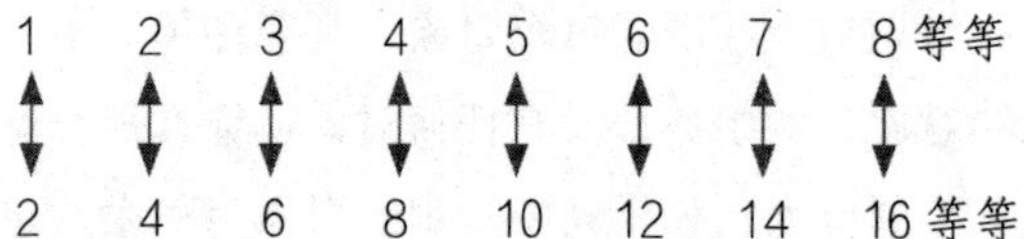

根据上述比较无穷大数的规则，我们必须承认，所有偶数的个数与所有整数的个数相等。我知道，这个结论听起来十分荒谬，因为偶数仅是所有整数的一部分。可是不要忘了我们正在和谁打交道，是和无穷大数，因此必须时刻做好准备，面对那些随时都可能遇到的特殊情况。

其实在无穷大的世界里，部分有时可能会等于整体！德国著名的数学家大卫·希尔伯特（David Hilbert）曾讲过一个故事，这个故事大概就是关于上述观点的最好说明。据说，在一次关于无穷大的演讲中，这位数学家曾这样讲述无穷大数这种荒谬、不合常理的性质：[①]

假设有一家内设有限个房间的旅馆，然后在旅馆客满没有空房的时候，来了一位客人。这位客人想订一间房，但旅馆的老板说：“很抱歉，已经没有空房了。”

现在，再假设有一家内设无限个房间的旅馆，而且这家旅馆同样客满，没有空房。这时，也来了一位想订房间的客人。旅馆老板说：

① 摘自R.Courant的《希尔伯特故事全集》（*The Complete Collection of Hilbert Stories*）。这本书虽然被很多人熟知，但却从未出版，最初甚至不曾被写成文字。——原注

“没问题！”然后，在他的安排下，一号房的客人被挪到了二号房，二号房的客人被挪到了三号房，三号房的客人被挪到了四号房，以此类推。这样做的结果就是，一号房被腾空了，那位新客人刚好可以入住。

我们再假设有一家内设无限个房间，并且所有房间都已住满的旅馆。这时来了无穷多位客人，他们都想要订一个房间。旅馆老板说：“好的，先生们，请耐心等待一会儿。”然后，在他的安排下，一号房的客人被挪到了二号房，二号房的客人被挪到了四号房，三号房的客人被挪到了六号房，以此类推。最后，单号房都被腾空了，新来的无穷多位客人刚好可以入住。

希尔伯特讲述这个故事时，恰逢世界各地正处于战乱中，所以即便是在华盛顿，他的意思也很难被理解。但不可否认，这个例子举得十分合适，它使我们明白了，无穷大数的性质十分特殊，与我们在普通算术中经常见到的一般数字有很大不同。

现在，我们也可以运用比较两个无穷大数的康托尔规则来证明，像$\frac{3}{7}$或$\frac{375}{8}$这样的普通分数，其个数与所有整数的个数相等。其实，对于那些普通分数，我们可以按以下规则将其排列出来：先写出分子和分母相加等于 2 的分数，事实上，只有一个分数符合这个条件，即$\frac{1}{1}$；然后写出分子和分母相加等于 3 的分数，满足这个条件的分数有两个，$\frac{2}{1}$和$\frac{1}{2}$；再写出分子和分母相加等于 4 的分数，这样的分数有三个，$\frac{3}{1}$、$\frac{2}{2}$和$\frac{1}{3}$……这样一直写下去，我们就可以得到一个包含了所有分数的无穷的分数数列(如图5)。现在在这个数列的上方，我们再写上整数数列，并使每个整数都对应着一个分数。这样一来，所有整数就与所有分数建立了一一对应的关系。由此可见，这两个无穷大数也是相等的！

图 5

一个非洲土著正在比较他数不出来的数，而康托尔教授正在做同样的事。

“是啊，这可真神奇，”你或许会说，“不过这是否意味着，所有无穷大数都是相等的呢？如果是这样，那就没必要再进行什么比较了吧？”

不，事情并不是这样的。事实上，要想找到一个比所有整数或所有分数构成的无穷大数还要大的无穷大数，并不是一件难事。

就拿前文提到过的“所有整数的个数和一条线上所有几何点的个数”相比较的问题来说。如果我们仔细研究一下就会发现，这两个无穷大数并不相等。与整数或分数的个数相比，一条线上点的个数要多得多。不信我们可以验证一番，先建立一条大概 1 英寸长的线，然后试着用整数数列来一一对应线上的点。

在这条线上，不管是哪个点，都可以用这一点到这条线的某一端的距离来表示，而这个距离可以写成无穷小数的形式，比如 0.735 062 478 005 6…，比如 0.382 503 756 32…[①]。现在我们要

① 这些小数都比 1 小，所以在设想线的长度时，我选择了 1 英寸。——原注

做的，就是将所有整数的个数与所有可能存在的无穷小数的个数进行比较。那么，与$\frac{3}{7}$或$\frac{88}{277}$这样的分数相比，上面写出的无穷小数又有什么不同呢？

大家应该不会忘记，在数学课上，我们曾学到过这样一条规则：任何一个普通的分数，都可以转化为一个无限循环的小数。比如$\frac{2}{3}$ =0.6666…=0.(6)，比如$\frac{3}{7}$ =0.428571 | 428571 | 428571 | 4…=0.(428571)。在上文中，我们已经证明过所有普通分数的个数与所有整数的个数是相等的，因此，所有循环小数的个数与所有整数的个数也必然是相等的。可是，对一条线上的点来说，它虽然可以用无穷小数表示出来，但这个小数不一定是循环小数。事实上，能用循环小数来表示的点在这条线上只占了极小的一部分。因此，我们很容易就能证明，在这种情况下，想要建立一一对应的关系根本是不可能的事。

假设有人声称，他已经像下面那样，为所有整数和一条线上所有的点建立了一一对应的关系：

N

1 0.38602563078…

2 0.57350762050…

3 0.99356753207…

4 0.25763200456…

5 0.00005320562…

6 0.99035638567…

7 0.55522730567…

8 0.05277365642…

. … … … … … …

. … … … … … …

当然，我们不可能把所有的整数都写出来，更不可能把所有的小数都写出来，所以上述说法又能说明什么呢？只能说明这个人发现了某种与我们用来排列普通分数的规则十分相似的规则，然后在这种规则的指导下，制作了上面的表，并认定按照这种规则，每一个小数都会出现在这张表上，只不过有的出现得早，有的出现得晚罢了。

可事实上，这种说法根本无法令人信服，甚至和这种说法类似的所有说法都不可信。要想证明这一点并不是一件难事，因为我们总能轻而易举地写出一个不被包含在这张无穷表格中的无穷小数。那该怎么写呢？其实很简单，只要在写该数小数点后的第一位小数时，令它不同于表中第一个小数的第一位小数；在写该数第二位小数时，令它不同于表中第二个小数的第二位小数，之后以此类推，我们就可能得到一个像下面这样的小数：

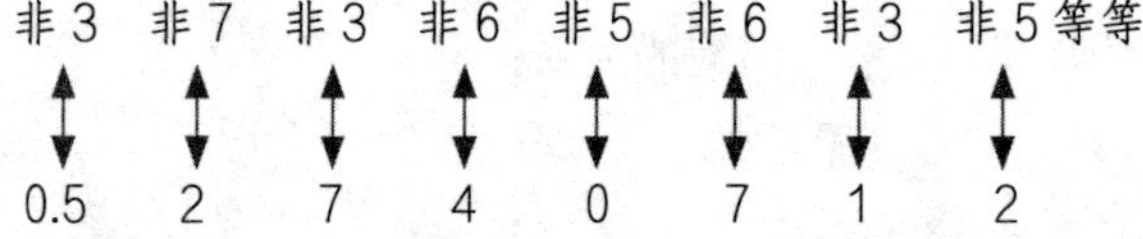

当然，这个小数也可能是其他样子，但只要它是按照上述方法写出来的，那在那张表格上，我们就不可能找到它。如果表格的制作者对你说，你写出的这个小数和他那张表格上的第137个小数——也可以是其他序号——是相同的，那你就可以立即反驳道："根本没有这种可能，因为我写出来的这个数，它的第137位小数与你那个数的第137位小数是完全不同的。"

由此可见，想要在一条线上的点与所有整数间建立起一一对应的关系，根本是不可能的事。这也就意味着，与所有整数或分数相比，一条线上的点所构成的无穷大数要更大或更强。

虽然我们之前将这条线设定为“1英寸长”，并且之后的讨论都围绕着这条有限线段上的点，但现在只要按照我们“无穷大算术”的规则，很容易就能证明无论这条线有多长，其结果都是一样的。其实不管这条线是1英寸长，还是1英尺长，甚或是1英里长，上面的点的个数都是相同的。我们只需认真研究一下图6，就可以证明这一点。现在，我们要对这张图上不同长度的两条线 *AB* 和 *AC* 上的点数进行比较。首先，在这两条线的点之间，我们必须建立起一种一一对应的关系。过 *AB* 上的每个点，作与 *AC* 相交的 *BC* 的平行线，这样一来，就形成了像 *D* 和 *D'*，E和 *E'*，*F* 和 *F'* 这样的交点。换句话说，也就是 *AB* 上的每个点在 *AC* 上都能找到与之对应的一点，*AC* 上的每个点也是如此。所以，这两个无穷大数按照我们的规则来看，是相等的。

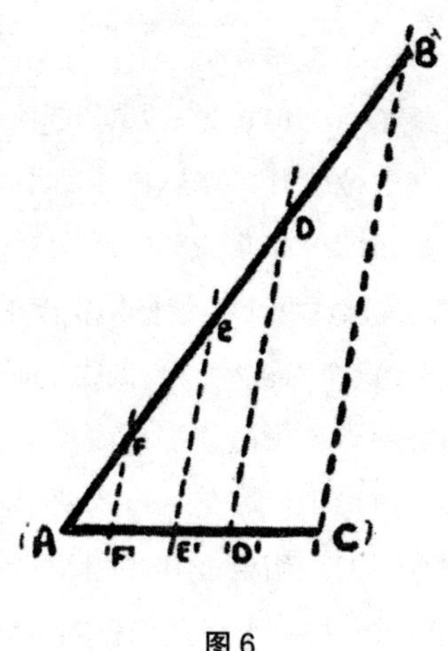

图6

通过这种对无穷大数的分析，我们还能得到一个更加令人震惊的结论，即一个平面上所有点的个数等于一条线上所有点的个数。接下来，我们就对一条 1 英寸长的线 *AB* 上的点和一个拥有 1 英寸边长的正方形 *CDEF* 上的点，进行一下比较，以证明刚才的结论（图 7）。

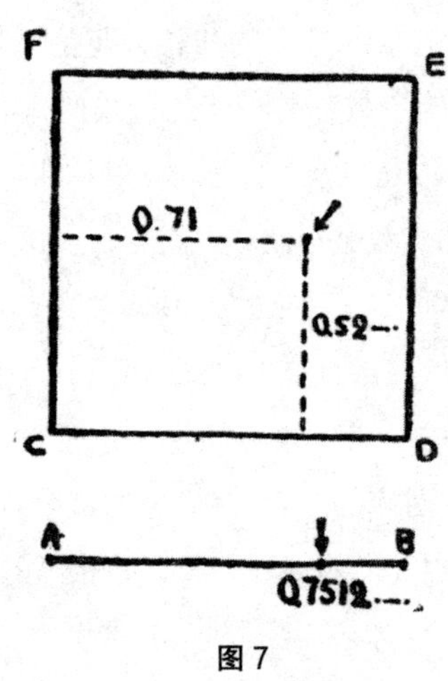

图 7

假设这条线上某个点的位置是 0.75120386…，那么我们将这个小数的奇数位和偶数位分开，然后再重新组合，就可以得到两个不同的小数，即 0.7108…和 0.5236…。接着在正方形中，沿水平和垂直两个方向，按照这两个小数量出指定的距离。这样一来，我们就得到了一个点，这个点被称为原来线上那个点的“对偶点”。反之，正方形上的每一点也可以在那条线段上找到相应的“对偶点”，只要我们将正方形中代表某一点的两个小数组合在一起，比如将 0.4835…和 0.9907…组合成 0.49893057…，然后再按照这个组合起来的数，在那条线段上找到相应的点就可以了。

显然，利用这种方法，在这两组点之间，我们能够建立起一一对应的关系。也就是说，在正方形中，线上的每个点都能找到自己的对应点，反之亦然，并且双方的点都没有剩余。因此按照康托尔的标准，我们就可以说，一个正方形中代表所有点数的无穷大数等于一条线上代表所有点数的无穷大数。

通过类似的方法，我们也很容易就能证明，立方体中代表所有点数的无穷大数，同样等于正方形或者线上代表所有点数的无穷大数。具体需要怎么做呢？只需将最初的那个无限小数分为三部分[①]，然后再利用这三个新得到的小数，去确定立方体中“对偶点”的位置就行了。最后的结果会向我们证明，正方形或立方体中代表所有点数的无穷大数的大小，与这个正方形或立方体的尺寸没有任何关系，就像不同长度的两条线一样。

虽然与所有整数和分数的个数相比，所有几何点的个数要更大，但对数学家们来说，这还不是他们所知道的最大的数。事实上，人们已经发现了比所有几何点的个数还要大的数，即所有可能的曲线的个数，包括那些最奇形怪状的。因此我们可以认为，在无穷大的序列中，代表所有几何曲线个数的无穷大数位于第三级。

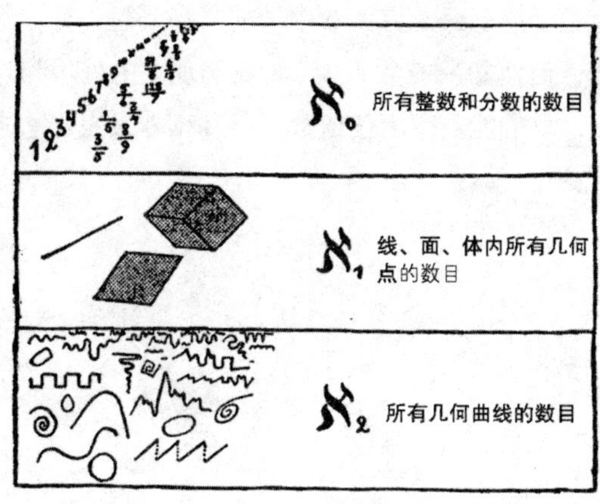

图 8

无穷大序列中的前三级。

---

① 以小数 0.735106822548312…为例。我们可以将它分成三部分，得到三个新的小数，即 0.71853…，0.30241…和 0.56282…。——原注

作为“无穷大算术”的奠基人，康托尔曾建议，用希伯来字母 $\aleph$（读作阿列夫）来表示无穷大数。至于这个数在一个无穷大序列中的级别，可以在这个字母的右下角标注出来。这样，我们就可以将数（包括无穷大数）的序列写成：1，2，3，4，5，$\aleph_1$，$\aleph_2$，$\aleph_3$...

知道该如何表示无穷大数后，我们就可以说“一条线上有 $\aleph_1$ 个点”“不同的曲线有 $\aleph_2$ 种”，就好像我们平时说的“世界有 7 个大洲”“一副扑克牌共有 52 张”一样。

写至此处，对无穷大数的讨论已经接近尾声。在此我们必须指出一点，就是这些无穷大数虽然只分为了几个级，但却已经包含了人类所能想象的所有无穷大数。我们已经知道，$\aleph_0$、$\aleph_1$、$\aleph_2$ 分别代表所有整数的个数、所有几何点的个数，以及所有曲线的个数，那 $\aleph_3$ 代表什么呢？事实上，直到今天，人们也没能想到用 $\aleph_3$ 代表哪个无穷大数。似乎我们能想到的所有无穷大数，都已经被包含进了前三级无穷大数中。前文提到过，霍屯督人虽然有很多儿子，但他却只能数到 3，而我们现在的处境与这位老朋友正好相反，我们能数得清任何数，但却根本没有那么多东西让我们来数！

第二章 自然数和人工数

一、最基础的数学

数学经常被人们誉为科学的皇后，数学家们尤其喜欢这样说。既然贵为皇后，当然不能自降身价，与其他知识分支攀扯不清。在一次“基础数学与应用数学联席大会”上，为了消除两种数学家间的敌意，希尔伯特曾应邀作一次公开演讲。当时，他是这样说的：

经常有人说，基础数学和应用数学是相互对立的。然而，这并不是事实。不管是过去，还是未来，这两者其实都不曾对立过。为什么这样说呢？因为它们之间毫无共同之处，这也就注定了它们对立不起来。

可是，数学虽然想保持纯粹，并竭尽所能地不与其他科学扯上关系，但其他科学一直以来却总是极力与它“亲近”，特别是物理学。现在，基础数学的每一个分支，包括像抽象群理论、非交换代数和非欧几里得几何这样的，一直被认为是最纯粹、不可能被应用的学科，几乎都可以被用来解释物理世界的这个特征或那个特征。

不过，到目前为止，有一个巨大的数学分支成功地保住了自己的“纯粹”，除了被用来做一些脑力训练外，它几乎没有什么用。这个被誉为“纯粹王者”的数学分支，就是基础数学思想中最古老、最繁杂的产物之一——“数论”（这里是指整数）。

可是，数论虽然是一种最纯粹的数学，但从某种角度来说，它又可以被称为一种经验科学，甚至也可以称为一种实验科学。不得不说，这确实是一件奇怪的事。之所以会这样，是因为数论命题的建立，绝大部分都和尝试用数字做某些事情有关，就好像物理学定律的提出与尝试用物体做不同的事情有关一样。除此之外，数论和物理学还有一点十分相似，那就是“在数学上”，数论虽然有一部分命题得到了证明，但还有另一部分命题仍然停留在经验阶段，并且直到今天，依旧令最优秀的数学家们殚精竭虑。

为了说明这一点，我们用质数问题来举个例子。何为质数？即无法用两个或两个以上更小整数的乘积来表示的数，比如 2、3、5、7、11、13、17 等，都是质数。反过来，12 就不是质数，因为它可以写成 2×2×3。

那究竟有多少个质数呢？这个数量是无穷无尽的吗？还是说存在着一个最大的质数，但凡一个数比这个最大的质数还要大，那它就可以用几个已有质数的乘积来表示？第一个解决这个问题的人是欧几里得（Euclid），他轻而易举地就证明了，质数的个数没有极限，所谓的“最大质数”根本不存在。

为了研究这个问题，我们先假设已经知道的质数其个数是有限的，并用字母 N 来表示其中最大的那个。现在，我们将所有已知的质数相乘并加 1，将它写成 $(1\times2\times3\times5\times7\times11\times13\times\cdots\times N)+1$。然后就会发现，与所谓的“最大质数” N 相比，这个数显然要大得多，而且从这个数的结构上来看，无论我们用这些质数中的哪一个来除它，最后都会剩下一个 1。也就是说，不管是哪一个质数（到 N 为止，包括 N），都不可能将它除尽。

由此可以推断，这个数很可能本身就是一个质数，如果不是，那它就必定能被一个比 N 更大的质数整除。可是，当初我们假设条件时就已经说了，N 才是最大的质数，刚才提到的两种情况显然都与这一点相矛盾。

这种证明方法就是数学家们最喜欢用的归谬法。

既然知道了质数的个数是无限的，那我们难免想知道是否有办法将所有质数全部写出来。针对这个问题，古希腊哲学家和数学家厄拉多塞（Eratosthenes）想到了一种被称为“过筛”的方法。应用这种方法时，我们要先写出完整的自然数列，即 1，2，3，4…，然后将 2 的倍数、3 的倍数、5 的倍数等全部删掉。图 9 显示的就是厄拉多塞在使用“过筛”法，他对前 100 个数进行过筛，最后剩下 26 个质数。这种方法虽然简单，但却有大用。事实上，我们已经利用这种方法制作出了 10 亿以内的质数表。

图 9

如果能设计出一个可以快速自动推算出所有质数且只推算质数的公式，那就太好了。可令人惋惜的是，虽然几个世纪以来，人们一直在坚持不懈地努力，但却始终没有找到这样的公式。法国著名数学家费马（Fermat）在1640年时曾宣称，他已经设计出了一个只产生质数的公式，即 2^{2n})+1——其中 n 取自然数的值，如1、2、3、4等。

我们通过这个公式可以得到：

$$2^{2^1}+1=5,$$
$$2^{2^2}+1=17,$$
$$2^{2^3}+1=257,$$
$$2^{2^4}+1=65537。$$

这几个数无一例外，确实都是质数。可是后来，瑞士数学家欧拉（Leonard Euler）却对这个公式提出了质疑，当时距离费马宣布发现这个公式大概已经过去了一个世纪。欧拉用事实证明了费马的公式是错误的，因为按这个公式推导出的第五个数并不是质数，而是6 700 417和641的乘积。

还有另一个备受瞩目、可以产生很多质数的公式，即 n^2-n+41。这个公式中的 n 和上个公式中的一样，也取1，2，3等自然数的值。可惜后来人们发现，这个公式的适用性十分有限，n 必须选取1到40之间的自然数，一旦超过40，这个公式产生的数就不一定是质数了。比如当 $n=41$ 时，带入这个公式得到 $41^2-41+41=41^2=41\times41$。显然，这个算式的结果并非质数，而是一个平方数。

除此之外，人们还尝试过用另一个公式来产生质数，这个公式就是 $n^2-79n+1601$。可惜最后的事实证明，这个公式也无法保证能够一直产生质数。事实上，当 n 是1到79之间的某个自然数时，这个公式确实能产生质数，但当 n 等于80时，所得的结果就不是质数了。

因此直到今天，人们依旧没有找到只产生质数的普遍公式。

在数论这方面，还有一个有趣的例子，即“哥德巴赫猜想”。这个于 1742 年被人提出的数论定理既没有得到证明，也没有得到否认。那究竟何为“哥德巴赫猜想”呢？即任一偶数都可写成两个质数之和。很多简单的例子都能证明这一点，比如 12=7+5、24=17+7 或者 32=29+3。可是，数学家们却始终无法确切地证明这个命题是对的，即便他们曾为此做出大量的研究。当然，他们也找不到例子来否证它。不过值得庆幸的是，在对这个问题的证明上，苏联数学家施尼雷尔曼（Schnirelmann）在 1931 年时终于取得了突破性的进展。他证明了每个偶数都是不多于 300 000 个质数之和。后来，另一位苏联数学家维诺格拉多夫（Vinogradoff）又大大缩短了“300 000 个质数之和”与“2 个质数之和”间的差距，在他的努力下，施尼雷尔曼的结论被减少到了“4 个质数之和”。可是，从维诺格拉多夫的“4 个质数”到哥德巴赫的“2 个质数”还有两步的距离，而想要迈过这两步最终证明或否定这个命题，不知道又要花费多少年或多少个世纪。

由此可见，如果我们想推导出一个公式，令它能够自动产生任意大质数的公式，并不是件容易的事。就目前的情况来看，我们距离成功的那天还远着呢。甚至就连这样的公式到底存不存在，我们也都还没有把握呢。

或许，我们现在可以讨论一个小一点的问题，比如质数在限定的区间内所能占到的百分比有多大。这个百分比随着区间的增长是否会产生变化？如果变化，是越变越大，还是越变越小？如果不变，又是否能大致保持恒定？该怎么回答这些问题呢？最好的办法就是对不同数值区间内的质数的个数进行查找，然后利用所得的经验来回答。当你这么做时就会发现，100 以内的质数个数是 26，1000 以内是 168，1 000 000 以内是 78 498，1 000 000 000 以内是 50 847 478。我们用这些质数的个数除以相应的数值区间就可以得到一张表格，如图：

区间 1~N	质数	比率	$\frac{1}{\ln N}$	偏差
1~100	26	0.260	0.217	20
1~1000	168	0.168	0.145	16
1~10^6	78498	0.078498	0.072382	8
1~10^9	50847478	0.050847478	0.048254942	5

从这张表格中我们可以发现，质数在数值区间内所占的百分比会随着区间的增大而逐渐变小。不过值得注意的是，质数所占的百分比虽然一直在变小，但并不会没有。也就是说，并不存在什么“质数的终点”。

对于这种质数所占百分比随着数值区间增大而变小的现象，是否有更简单的方法来做出数学表示呢？答案是有，而且在整个数学界，这个令质数平均分布的规律是最受瞩目的发现之一。这条规律就是质数在 1 到任一更大数 N 之间所占的百分比，与 N 的自然对数的倒数近似[①]，而且这种近似会随着 N 的增大变得愈发精确。

在上表的第四栏中，我们可以清楚地看到 N 的自然对数的倒数。如果将第四栏中的数值与第三栏中的对比一下，就会发现两者十分相近，并且相近的程度会随着 N 的增大而变高。

上述质数定理和很多其他数论命题一样，最开始时都是凭经验发现的，而且在相当长的一段时间都得不到严格的认证。这个质数定理最终被证明已是 19 世纪末期，证明它的是法国数学家雅克·所罗门·阿达马（Jacques Solomon Hadamard）和比利时数学家普桑（de la Vallée Poussin）。在这里，我们就不说明他们是如何证明的了，因为那种证明方法实在太过困难和复杂。

---

① 简单点说就是，一个数的自然对数近似等于它的常用对数与 2.3026 相乘所得的积。——原注

如果我们想对整数进行讨论，那就绕不开著名的费马大定理。这一定理虽然与质数的性质没有必然联系，但却不得不提。要研究这个问题，我们可以先追溯到古埃及。古埃及的好木匠们都知道，如果一个三角形的三边之比是 3∶4∶5，那这个三角形中必然有一个直角。事实上，古埃及木匠们使用的曲尺就是一个这样的三角形——现在，这种三角形也被称为“埃及三角形”。

亚历山大里亚的丢番图（Diophante）[①] 在公元 3 世纪时曾思考过这样一个问题：两个整数的平方和恰好等于另一个整数的平方，满足这一条件的整数是否只有 3 和 4？最后他证明了，满足这一性质的不止 3、4、5 一组整数，还有许多别的整数——事实上，有无穷多个三个一组的整数满足该性质。不仅如此，他还找到了一个一般规则，用来求出这些整数。后来，人们用毕达哥拉斯三角形来称呼这种三条边都是整数的直角三角形，之前提到的埃及三角形就是一个毕达哥拉斯三角形。我们可以用一个简单的解代数方程来表示毕达哥拉斯三角形的构造，即 $x^2+y^2=z^2$。要注意，方程中的 x、y、z 必须是整数。[②]

---

① 丢番图（约公元 246—330 年），古希腊的重要学者和数学家，代数学的创始人之一。——译注

② 丢番图的一般规则是这样的：任意选取两个数，a 和 b，使 $2ab$ 成为一个完全平方数，并令 $x=a+\sqrt{2ab}$，$y=b+\sqrt{2ab}$，$z=a+b+\sqrt{2ab}$。因此，利用代数的方法，很容易就能够得出 $x^2+y^2=z^2$。通过这种规则，我们可以将所有可能的解都列出来。以最前面的几个解为例：

$3^2+4^2=5^2$（埃及三角形），
$5^2+12^2=13^2$，
$6^2+8^2=10^2$，
$7^2+24^2=25^2$，
$8^2+15^2=17^2$，
$9^2+12^2=15^2$，
$9^2+40^2=41^2$，
$10^2+24^2=26^2$。

——原注

1621 年，在巴黎，费马买了一本丢番图的《算术》的法文译本。在这本书中，丢番图对毕达哥拉斯三角形进行过一番讨论。在读到这部分内容时，在书的空白处，费马作了一些简短的笔记，他说虽然方程 $x^2+y^2=z^2$ 的整数解有无穷多组，但对 $x^n+y^n=z^n$ 这种类型的方程来说，当 n 大于 2 时，却永远都没有整数解。

“我想到了一种证明方法，它真是妙极了，”费马之后说，“可惜这里这点儿窄小的空白已经不允许我写下去了。”

后来，人们在费马死后于他的图书馆里发现了这本书，这段写在空白处的内容也随之公之于众。各国最杰出的数学家们在之后的三百多年里一直在努力，想要将费马当时没有写出的证明重写出来，可是哪怕到了今天，也没有成功[①]。不过虽然没有成功，但在朝着这一目标前进的过程中，我们已经在这方面取得了很大的进展。事实上，作为一门全新的数学分支的“理想数理论”，就是在试着证明费马大定理的过程中被创建出来的。欧拉和狄利克雷（Dirichlet）已经分别证明了方程 $x^3+y^3=z^3$、$x^4+y^4=z^4$ 和方程 $x^5+y^5=z^5$ 不可能有整数解。其实到了今天，几位数学家通过自己的努力已经证明，费马方程在 n 小于 269 时都是不可能有整数解的。不过令人遗憾的是，他们却一直没能作出指数 n 取任何值都成立的一般证明。因此，人们越来越倾向于认为费马根本没作过证明，或者是在证明的过程中，他把什么地方搞错了。有人曾悬赏 10 万德国马克来解答这个问题，但除了吸引来许多业余数学家并令这个问题声名远播外，并没有什么收获。

这个定理当然也有可能是错的，但这同样需要我们去证明。而要想证明这一点，我们就必须找到一个实例，证明两个整数

① 1995 年时，英国数学家安德鲁·怀尔斯（Andrew Wiles）已经彻底证明了费马大定理。——译注

的相同次幂的和等于另一整数的同一次幂。只是不要忘了，小于269的幂次已经被数学家们证明过了，所以在找例子时，我们使用的幂次只能比269大。这样一来，这件事就变得十分困难了。

二、神秘的$\sqrt{-1}$

现在让我们来做点高级算术。2乘2得4，因此4的平方根是2；3乘3得9，因此9的平方根是3；4乘4得16，因此16的平方根是4；5乘5得25，因此25的平方根是5。[①]

可如果是一个负数，那它的平方根又该是什么样的呢？比如$\sqrt{-5}$和$\sqrt{-1}$，这样的表达式有什么意义呢？

在理解这样的数时，如果你采用的是非常理性的方法，那你最后肯定会认为这样的表达式毫无意义。12世纪的印度数学家婆什伽罗（Brahmin Bhaskara）曾说过几句话，用在这里正合适。他说："不管是正数还是负数，它们的平方都是正数。因此可以认为，正数有一正一负两个平方根。而负数不是平方数，所以它没有平方根。"

然而，但凡是数学家都十分固执。如果某个东西虽然看起来毫无意义，但却总是在数学公式中出现，那他们就会竭尽所能地为它找到一些意义。就比如负数的平方根，它总是出现在各种地方，不管是以前占据着数学家头脑的简单算术问题，还是20世纪相对论中的时空统一问题，都能发现它的身影。

16世纪时，意大利有位数学家名叫卡尔达诺（Cardan），正是他最早将看起来毫无意义的负数平方根写进了公式中。他在讨

① 其实，其他数的平方根也不难求出，比如（2.236…）×（2.236…）=5.000…，所以$\sqrt{5}$=2.236…；比如（2.702…）×（2.702…）=7.3000…，所以$\sqrt{7.3}$=2.702…。——原注

论是否有可能将 10 分成两部分，并令这两部分的乘积都等于 40 这个问题时指出，虽然这个问题看起来没有任何合理的解，但如果将答案写成 $5+\sqrt{-15}$ 和 $5-\sqrt{-15}$，就可以满足条件，尽管这两个表达式看起来奇怪又荒谬。[①]

卡尔达诺也承认，这两个表达式是他虚构和想象出来的，并没有什么意义，但他还是把它们写了出来。

虽然这个答案是虚构的，但不管怎么说，既然有人敢将负数的平方根写出来，那原本无解的难题——将 10 分成两部分，并令这两部分的乘积等于 40——就顺理成章地解决了。一旦有人开了头，卡尔达诺口中的“虚数”——即负数的平方根——就被数学家们越来越频繁地使用起来。当然，在使用时，这些数学家依然有所顾忌，并总是要找一些借口。1770 年，瑞士著名科学家欧拉出版了一本有关代数的著作。在这本书中，他对虚数的使用十分频繁。不过后来，他还是加了一段评论以作说明。他说：“所有像 $\sqrt{-1}$、$\sqrt{-2}$ 这样代表负数的平方根的表达式，都是想象中的数，是不可能存在的数。对于这类数，我们可以十分肯定地说，它们既非什么都不是，也不比什么都不是多些什么或少些什么。它们是纯粹的虚幻或不可能之数。”

可尽管有这样的诋毁和妄言，虚数依然被数学家们越来越频繁地使用。事实上，没过多久，它就成了数学中无法避免的东西，就像分数和根式一样。人们只要想在数学方面取得进步，就根本无法避开它。

---

① 我们下面就来验证一番：

$(5+\sqrt{-15})+(5-\sqrt{-15})=5+5=10$

$(5+\sqrt{-15})\times(5-\sqrt{-15})$

$=(5\times5)-5\sqrt{-15}+5\sqrt{-15}-(\sqrt{-15}\times\sqrt{-15})$

$=25-(-15)=25+15=40$。

——原注

可以说，虚数就好像是实数在镜子中的幻象。通过基数 1，我们可以得到所有实数，那么同样的，通过$\sqrt{-1}$，我们也可以得到所有虚数。也就是说，我们完全可以将$\sqrt{-1}$当作虚数的基数(一般用符号 i 来表示）。

因此，我们很容易就能得到一些表达式，比如$\sqrt{-9}=\sqrt{9}\times\sqrt{-1}=3i$，$\sqrt{-7}=\sqrt{7}\times\sqrt{-1}=0.246\cdots i$ 等。由此可见，每一个实数都有属于自己的虚数。除此之外，我们还可以将实数和虚数结合起来，就像卡尔达诺刚开始做的那样，从而得到一些像 $5+\sqrt{-15}=5+\sqrt{15}i$ 这样的表达式。对于这种混合形式的表达式，我们通常称其为复数。

虚数闯进数学领域后，它的面容被一层不可思议的神秘面纱笼罩了整整两个世纪，直到挪威测量员威塞尔（Wessel）和巴黎会计员阿尔冈（Robot Argand）这两位非专业数学家，从几何的角度对其做出了简单的解释。

他们究竟是如何解释的呢？让我们举个例子来说明。比如复数 3+4i，按他们的方法就可以像图 10 那样表示出来，其中 3 和 4 分别对应着水平距离和垂直距离。

所有实数，不管是正数还是负数，其实都对应着横轴上的点。而所有纯虚数，则对应着纵轴上的点。我们把代表横轴上一点的实数乘以虚数单位 i，就可以得到位于纵轴上的纯虚数。也就是说，如果这个实数是 3，那么乘以虚数单位 i 后，我们得到的纵轴上的纯虚数就是 3i。因此，在几何上，一个数乘以 i 后就相当于逆时针旋转了 90°（如图 10）。

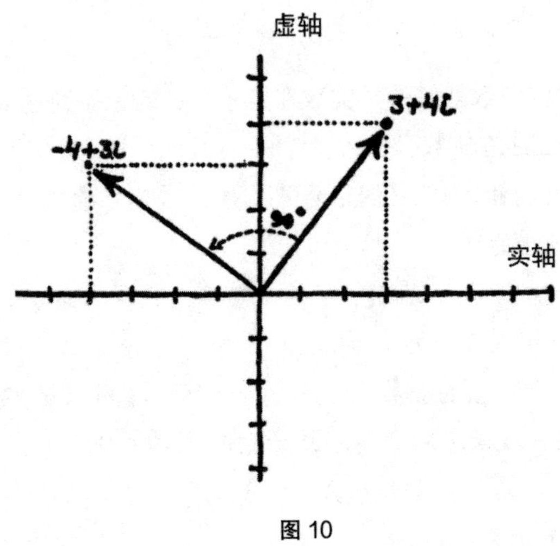

图 10

如果将 3i 再乘以 i，就等于又旋转了 90°，这样一来，就又回到了横轴上，只是这一次是在负数那边。因此，我们可以得出 $3i\times i=3i^2=-3$，或者 $i^2=-1$。

与“两次逆时针旋转 90° 则成反向”相比，“i 的平方等于 -1”这种说法显然要更加简单和容易理解。

混合的复数当然同样适用于这样的规则。我们将 3+4i 乘以 i 后就可以得到：

$(3+4i)i=3i+4i^2=3i-4=-4+3i$。

通过图 10，我们可以很清楚地看到，3+4i 这个点围绕原点逆时针旋转 90°，就得到了 -4+3i 这个点。通过图 10 我们还可以看到，一个数如果乘以 -i，那么就相当于围绕原点顺时针旋转了 90°。

如果看到这里，你对虚数还是不甚明白，那我们不妨来解决一个关于虚数的实际应用的简单问题，从而彻底揭开它脸上的神秘面纱。

一个富有冒险精神的年轻人在他曾祖父的遗物中发现了一张

羊皮纸，这张羊皮纸上记录着一个宝藏的埋藏地点。上面写道：

在北纬____、西经____[①]有一座荒岛。在荒岛的北岸，有一大片长着一棵橡树和一棵松树的草地[②]。在那里，还有一个很久之前用来吊死叛变者的绞刑架。从绞刑架往橡树走，并记住走了多少步，然后在到达橡树后向右转个直角，并走同样多的步数，在那里钉一个木桩。之后回到绞刑架那儿，再往松树的方向走，同样记住走了多少步。到达松树后向左转个直角，然后走同样多的步数，并在那里也钉个木桩。两个木桩的中间，就是宝藏的埋藏地点。

这些指令十分清楚，令人一眼就能看明白。所以，这位年轻人毫不犹豫地租了一条船，跑到南太平洋寻宝去了。他按照指令找到了荒岛，也找到了北岸草地上的橡树和松树，然而令人遗憾的是，他却没有找到那个重要的绞刑架。之所以会这样，是因为那张羊皮纸是很久很久以前写的，现在已经过去了太多年，木质的绞刑架在风吹雨淋之下早就腐烂成泥，它当初所在的位置已经毫无痕迹了。

这位富有冒险精神的年轻人就这样陷入了绝望中，他生气极了，疯了似的在地上随意乱挖。然而，这是一个面积非常大的岛屿，就算挖很久，他也只是白费力气。迫不得已之下，他只能两手空空地返航。也就是说，那些宝藏直到今天可能还在岛上埋着呢！

这无疑是一个令人遗憾的故事，可更令人觉得遗憾的是，那位年轻人原本是有可能找到那笔宝藏的，只要他懂一点数学，尤其是懂得该怎样运用虚数。现在就让我们来帮他找一找吧，虽然对他来说，一切为时已晚。

---

① 这里特意略去了文件中的实际经纬度，以防泄密。——原注

② 在热带岛屿上，树木的种类显然是多种多样的。不过这里为了保密，故意更改了树名。——原注

我们不妨将整座岛屿当成一个复数平面，然后过两棵树的树根画一条轴线作实轴，再过两棵树的中点画一条与实轴垂直的轴线作虚轴（如图 11），之后再以两树距离的一半作为长度单位。这样一来，我们就可以说橡树和松树分别位于实轴上的 -1 点和 +1 点。因为绞刑架已经腐烂，我们无法确定它的位置，所以先假设它的位置为希腊字母 Γ（这个字母看起来和绞刑架十分相像）。因为绞刑架的位置不一定在实轴上，也不一定在虚轴上，所以我们应该先将 Γ 看成一个复数，即 $\Gamma=a+bi$。

图 11

在此之前，我们已经讲过了虚数的乘法规则，现在就让我们依照这个规则来进行一些简单的计算。如果用 Γ 和 -1 来代表绞刑架和橡树的位置，那么就可以用 $-1-\Gamma=-(1+\Gamma)$ 来表示两者的方位距离。同理，绞刑架和松树的方位距离则可用 $1-\Gamma$ 来表示。

根据羊皮纸上的记录，之后我们要将绞刑架到橡树的方位距离向右——也就是顺时针——旋转 90°，再将绞刑架到松树的方位距离向左——也就是逆时针——旋转 90°。根据之前讲过的虚数乘法规则，就是将 $-(1+\Gamma)$ 乘以 $-i$，将 $1-\Gamma$ 乘以 i。这样一来，我们就可以确定两根树桩的位置：

第一根树桩：$(-i)[-(1+\Gamma)]-1=i(\Gamma+1)-1$，

第二根树桩：$(+i)(1-\Gamma)+1=i(1-\Gamma)+1$。

因为两根树桩的中间就是宝藏的埋藏地点，所以我们只要求出上述两个复数之和，然后再乘以 $\frac{1}{2}$ 就行了，即：

$$\frac{1}{2}[i(\tau+1)-1+i(1-\tau)+1]=\frac{1}{2}(i\tau+i-1+i-i\tau+1)=\frac{1}{2}(2i)=i。$$

从上述运算中我们可以发现，代表绞刑架未知位置的 Γ 在运算过程中已经消失了。也就是说，宝藏始终在 $+i$ 点上，并不受绞刑架位置的影响。

所以，那个年轻人只要懂一点数学，能够做这么简单的运算，就能够准确地找到宝藏的地点，即图 11 中画 × 的地方，而无须浪费力气在岛上乱挖。

上述运算告诉我们，根本不需要知道绞刑架的位置，我们就可以找到宝藏。如果你不相信，那就找一张纸，然后在上面画出两棵树的位置，接着为绞刑架设置几个不同的位置，再按羊皮纸上的指令操作一番。你会发现，无论试多少次，宝藏都在复数平面中对应 $+i$ 的那一点上。

其实，我们通过对 -1 的平方根这个虚数的运用还发现了另一个宝藏，那就是普通的三维空间能与时间结合，从而形成受四维几何学规则支配的四维空间。在接下来的某一章中，我们将对爱因斯坦的思想和他的相对论进行讨论，到时候会再次提及这一发现。

第二部分

空间、时间和爱因斯坦

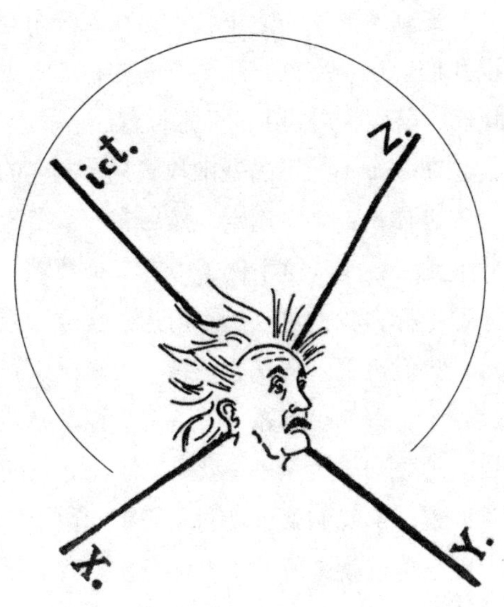

第三章　空间异于寻常的性质

一、维数和坐标

何为空间？我们好像都知道这个问题，但又无法准确地说出它的意思。我们或许会说空间就是那个包围着我们的东西，我们可以在其中前后、左右、上下随意地运动。对我们所处的这个物理空间来说，其最基本的性质之一就是存在着三个互相垂直的独立空间。所以我们说这个空间是三个方向的，即三维的。通过这三个方向，我们可以确定空间中的任意位置。

如果我们想在一个不熟悉的城市找到某个有名的商铺，旅馆服务生或许会告诉你说："向南走，然后在 5 个街区后右转，再走 2 个街区后上到 7 层。"这个例子中有三个数字，我们通常称其为坐标。通过坐标，我们可以确定街道、楼层和原点（旅馆）的关系。显然，我们也可以从其他任意一点来确定同一目标的方位，只要知道一个正确的坐标系——这个坐标系必须能够表明这个新原点与目的地之间的关系——就可以了。如果能够确定新老坐标系的相对位置，那我们就可以利用简单的数学运算把新坐标用老坐标表示出来。这就是所谓的坐标变换。我觉得这里有必要强调一句，那就是这三个坐标不一定非要是表示距离的数，事实上，用角度当坐标在某些时候反而要更加方便一些。

比如在纽约，一个地方的位置通常是用一个直角坐标系来表示的，这个直角坐标系由街道和马路组成。而在历史悠久的莫斯科，情况却截然不同，因为这个城市是围绕着一个中心点发展起来的，这个中心点就是克里姆林宫。从这个中心点延伸出许多条街道，这些街道分布在莫斯科城中，整体呈辐射状。而这些辐射出来的街道又被一条条同心的环路连接在一起。因此在莫斯科，通常用极坐标来表示一个地方的位置。人们在描述某所房屋的具体位置时，最常见的说法就是它位于克里姆林宫正北与西北中间的第二十个街区。

关于直角坐标系和极坐标系还有另一个典型例子，即圣彼得堡的海军部大楼和华盛顿的美国陆军部五角大楼。在第二次世界大战期间参与过战争工作的那些人尤为了解这一点。

如图 12 所示对我们这些具有三维空间概念的人来说，要想在脑海中想象出一个高于三维的超空间（我们晚点儿就会看到，确实存在着这样的空间），并不是件容易的事。相反，如果是想象出一个低于三维的子空间，则要容易得多。不管是平面、球面，还是其他什么表面，都是二维的子空间，因为要想知道其表面上任意一点的位置，只需两个数就可以了。而作为一维子空间的线（直线或曲线），只需一个数，我们就可以确定线上某一点的位置。按照这样的理论，我们甚至可以说，点就是零维的子空间，因为在一个点里，我们不可能找到两个不同的位置。只是，谁会把时间和精力浪费在研究点上呢？

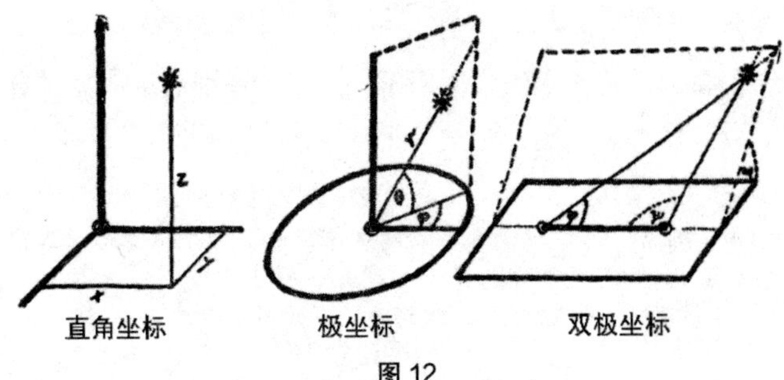

图 12

我们是三维生物，是三维空间的一部分，因此可以“从外面”对一维空间和二维空间——也就是线和面——进行观察，所以与理解三维空间的几何性质相比，我们更容易理解一维空间和二维空间的几何性质。这也就是为什么我们在听到曲线或曲面时，能够轻易理解它们的意思，但在听到三维空间也会弯曲时，却会大吃一惊的原因。

其实，理解弯曲三维空间的概念并没有那么难，只要我们愿意做一点练习，并且真正理解了“曲率”一词的意思。我希望到下一章结束时，你甚至能轻松地谈论起弯曲的四维空间，尽管这个概念乍看之下似乎很吓人。

当然，我们最好先做一些思维训练，再去讨论那些问题。这些思维训练与一维的线、二维的面和三维的空间有关。

二、无需测量尺寸的几何学

什么是几何学？在我们学生时代的记忆中，它是一门关于空间量度的科学[①]，其主要内容就是很多定理，这些定理描述了长度和角度之间的各种数值关系（比如著名的毕达哥拉斯定理，这个定理就与直角三角形的三边长度有关）。然而，对空间来说，它的许多最基本的性质并不需要对长度和角度进行测量。我们通常用地址解析（analysis situs）或拓扑学（topology）[②]来称呼讨论这些内容的几何学分支。

现在举一个拓扑学的典型例子。这个例子很简单，设想有一

---

① “几何学”（geometry）一词源于两个希腊词语，即ge（地面）和metrein（测量）。古希腊人在创造这个词时，似乎将他们对这门学科的兴趣与他们的房产联系在了一起。——原注

② 在拉丁文和希腊文中，该词意为对位置的研究。——原注

个封闭的几何面被一张线网分成许多区域。假设这个几何面是一个球面，我们就在这个球面上随意选取一些点，然后用线将这些点连接起来。不过要注意，在连接的过程中，线不能相交。接下来我们要考虑的问题就是，点的个数、两点之间连接线的个数和区域的个数之间的关系。

该怎么确定它们之间的关系呢？首先，我们不妨先改变一下球的形状，将它挤扁或拉长，让它成为像南瓜那样的扁球形或者像黄瓜那样的长条形，要知道这样并不会改变点、线和区域的个数。事实上，无论我们将这个球挤压拉扯（切开或撕开当然不行）成什么形状，只要保证它的表面处于封闭状态，那就不会对我们刚才的问题和答案造成影响。显然，这完全不同于普通几何学中的数值关系（像线的长度、面积和体积间的关系）。在普通几何学中，如果对一个正方形进行拉扯，使其成为一个平行六面体，或者对一个球进行挤压，使其成为饼形，那它的各种数值之间的关系也会随之发生改变。

上文说了，这个球体已经被划分成了许多区域。现在，就让我们将这些区域压平。这样一来，球体就变成了多面体，不同区域的界线就变成了多面体的边，之前选取的点就变成了多面体的顶点（如图 13）。

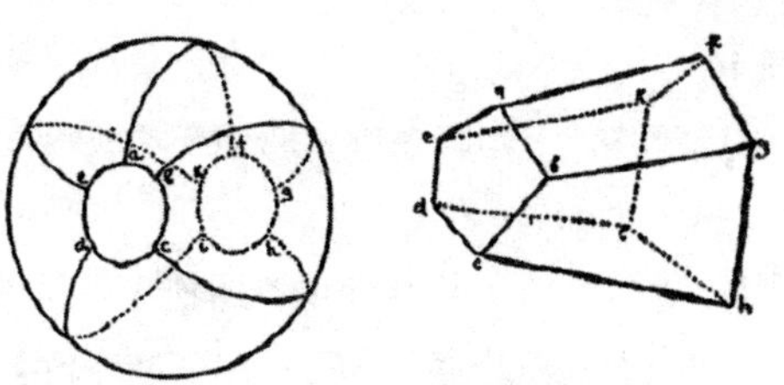

图 13

一个被划分成许多个区域的球体被压平，成了一个多面体。

现在，让我们重新表述一下之前的那个问题（并不会改变其意思）：对一个任意形状的多面体来说，它的顶点数、边数和面数之间是什么关系？

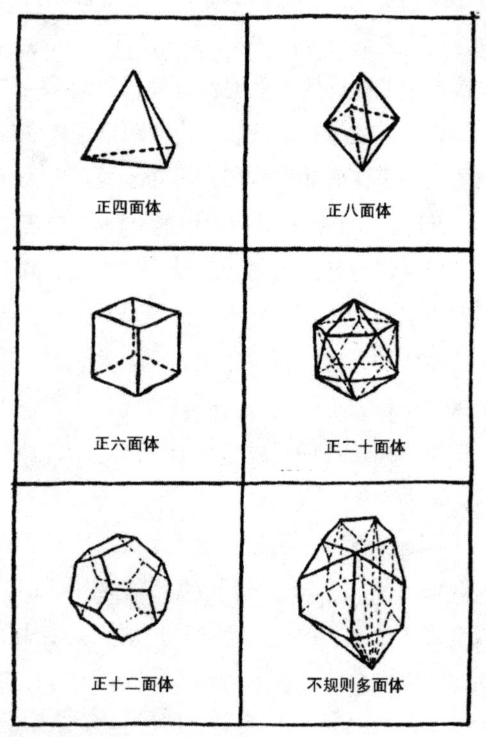

图 14

五种正多面体（不可能比五种更多）和一种奇怪的不规则多面体。

在图 14 中，我们可以看到五种正多面体（每个面的边数和顶点数都相同）和一种不规则多面体——完全是凭想象画出来的。这些几何体每一个都拥有几个顶点、几条边和几个面呢？这三个数值之间到底有没有关系？现在就让我们来数一数、看一看。

我们用数得的数制成了一张表格，如下：

多面体名称	V（顶点数）	E（边数）	F（面数）	$V+F$	$E+2$
四面体	4	6	4	8	8
六面体	8	12	6	14	14
八面体	6	12	8	14	14
二十面体	12	30	20	32	32
十二面体	20	30	12	32	32
不规则多面体	21	45	26	47	47

前三栏的数字乍一看好像没什么关系，但只要我们稍微仔细一点就会发现，顶点数与面数之和总是比边数大 2，也就是 V 与 F 的和总比 E 大 2。因此，我们就可以得到这样一个关系式，即 $V+F=E+2$。

那是不是只有图 14 所展现的这五种特殊的多面体才拥有这种关系呢？还是说任何多面体都有这种关系？为了验证这一点，我们不妨画几个不一样的多面体，看看它们的顶点数、边数和面数是否也存在这样的关系。如果你真的这么做了，就会发现上述关系不管是放在哪种多面体中，都依然成立。因此我们可以说，$V+F=E+2$ 是一个普遍适用的拓扑学定理。因为这个关系式只涉及顶点数、边数和面数，并不受边的长短或面的大小的影响。

最先发现多面体的顶点数、边数和面数之间存在着这样关系的人，是 17 世纪法国著名的数学家笛卡尔（René Descartes）。不过，这一定理的严格证明却是后来由另一位天才数学家完成的，这位数学家就是欧拉。所以，人们现在将这个定理称为欧拉定理。

接下来，就让我们看看这一定理是如何被证明的。在科朗特（R.Courant）和罗宾斯（H.Robbins）的著作《何为数学？》（*What Is Mathematics？*）[①] 中，就有对欧拉定理的完整证明。书中是这

① 在《何为数学？》一书中，有对拓扑学问题的更详细的讨论。因此处列举的几个例子而对拓扑学问题产生兴趣的读者，可以去看一看。——原注

样说的：

为了对欧拉定理加以证明，让我们通过想象，将这个给定的简单多面体变成一个由橡皮薄膜制成的中空体（图 15a）。然后，将这个中空体的其中一个面切除，并把剩余的面摊开，令其变成一个平面（图 15b）。多面体的各个面和各条边之间的角度，在这个过程中必然会发生变化。不过，单就顶点数和边数来看，这个平面网络与原多面体是一样多的，只是就面数而言，要比原多面体少一个，因为我们之前切除了一个面。接下来，我们要证明对这个平面网络来说，$V-E+F=1$。如果再加上切除的那个面，结果就变成了对原多面体来说，$V-E+F=2$。

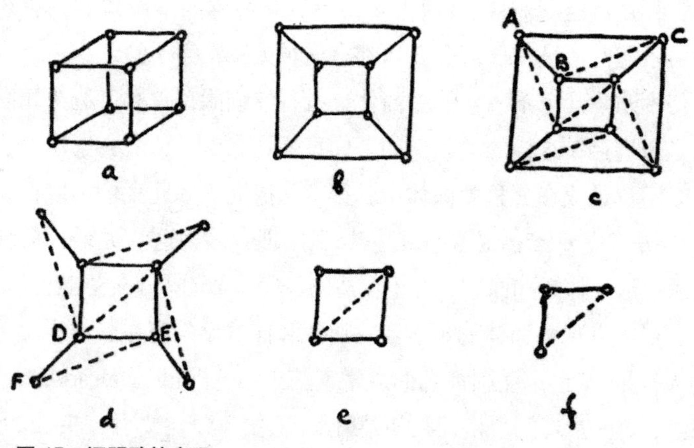

图 15 证明欧拉定理

该图虽然以正方体为例，但实际上，其所得出的结论无论对哪种多面体来说都成立。

首先，我们要将这个平面网络“三角形化”。要想达成这一目的，只需在那些不是三角形的多边形上画出对角线。这样一来，边数和面数，也就是 E 和 F，都会增加。我们每在一个非三角形的多边形上加一条对角线，E 和 F 就都增加 1。因此，$V-E+F$ 的值并不会发生改变。换句话说，V−E+F 的值并不受对角线的影响。所以，即便我们最后将整个图形彻底“三角形化”（图 15c），$V-E+F$ 的值在这个三角形化的网络中依旧会保持不变，就和这个图形没被三角形化之前一样。

被“三角形化”的平面网络中，有一些位于边缘的三角形。这种三角形的三条边中，通常有一条是网络的边缘线（比如 ΔABC），有的也可能是两条。随意选取一个这样的三角形，移除它那些不同时属于其他三角形的部分（图 15d）。以 ΔABC 和 ΔDEF 为例，在 ΔABC 中，我们应按要求移除 AC 边和面，留下 A、B、C 三个顶点和 AB、BC 两条边；在 ΔDEF 中，我们应按要求移除整个面和顶点 F，以及 DF 和 EF 两条边。

显然，在 ΔABC 这种类型的三角形中，按要求移除那条位于网络边缘的边后，不管是 E 还是 F，都会减少 1。至于 V，则不会发生改变。将这种变化代入关系式 $V-E+F$ 中，我们会发现这个关系式并没有任何改变。而在 ΔDEF 这种类型的三角形中，我们移除的边有两条，面和顶点各一个，也就是说 E 减少 2，而 V 和 F 都各减少 1。将这种变化代入关系式 $V-E+F$ 中，我们会发现它依旧保持不变。之后，就让我们按要求——移除一个三角形中不同时属于其他三角形的部分——以适当的顺序，将这些边缘三角形逐个移除，直到仅剩下最后一个三角形。也就是说，此时整个平面网络只剩下最后三条边、三个顶点和一个面。因此可得出，$V-E+F=3-3+1=1$。但是之前我们已经证明了，关系式 $V-E+F$ 的值并不会随着三角形的减少而发生改变。所以，我们由此可以推断出，V-E+F 在原来的那个平面网络中也必定等于1。而与原多面体相比，这个平面网络要少一个面，因此，对完整的多面体来说，$V-E+F=1+1=2$。欧拉的公式由此得到了证明。

通过欧拉公式，我们还可以得到一条有意思的推论，即正多面体只有五种，就是图 14 上的那五种。

可是，如果你认真研究过前几页的内容，或许就会发现，无论是在画出图 14 所示的“各种不一样”的多面体时，还是用数学推理证明欧拉定理时，我们都在潜意识中做了一个设想，这种设想很大程度上限制了我们对多面体的选择。这种潜意识的设想就是，我们在选择多面体时，不能选择那些带有孔眼的。这里所说的孔眼是指像面包圈或橡皮轮胎那种闭合的孔洞，而不是指像一个破了个窟窿的皮球那样的东西。

图 16 就是两个带有孔眼的立方体。它们和图 14 中所展示的几何体一样，都是多面体，但却有很大不同。

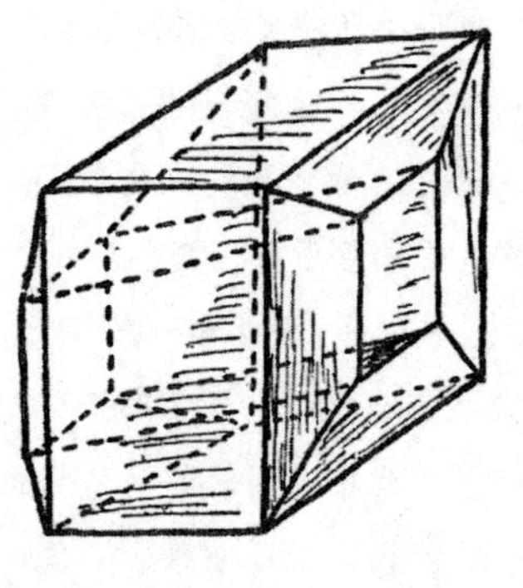

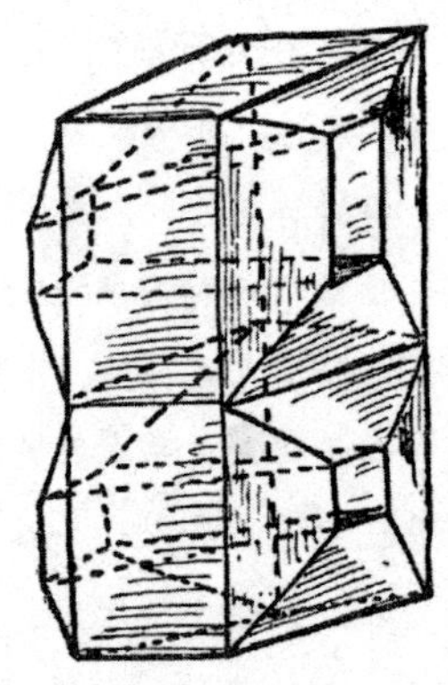

图 16

这是两个立方体状的东西，左边的有一个孔眼，右边的有两个。这两个立方体的各个面有的是矩形，有的不是，但正如我们所知道的，在拓扑学中，这并不会造成什么影响。

现在就让我们来看一看，在这两个新的多面体上，欧拉定理是否还能成立。

通过认真观察，我们可以得知，第一个几何体共有 16 个顶点、32 条边和 16 个面，而第二个几何体共有 28 个顶点、60 条边和 30 个面。第一个几何体中，$V+F=16+16=32$，与 $E+2=34$ 并不相等；第二个几何体中，$V+F=28+30=58$，与 $E+2=62$ 同样不相等。显然，不管是在第一个几何体中，还是在第二个几何体中，$V+F=E+2$ 这个关系式都不成立。

为何会如此呢？为何对于这两个例子，我们之前对欧拉定理所作的一般证明就没用了呢？

其实之所以会这样，是因为与前面研究的所有多面体相比，这种新型的有孔眼的多面体要更为复杂。如果将之前的多面体看成一个球胆或气球，那这种新型多面体就是一个轮胎，或者是一个更复杂的橡胶制品，我们无法在上面“切除一个面，并将剩余的面摊开，令其成为一个平面”，而这一操作却恰恰是上述证明中不可缺少的一个步骤。所以我们说，在这种新型有孔眼的多面体上，之前关于欧拉公式的证明并不适用。

如果换作是一个球胆，那我们轻而易举地就能完成上述操作，只要用剪子剪掉它的一部分表面就行了。可如果是一个轮胎，我们就算切掉了它的一部分表面，也不可能将剩余部分摊成一个平面。如果图 16 还不能让你明白这一点，那你就找个旧轮胎亲自动手试一试吧！

不过，如果你因此以为在这类较为复杂的多面体中，V、E、F 之间就没有关系了，那就错了。事实上，关系依旧存在，只是和原来不同了而已。对面包圈形的多面体来说，或者换一种更科学的说法，对环面形（torus）的多面体来说，$V+F=E$。而对另一种蜜麻花形的多面体，即扭结形（pretzel）多面体来说，$V+F=E-2$。如果用 N 表示孔眼的个数，$V+F$ 通常等于 $E+2-2N$。

还有另一个经典的拓扑学问题，即所谓的“四色猜想”。这个问题与欧拉定理有着密切的关系。同样是先假设有一个球面，而且这个球面已经被划分成若干区域。接下来，我们要做的就是为每个区域涂上颜色，并要求相邻的区域（也就是拥有共同边界的区域）颜色不能相同。那么，我们究竟需要几种颜色才能完成这项任务呢？两种颜色显然不够，因为当三条边在一点相交时（图17中，左侧美国地图上的弗吉尼亚州、西弗吉尼亚州和马里兰州就是一个例子），至少就需要三种颜色。

那有没有需要用到四种颜色的例子呢？当然有，而且很好找，比如瑞士在德国吞并奥地利时期的地图[①]（如图17）。

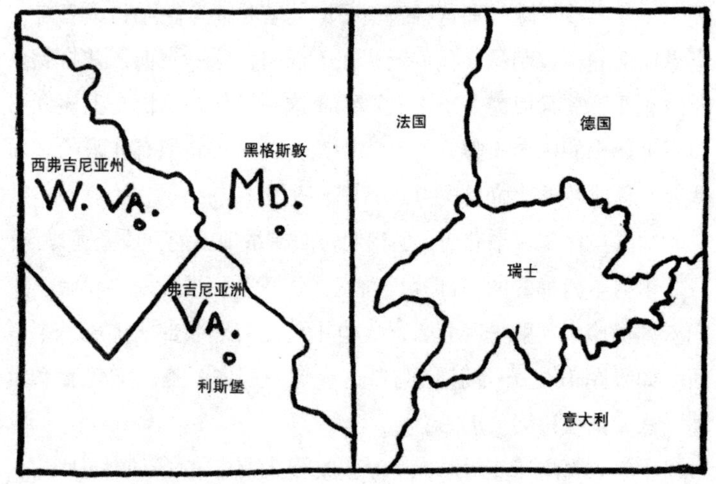

图17

左边是美国马里兰州、弗吉尼亚州和西弗吉尼亚州的地图，右边是瑞士、法国、德国和意大利的地图。

可是，无论我们如何尝试，也不可能得到一张需要用四种以上颜色的地图。不管是在一个球面上，还是在一个如纸一般的平

① 在德国吞并奥地利前，只需要三种颜色：用绿色涂瑞士，红色涂法国和奥地利，黄色涂德国和意大利。——原注

面上，都是如此。[①]可见，不管是一个多么复杂的地图，想要将它所有的区域都涂上颜色，并且保证相邻两个区域的颜色不同，最多只需四种颜色。

如果这是一个正确的理论，那应该就可以从数学上加以证明。可是，尽管数学家们付出了很多努力，甚至经过了几代人，但依旧未能证明这一点。在数学上，确实存在一些这样的理论，它们既无人怀疑，但也无人能证明。上述问题就是这种理论的一个典型事例。现在，在数学上，我们最多能够证明五种颜色总是够的。这种证明极为复杂，它涉及欧拉关系式在国家数目、边界数目以及数个国家相交时产生的三重、四重等交点数目上的应用，而且与本书的主题关系不大，所以我们在此就不多加赘述了。不过，如果有读者对这方面感兴趣，不妨去那些拓扑学著作中找找看，我相信他一定能够拥有一个愉快的夜晚（或许会整晚都不想睡）。

如果有人能够证明，无论哪种地图，只需四种颜色就够用了，或者能够画出一幅地图，必须用四种以上的颜色，才能保证相邻区域间的颜色不同，那这个人一定会声名远播，甚至未来几个世纪，在基础数学的年鉴之上，都可以找到他的名字。

令人觉得讽刺和可笑的是，在球面或平面这种简单的情况下，这个涂色问题怎么也解不出来，但在环面形或扭结形这种更复杂的表面上，这个问题用比较简单的方法就能得到解答。比如人们已经证明了，对一个环面形来说，无论怎样划分它的表面，最多只需七种颜色，就能保证其相邻区域的颜色不同。这样的例子其实已经给出来了。如果读者不嫌费事，可以准备七种不同颜色的

① 平面地图和球面地图在涂色问题上的情况并没有什么不同。因为将球面地图的涂色问题解决了后，我们完全可以将某个涂好的区域剪掉一部分，然后将剩下的表面摊成一个平面。显然，这依旧是一个典型的拓扑学变换问题。——原注

油漆，再找一个旧轮胎，亲自动手涂一涂。当然，在过程中，要尽量令每一种颜色的区域都与另外六种颜色的区域相邻。如果真的能做到这一点，他就可以说自己“确实足够了解环面形的表面”了。

三、翻转空间

在此之前，我们讨论的焦点都集中在各种表面，也就是二维空间的拓扑学性质上。但类似的问题针对我们生存的三维空间，显然也可以提出。比如给地图涂色的问题，如果放在三维空间下，就可以这样问：设想有一个空间，这个空间由许多不同形状的图形拼接而成，如果这些图形由不同的材料制成，那需要多少种材料，才能保证任意两个材料相同的图形都不会有共同的接触面呢？

在球面或环面上，涂色问题的三维类比是什么？我们是否能够设想出一个特殊的空间，这个空间和普通空间的关系如同球面或环面和普通平面的关系一样？这个问题乍看之下似乎毫无意义，但事实并非如此。如果是让我们设想一些不同形状的平面，那我们轻而易举地就能做到，可如果是让我们设想一个不同的三维空间，我们就会认为那是不可能的事。因为在我们眼里，三维空间只有一种，就是我们熟悉并生活于其中的这个物理空间。可是，这不过是我们的一种错觉，而且这种错觉十分有害。事实上，只要我们稍微开启一下想象力，就能想到一些三维空间，而且这些三维空间完全不同于欧几里得几何课本上所描述的那个空间。

我们之所以会认为想象这类特殊空间是一件困难的事，是因为我们自己就生活在三维空间中，是三维生物。所以，我们在观察这个空间时，只能“从内部”，而不能像对不同形状的平面那样，

“从外部”去观察。不过我相信，我们现在是有能力征服这些古怪特异的空间的，因为我们之前已经进行了一些思维训练。

首先，让我们建立一个三维空间模型，这个模型的性质要与球面类似。球面的性质主要有三点：一，它没有边界；二，它的面积有限；三，它是弯曲的、闭合的。我们是否能设想一个与球面性质类似的三维空间，这个三维空间也要像球面那样闭合，从而具有有限的体积，但又没有明确的边界呢？

设想有两个球体，每个球体都像苹果那样，被自己的外皮也就是球面所限。现在让我们想象一下，这两个球体“互相穿过”且外表面粘连在一起。这里必须强调一点，我的意思并不是说我们能将两个物理学上的物体（如苹果）挤得互相穿过，从而在挤压中，将它们的表皮黏在一起。事实上，两个苹果是不可能被挤得互相穿过的，在强力的挤压下，它们最后的结果只能是变成碎块。

我们或许可以想象一下，有一个苹果被虫子啃出许多蜿蜒曲折的通道。假设虫子分为两种，一种为白色，一种为黑色。这两种虫子互相厌憎，它们在苹果内都有各自的通道，而且这两种通道并不相通，尽管在苹果皮上，这两种通道的进出口可能就紧挨在一起。最后，在这个被两种虫子啃来啃去的苹果的内部，就会像图 18 那样出现两个错综复杂的通道网。这两个网紧密地缠绕在一起，几乎占据了苹果的整个内部空间。黑虫子和白虫子的通道可能极为接近，可尽管如此，我们也必须先回到苹果的表面，才能从这边的迷宫走到那边的迷宫去。设想一下，如果这些通道不断变细，数目也不断增多，那最后在苹果内部就会有两个互相交错的、仅在共同表面上相连的独立空间。

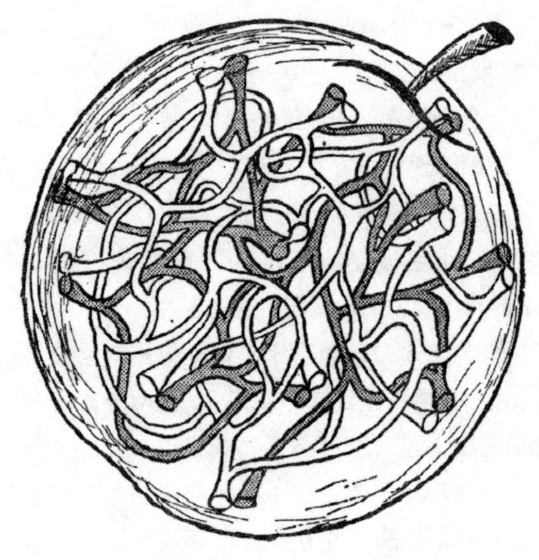

图 18

如果你对虫子没什么好感，那我们就来设想一个别的场景，比如纽约世界博览会巨型球体建筑中那种双通道双楼梯的系统。设想一下，这两套楼道系统都从这个球体中旋绕着穿过，但是，要想从其中一套系统中的某个点到达靠近它的另一套系统中的某个点，唯一的办法就是回到球面上，找到两套系统的会合处，然后再沿着另一套系统的通道往里走。用我们的话说，这两个球体互相交错且互不干涉。这种情况就好像你和你的朋友明明相距不远，但你如果想和他见面、握手，就必须绕很大一个远。这里还要特别强调一点，即与球体内部的那些点相比，这两套楼道系统的连接点其实并没有什么不同。因为随时随地，我们都可以改变整个结构的形状，把表面的连接点弄到里面去，把里面的点再弄到表面来。

除此之外，我们还要注意另一点，那就是在这个模型中，尽管每一条通道的总长度都是有限的，但却不存在“死路”。不必担心出现墙壁或栏杆阻挡前进，你可以在通道和楼梯间畅行无阻。也就是说，只要一直走下去，最后，你一定会回到出发的地方。从外部对整个结构进行观察，你会发现楼梯在慢慢向反方向弯转，所以迷宫里的人只要一直行走，最后肯定会回到其出发点。可是，对那些身处空间内部、对“外部”一无所知的人来说，这个空间就好像是一个具有确定大小但却没有确定边界的东西。在之后的章节中，我们会看到，在对整个宇宙的性质进行讨论时，这种虽然没有明确边界却并不是无限“闭合的三维空间”将发挥很大作用。事实上，通过最强大的望远镜所进行的观测，我们似乎已经看到，空间在我们视线所及的最远处已经开始弯曲，并展现出一种十分明显的折返回来闭合的倾向，就好像那个被虫子啃出通道的苹果的例子一样。这些问题听起来十分有趣，不过在研究它们之前，我们还应对空间的其他性质有所了解。

其实，我们对于苹果和虫子还可以提出另一些问题，比如能不能改变被虫子啃食过的苹果的状态，令它变成一个面包圈？我的意思当然不是要将这个苹果烹饪成面包圈，而是要让它的样子变得和面包圈一样，毕竟我们研究的是几何学，而不是怎么做饭。还记得之前我们提到过的，那两个“互相穿过”且外表皮“连在一起”的苹果吗？现在，就让我们选取一个这样的“双苹果”。设想一下，在其中一个苹果里，有一只虫子啃食出了一条隧道，就像图 19 中所展示的那样。这里必须强调一下，这个隧道是在一个苹果内被啃食出来的。所以，在隧道的外侧，它的每一个点都属于两个苹果，是它们的双重点；而隧道的内壁，则是那些没被虫子啃食过的物质。现在，这个“双苹果”就有了一个自由面，这个自由面指的就是隧道的内壁（图 19a）。

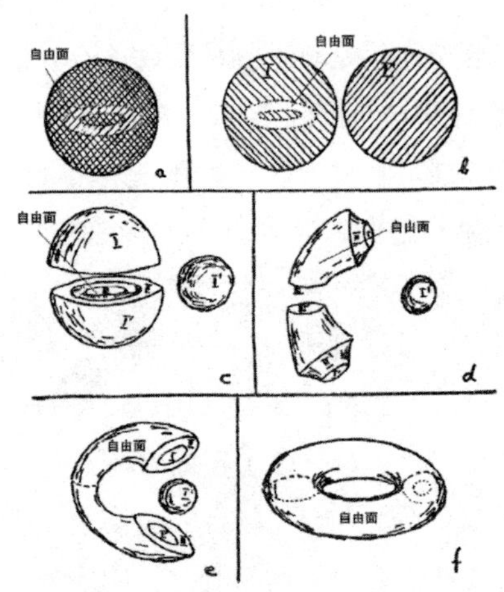

图 19

该怎样利用拓扑学将一个被虫子啃食过的双苹果变成面包圈。
这并不是魔术！

设想一下，如果这个被啃食的苹果具有很强的可塑性，无论怎么拉扯扭捏，都不会碎裂，那我们是否可以将它变成一个面包圈呢？当然可以，只要把苹果切开，再将切开后得到的部分捏成我们想要的形状，然后再把切口粘起来就行了。

不过在做这一切之前，我们要先把这个“双苹果”分开（图 19b）。该怎么做呢？只要剥开形成“双苹果”的两个部分的表皮就可以了。我们用 I 和 I' 来表示这两张被剥下来的表皮，以便于在之后的各项操作中观察它们。当然，最后我们还会重新将它们粘起来。接下来，我们要将那个被虫子啃食出隧道的苹果切成两部分（图 19c）。一刀下去，这个苹果就有了两个新面，我们分别用Ⅱ、Ⅱ' 和Ⅲ、Ⅲ' 来表示它们。当然，之后我们同样会把它们粘回去。现在，我们可以很清楚地看到通道的自由面，而且可以确定的是，这个自由面最后也会成为面包圈的自由面。之后，我们要像图 19d 所示的那样，对这几个零碎的部分进行拉伸，这个自由面显然也会随着拉伸不断变大（不过之前我们已经设想过了，这个苹果是具有极强的可塑性的）。而同一时间，Ⅰ、Ⅱ、Ⅲ这些切开的面却会不断变小。当我们随意改变“双苹果”其中一个的形状时，另一个也必定会随之缩小，最后变得和樱桃差不多大。

现在，我们就可以开始进行最后一步了，将这些零碎的部分沿着切口重新粘回去。首先，我们要先把Ⅲ、Ⅲ' 粘上，令它们成为图 19e 那样的形状；其次，在由此形成的两个钳口之间，放入被压缩成樱桃大小的另一个苹果；最后，将两个钳口收拢，并将表皮Ⅰ和Ⅰ' 重新粘在一起，切面Ⅱ、Ⅱ' 也将随之黏合。这样一番操作下来，我们就可以得到一个面包圈了。看，这个面包圈是多么完美无瑕啊！

可是，我们为什么要做这一切呢？它有什么意义吗？

其实，这一切并没有什么实际意义，不过是为了让我们在想象中练习一下几何学罢了。但是，在之后我们理解弯曲空间和闭合空间这种古怪特殊的东西时，这种思维训练可以提供很大的帮助。

如果你愿意让你的想象力再往远处延伸一点，那我们可以了解一下上述做法的一个“现实应用”。

实际上，我们的身体也曾经是个面包圈。我猜，你大概从来没有意识到过这一点。其实在生命发育的最初阶段（胚胎阶段），每一个生命体都要经历所谓的“原肠胚”阶段。生命体在这个阶段呈球形，当中横向贯穿着一条宽阔的通道。生命体通过通道的一端获得食物，并在摄取完食物中的营养成分后，将残渣由通道的另一端排出。这种内部通道在生命体发育成熟时会变得更细、更复杂，但其主要的性质却不会发生改变。这也就意味着，面包圈形所有的几何性质都会保持不变。

既然我们已经知道了自己就是一个面包圈，那不妨在我们的想象中，尝试着按图 19 所示的方式逆向操作一番，也就是把我们的身体从一个面包圈变成一个内部拥有通道的“双苹果”。这样一来，你就会发现你的身体出现了惊人的变化，那些不同的部分彼此有些交错，并共同形成了“双苹果”的果体，而整个宇宙——包括太阳、月亮、地球和各星辰——都被挤进了内部的圆形通道中！

试着把这幅景象画出来，看看你能画成什么样子。如果你能很好地描绘出这幅景象，那恐怕连达利（Salvado Dali）[①] 本人也会对你赞誉有加，称呼你为画超现实主义画作的大师！

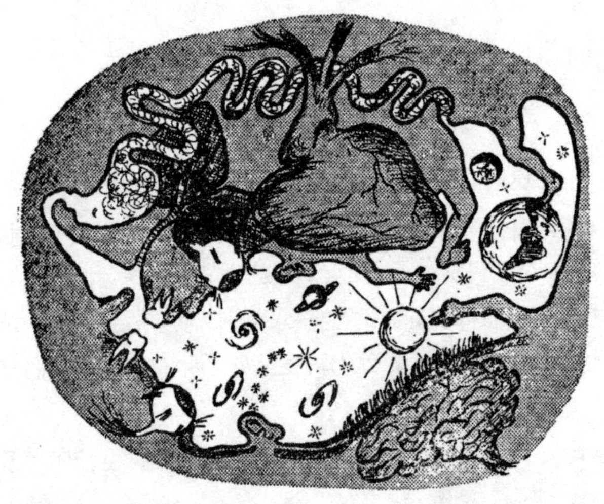

图 20　翻过来的宇宙

这是一幅超现实主义画作，它描绘的是一个人一边在地球表面行走一边仰头欣赏星空。这幅画将图 19 所示的方法逆向操作了一番，也就是做了一个拓扑转换。所以，太阳、星辰，包括地球都被挤进了人体内部那条横向贯穿的通道中，而人体的内部器官则分布在它们的周围。

这一节的篇幅已经够长了，但我并不想现在就结束，因为我

① 萨尔瓦多·达利（1904—1989），西班牙著名画家，以超现实主义画作而闻名。——译注

们还有一个问题没有讨论，即左手系物体和右手系物体，以及它们与空间基本性质的关系。想把这个问题说明白，我们最好先从一双手套开始，这是最简便的办法。一双手套有两只，我们先将它们比较一下。这时你会发现，虽然无论在哪一方面，这两只手套都十分相似，但又存在着巨大的差异。所以，你在穿戴时没办法将两只手套互换，把左边的戴在右手上，把右边的戴在左手上。你可以随意地扭曲它们、弯转它们，但永远无法改变它们是左手套或右手套的事实。类似的物体还有鞋子的形状、汽车的转向系统（美国的和英国的）和高尔夫球杆等。事实上，在许多其他物体上，我们都能看到这种左手系和右手系的区别。

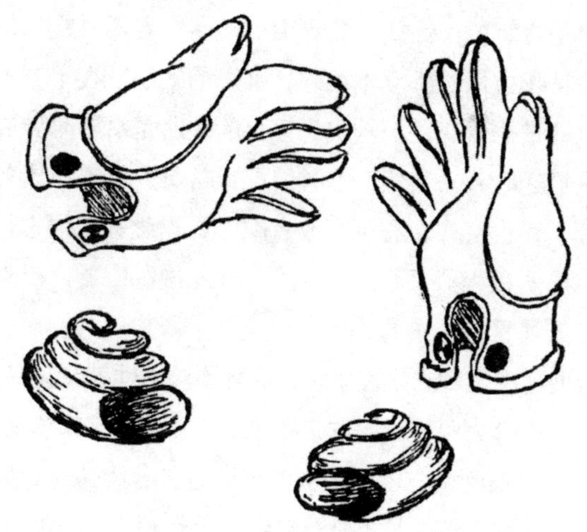

图 21

无论在哪一方面，左手系物体和右手系物体看起来都十分相像，但两者之间又存在着重大的差异。

当然，也有一些东西并不存在这种差异，比如礼帽、网球拍等。有谁会跑到商店里订购几个左手用的茶杯呢？又有谁会跑到邻居家专门借一个左手用的扳子呢？如果真有人这么做，那这个人不是智力有问题就是在恶作剧。那这两种东西究竟有什么差别呢？其实只要你仔细想一想就会发现，在礼帽和茶杯这类东西上，都存在着一个对称平面。顺着这个平面，我们可以将它们切成完全相同的两部分。而在手套和鞋子这类物体上，这种对称平面并不存在。所以，无论我们如何绞尽脑汁，也不可能把它们切成相同的两部分，不管是手套还是鞋子，都是如此。也就是说，如果一个物体上不存在对称平面，或者用我们的话说，是非对称的，那我们就可以确定，它要么是左手系物体，要么是右手系物体。

在手套、高尔夫球杆这种人造物品上，我们很容易就能发现左手系和右手系的这种差别，那么自然界中是否也存在这种差别呢？答案是肯定的。比如自然界中可能存在着两种蜗牛，这两种蜗牛无论从哪方面看都基本相同，唯一的区别就在于它们的“房子”，也就是蜗牛壳。一种蜗牛壳上的纹路是沿顺时针旋转的，另一种是沿逆时针。其实，这种情况很常见，就连组成各种不同物质的分子，也会像左右手套或者顺时针逆时针的蜗牛壳一样，经常展示出两种相似又不同的形态，即左旋和右旋。当然，我们的肉眼是无法看见分子的，但当这类分子所构成的物质呈晶体形态，或者展现出某种光学性质时，这种不对称性就会被显现出来。比如糖就可以分为两类，即左旋糖（果糖）和右旋糖（葡萄糖）。而且更不可思议的是，以糖为食的细菌也可分为两类，它们只吃与自己对应的那种糖。是不是很神奇，那你相不相信呢？

从上述内容来看，想要将一个右手系物体（比如一只右手套）变成左手系物体，似乎是不可能的事。但事实真的如此吗？我们是否能设想出一个神奇的空间，在这个空间里就可以完成这项不可能的任务？要想解答这个问题，我们必须换一个角度。我们可以先站在二维扁平人的角度来研究它，然后再站在更为优越的三维地位上，对这些扁平人进行观察。

图 22 描绘了几个例子，向我们展示了扁平国——即二维空间——居民的一些可能性。

图 22

在平面上生活的二维居民大概就是这个样子，我们可以称他们为“扁平人”。这种二维生物一点儿也不“现实”。他有正面，但没有侧面。他的手中有一串葡萄，但根本吃不到嘴里。他旁边的那头驴虽然可以吃到葡萄，但只能往右侧走。当然，如果它非要往左走也不是不可以，但只能倒着后退。驴虽然可以倒着走，但这毕竟不太合常理。

图中手拿葡萄的那个人只有正面没有侧面，因此我们称呼他为“正面人”。在“正面人”身边，有一头“侧面驴”，更准确地说是一头“右侧面驴”。当然，对我们来说，画一头“左侧面驴”也不是什么难事。不过，不管是“右侧面驴”还是“左侧面驴”，都被局限在这个平面上，所以站在二维的角度，它们之间的差异就和三维空间中的左右手套一样。无论你怎么做，都不可能让这两头驴头挨头地交叠在一起。如果非要让它们鼻连鼻、尾连尾，那就只能将其中一头驴翻个肚皮朝天。不过这样一来，四脚在上的它就没办法站立了。

可是，如果将其中一头驴从平面上取出放到一个空间中，那只需简单地翻转一下再放回去，它就可以和另一头驴一样了。由此可见，想要把一只右手套变成左手套，也不是不可能的事，只要我们将这只右手套从我们所处的空间中取出，放到一个四维空间中，然后以恰当的方式旋转一下再放回去，就可以了。可是，在我们这个物理空间中，并没有第四维的存在，所以也就不可能完成上述操作。那么，是不是还有其他办法呢？

让我们现在重新回到二维世界中，不过这一次，我们研究的对象已经从图22上的那种普通平面变成了“莫比乌斯面”（surface of Möbius）。这种面的名字来自一位德国数学家，这位数学家生于一个世纪之前，是最先对这种面进行研究的人。想要得到一个莫比乌斯面，并不是一件难事。事实上，我们只需拿一张长纸条，将其中一端拧个弯后再把两端粘成一个环就行了。从图23中，我们就可以看出这个环是如何做的。莫比乌斯面具有很多不同寻常的性质，其中最显而易见的一个就是，当你沿着一条与边缘平行的线（图23中的箭头），用剪子剪上一圈，你会发现你并没有像预想中那样，得到两个分离的环。事实上，你得到的还是一个环，只是与原来相比，这个环的长度增加了一倍，宽度减少了一半！

图23

莫比乌斯面及克莱因瓶

接下来就让我们看一看，一头“侧面驴”如果沿着莫比乌斯面走上一圈，会发生什么呢？假设它以 1 号位置（图 23）作为出发点，这时它是一头“左侧面驴”。通过图 23，我们可以清楚地看到，“侧面驴”在走动中先后经过了 2 号位置和 3 号位置，最后到达了靠近出发点的 4 号位置。这时，我们会惊讶地发现——估计就连“侧面驴”自己也会感到惊讶和奇怪——它所处的这个奇怪位置竟令它变成了四脚朝天的样子。为了让蹄子回到下面，它当然也可以在面上转动一下，但这样一来，脑袋的方向又变了。

总之，这头“侧面驴”沿着莫比乌斯面走上一圈后，就从“左侧面驴”变成了“右侧面驴”。而且值得注意的是，它在这一过程中始终处于面上，并没有被取出来放入空间中翻转一下。于是我们发现，当左手系物体处于一个扭曲的面上时，只要通过扭曲处就可以变成右手系物体。右手系物体同样如此。

图 23 中的莫比乌斯面其实只是一个更具普遍性的曲面的一部分。这个“更具普遍性的曲面”就是“克莱因瓶”（图 23 右侧所示）。克莱因瓶只有一个面，这个面自我封闭，并且没有明显的边界。如果在二维平面中上述情况是可能的，那么在三维空间中应该也可以发生。当然，前提是空间要有一个适当的扭曲。只是，要想象空间中的莫比乌斯扭曲，并不是一件容易的事。因为我们就处于空间内部，不可能像看驴所在的面那样，从外部对各方面进行观察。而想从内部看清事物，通常是非常困难的。但我们要知道，天文空间是可能自我封闭并以莫比乌斯的方式发生扭曲的。

如果情况真的是这样，那在宇宙环游了一周的旅行家们，他们的心脏在回到地球时将位于右胸腔。而生产手套和鞋子的商人们大概也可以简化生产过程，因为他们只需生产一种手套和鞋子，再把其中的二分之一装进太空船中，绕着宇宙环游一周就行了。

等太空船回到地球上时，船上的手套和鞋子就变成另一半手脚所需的了。

这些想法是多么的荒诞和不可思议啊，就让我们用它来结束关于特殊空间的异乎寻常性质的讨论吧！

第四章 四维世界

一、以时间为第四维

在第四维这一概念上，通常笼罩着一层神秘的面纱，人们对它总是充满怀疑。作为只有长度、宽度和高度的生物，我们哪里有胆量谈论什么四维空间呢？如果倾尽我们三维头脑中的全部智力，是否能够想象出一个四维的超空间呢？一个四维的立方体是什么样的？一个四维的球体又是什么样的？当我们说“想象”一条巨龙，这条巨龙的尾巴上要有坚硬的鳞甲，鼻孔里要能喷出火来时；或者当我们说“想象”一架超级飞机，这架飞机上要带有游泳池，机翼上要有两个网球场时，其实不过是在心中描绘它们突然出现在我们眼前时的样子罢了，而我们描绘这些景物的背景依旧是我们熟悉的、包含着一切普通物体（包括我们自己）的三维空间。如果所谓的“想象”是这样的意思，那对我们来说，要想在普通的三维空间中去“想象”一个四维物体，确实是不可能的事，就好像无论我们如何努力，也不可能将一个三维物体压入二维平面中一样。等等，其实从某种意义上来说，我们确实可以做到这一点——将一个三维物体压入二维平面中——那就是在一个二维平面上，将一个三维物体画出来。这里的“压”或“画”，指的是所谓的几何“投影”，而不是真的利用一台水压机或者其他什么物理力量，去强压或者硬画。这两种将物体（以马为例）

压入平面的方法有什么区别，我们从图 24 中就能够清楚地看到。

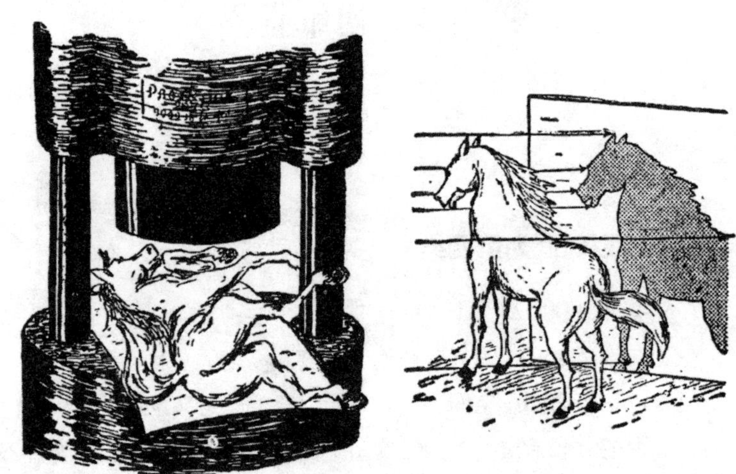

图 24

左边是将一个三维物体“压”入二维平面的错误方法，右边是正确方法。

我们通过类比的方法可以得知，虽然把一个四维物体“压”入三维空间是不可能的事，但我们可以利用恰当的方法，将四维物体“投影”到三维空间中，然后再对其进行讨论。因为是更具优越性的三维生物，所以在研究二维世界时，我们完全可以站在一个更高的位置上，也就是站在第三个方向上。要想将一个立方体“压”进平面中，那唯一的办法就是将它“投影”到那个平面上，就好像图 25 中所展示的那样。

图 25

一个三维立方体投影在平面上，一些二维生物正在惊奇地观察它。

当旋转这个立方体时，它的投影也随之变化，会呈现出许多不同的样子来。对我们的二维朋友来说，“三维立方体”无疑是神秘的，但有了这些投影，他们多少能够了解一些这个神秘物体的性质。他们没办法从自己所处的那个平面中“跳”出来，像我们这样对这个立方体进行观察，但仅仅依靠“投影”，他们也能对这个立方体有所了解，比如知道它有 8 个顶点、12 条边等。通过图 26，我们会发现，与那些只能在平面上研究普通立方体投影的二维扁平人相比，我们的处境其实并没有什么不同。图上的那家人正满目惊奇地研究一个四维超正方体在普通三维空间中的投影，也就是图 26 右侧那个奇怪的复杂结构。

图 26

一家人正在观察一个四维超正方体在普通三维空间中的正投影。

如果你仔细观察这个结构就会发现，图 25 中令那些扁平人疑惑不解的特征，在这个结构中也有所显现。比如在平面上，普通立方体的投影是两个套在一起且顶点相连的正方形。而在普通空间中，超正方体的投影则是两个套在一起且顶点相连的立方体。仔细数一数就会知道，这个超正方体的顶点、边和面各有 16 个、32 个和 24 个。真是一个了不起的正方体，对吧？

看完了四维超正方体，那让我们再来看看四维球体。为了方便之后的理解，我们最好先看一看在二维平面上，一个普通球体的投影是什么样子的。设想一下，在一面白色的墙上，投射出一个标明了陆地和海洋的透明球体的影像（图 27）。两个半球在这个投影中自然会重叠在一起，而且美国纽约和中国北京的距离在这个投影中也会变得很近。不过，这只是一种表面印象。实际上，投影上的每一个点代表的都是球体上相对的两个点。一架自纽约飞往中国的飞机在球体上的投影，如果到了平面投影上会发生什么呢？它会先移动到平面投影的边缘，然后再倒退回来。虽然在平面上，两架飞机的投影可能会重叠在一起，但在“实际”的地球上，它们其实是在两个半球上飞行，并不会相撞。

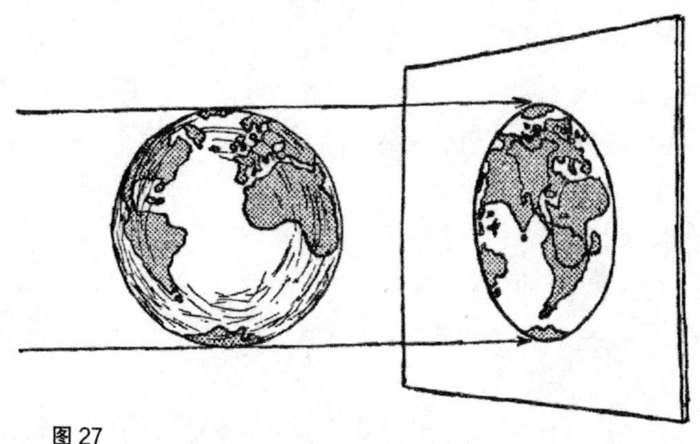

图 27

地球在二维平面上的投影

普通球体的平面投影的性质就是上述这些。对我们来说，其实只要稍微发挥一下想象力，就能想象出在三维空间中，四维超球体的投影是什么样子。在二维平面上，普通球体的投影是两个（点对点）交叠在一起、只在外面的圆周上相连的圆盘。由此可以推断，在三维空间中，超球体的投影也一定是两个互相交叠并沿外表面相连的球体。在上一章中，我们其实已经对这种奇特的结构进行过讨论了，只不过那时，我们是将它当作一个与封闭球面类似的三维封闭空间的例子。所以在这里，我们只需用一句话作为补充，即在上一章中，我们讨论过的那个"双苹果"——由两个沿整个外表皮粘在一起的普通苹果构成——其实就是四维球体在三维空间中的投影。

虽然无论我们如何努力，也不可能在我们所处的这个物理空间中"想象"出第四个方向来，但这并不妨碍我们利用上述类比的方法，去了解和回答一些关于四维结构性质的其他问题。

更何况，第四个方向其实并没有我们想象中的那么不可思议。只要我们稍微开动一下脑筋，就能明白这一点。事实上，在我们每天都会用到的那些词语中，就有一个能够用来表示物理世界中的第四个独立的方向，这个词语就是“时间”。当我们描述周围发生的一件事时，不仅会提到空间，也经常会提到时间。在这个宇宙中，每天都会发生很多事，小到在街上与朋友巧遇，大到遥远的星体发生爆炸。当我们谈论这些事情时，一般不只会说它是在什么地方发生的，还会说它是在什么时候发生的。因此可以说，我们在表示空间位置的三个必要因素之外又增添了另一个必要因素，即时间。

如果想得更深一点，你或许会发现，不管是哪种实际物体，都有三个空间维度和一个时间维度。也就是说，所有的实际物体都有四个维度。就比如我们居住的房屋，它不仅沿着长度、宽度和高度伸展，同时也沿着时间伸展。时间的伸展从建造时算起，一直到它最后被毁掉时为止。这里说的毁掉可能是被火烧掉，也可能是被拆迁公司拆掉，或者是因年久失修而坍塌掉。

与空间的长、宽、高相比，时间方向确实有很大不同。人们用钟表来度量时间的间隔，嘀嗒声和叮咚声分别代表了秒和小时。但在度量空间距离时，人们使用的却是尺子。通过一把尺子，你可以得知长度、宽度和高度，但却不能得知时间。除此之外，在空间中，我们可以随意移动，向前、向后、向上、向下，甚至倒退，都不是问题。可是在时间中，我们只能一直往前，只能从过去到未来，而不能往后退。其实就算你想后退，也是退不回去的。总之，时间方向与空间的三个方向之间，确实存在着很大差异，可即便如此，我们依然可以将它作为物理世界的第四个方向，只是要记住，它与空间是不同的。

将时间当作第四维后，我们再去想象本章开头提到的四维形体时，就要容易和简单得多。还记得那个有 16 个顶点、32 条边和 24 个面的四维超正方体在空间中的投影吗？这个几何体确实足够奇怪和独特，否则图 26 中的那些人在看着它时，也不至于那么目瞪口呆。

可是，当我们将时间作为第四维再来看这个四维超正方体时，就会发现它也不过是个存在了一段时间的普通立方体罢了。假设这个立方体是在5月7日制作出来的，当时你使用了12根铁丝，并且一个月后，你又把它拆毁了。这样一来，该立方体的每一个顶点都可以被看成沿时间方向的一条线，这条线有一个月那么长。为了方便观察，在每一个顶点上，我们可以挂一本小日历，然后每天都翻一页，以表示时间的进程。

现在，要想数出这个四维形体的边数，就变成了一件容易的事。最开始存在时，它有12条空间边和8条描述各顶点时间延续的“时间边”。等到结束存在时，它又增加了12条空间边[①]。因此可以确定，它一共有32条边。通过类似的方法，我们可以数出它的顶点数，5月7日有8个空间顶点，一个月后又多了8个，所以一共有16个顶点。那这个四维形体的面数又是多少呢？接下来就让我们将这个问题作为练习，请读者们利用同样的方法一起来数一数。不过在这个过程中，大家一定要注意，这个四维形体的面一共有两种：一种是原立方体的普通正方形面，另一种是“半空间半时间”的面——这种面是由立方体原来的边自5月7日延伸至6月7日而形成的。

---

① 如果你对此不甚理解，那么可以设想一个普通正方形，这个正方形有4个顶点和4条边。当我们将它沿垂直于其表面的方向，也就是第三个方向，移动边长那么远的距离时，它就又增添了4条边。——原注

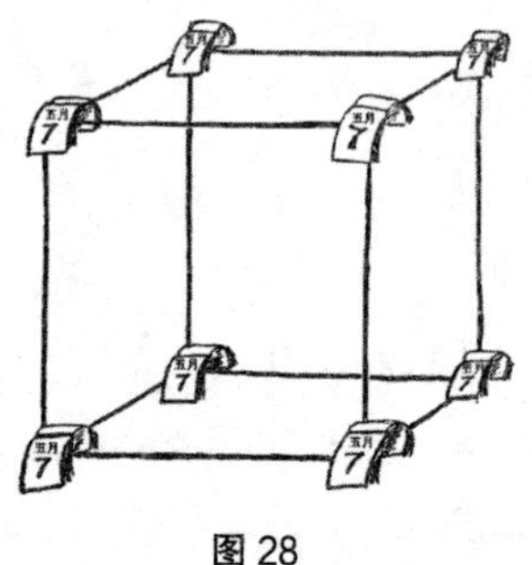

图 28

虽然我们上面所讲述的内容主要针对的是四维立方体，但事实上，对于其他几何体或物体——不仅包括死物，也包括活物——这些内容同样适用。

以我们自己为例。设想一下，你自己就是一个类似于橡胶棒的四维形体。这个橡胶棒很长，从你出生开始，一直延伸到你的生命结束之时。可惜的是，我们没办法将这种四维形体画在纸上。所以为了方便对这种想法做出说明，我们在图 29 中试着以二维扁平人为例。在这个例子中，扁平人所认为的时间方向，就是那个与他所处的二维平面垂直的空间方向。要想表明这个扁平人整个的生命过程，需要一根很长很长的橡胶棒，在图 29 中，我们只截取了这个长橡胶棒的一部分以作说明。在生命之初，这个扁平人还是个婴儿，所以这个橡胶棒的开端一定很细。之后随着生

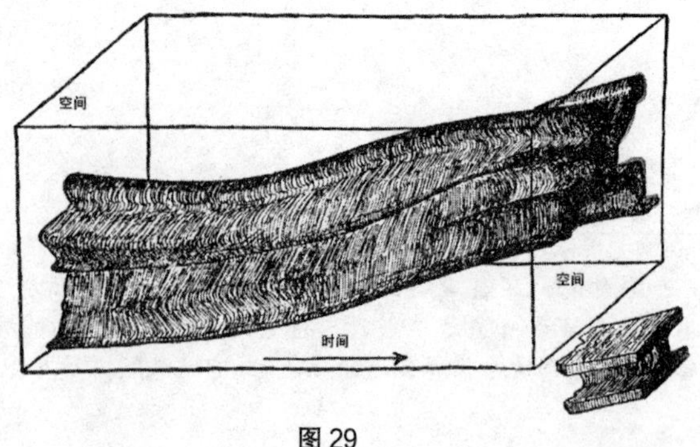

图 29

命的延续，这个橡胶棒的形状会不时地发生变化，一直到他死亡时，橡胶棒的形状才能被固定下来（因为死人是不会动的），再之后就是瓦解。

换一种更准确的说法，这个四维橡胶棒是由分离的纤维组成的，这些纤维为数众多，每一根都由分离的原子组成。而且，这些纤维在生命的整个过程中大部分都能团结成一个整体，只有一少部分会在某些特定的情况下离我们而去，比如剪头发或者剪指甲的时候。然而，原子是不灭的，这也就意味着即便生命结束，各纤维也不会随之消亡。事实上，它们只会向四周分散开来（形成骨骼的那些纤维除外）。这个分散的过程，其实就是人死后身体分解的过程。

这样一条代表每一个物质微粒运动轨迹的线，在四维时空几何学中就被称为“世界线”。而组成一个物体的一束世界线，则被称为“世界束”。

在图 30 中，我们可以看到一个显示了太阳、地球和彗星的世界线的天文学例子。[①] 我们依然像前面例子中那样让时间轴垂直于二维空间（地球轨道平面）。在我们眼里，太阳是静止的[②]，所以在这幅图中，我们用一条与时间轴平行的直线来表示太阳的世界线。从图中我们还可以看到，地球绕太阳运动，它的轨道近乎是一个圆形，而它的世界线，则是一条围绕着太阳的世界线盘旋的螺旋线。至于彗星的世界线，我们可以清楚地看到，它先是靠近太阳的世界线，之后又远离。

---

① 严格说来，这里用“世界束”比较合适。不过，我们可以从天文学的角度将恒星和行星都看作“点”。——原注

② 其实相对于其他恒星来说，太阳是移动的，所以太阳的世界线相对于恒星系统来说，应当向一侧稍微偏移。——原注

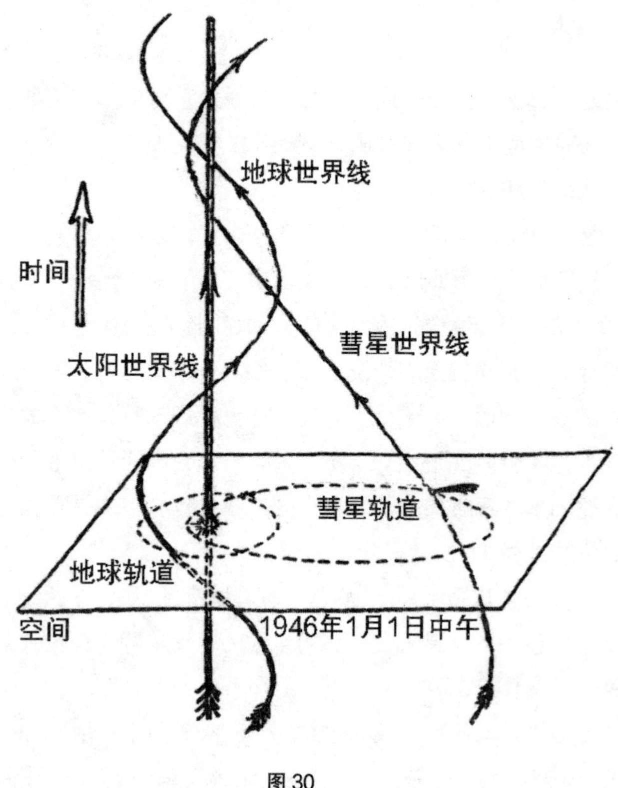

图 30

我们可以看到，宇宙的拓扑学与历史，在四维时空几何学的理论中，完美地融合在了一起。如果我们想要了解单个原子、动物或星辰的运动，那只需研究那束代表它们运动轨迹的、纠结在一起的世界线。

二、时间与空间等价

如果我们想将时间看作与空间的三维多少有些等价的第四维，那必然会遇到一个难题，即该如何比较它们。要知道，时间的单位与空间的单位是截然不同的，我们可以用同一种单位来表示空间中的长度、宽度和高度，如英尺或者英寸，但我们不可能也用这种单位来度量时间的长度。事实上，在度量时间时，我们使用的单位通常是分钟或小时。那到底该如何对它们进行比较呢？设想一下，有一个四维正方体，它的长宽高均为1英尺，如果我们想让这个四维正方体的四个维度都相等，那在时间上，应该将它延伸出去多久呢？是延伸出去1秒，还是1个小时，或者是上面例子中的1个月？与1英尺相比，1个小时是更长还是更短？

这个问题乍看之下似乎并没有什么意义，但其实只要我们认真思考一下，就能找到一个合理的办法，来对长度和时间的延续做出比较。我们经常听人说，到某人在市区的住处“需要乘20分钟的公共汽车”，“需要乘5个小时的火车”才能到达某个地方。这里，我们将距离表达成了乘坐某种交通工具走过这段距离所需的时间。

由此可见，我们是可以用长度单位来表达时间，或者用时间单位来表达长度的，只要我们能就某种标准速度达成一致。如果想将某种标准速度作为时空之间的基本变换因子，那这种标准速度就必须具备一种基本和普遍的性质，也就是既不能受人类主观意识的影响，也不能受客观物理环境的影响，无论在何种情况下，都能保持不变。据我们目前所知，在物理学中，只有光在真空中传播的速度具有这种性质。虽然我们通常用“光速”来称呼这种速度，但其实相比之下，用“物理互相作用的传播速度”来称呼它更为合适。因为在物体之间起作用的力，不管是电的吸引力，还是万有引力，甚或是其他什么种类的力，在真空中传播的速度都是相同的。除此之外，在后面的章节中我们还会看到，光速是所有物质所能具有的速度的上限。也就是说，无论是哪种物体，在空间中运动时，它的速度都不可能大于光速。

17 世纪时，意大利的伽利略曾试着对光速进行测量。这是我们已知的对测量光速的第一次尝试。这位著名的物理学家和他的助手在某个漆黑的夜晚，来到了佛罗伦萨郊外的荒野上。当时，他们随身带着两盏灯，灯上都配有机械遮板。到达荒野后，他们在不同的地方站定，彼此相距几英里远。然后在某一刻，伽利略打开自己带的灯朝助手的方向发出一束光（图 31A）。当然，在此之前，他已经告诉了助手，当看到他那里发出的光时，就要立即打开自己的灯。光线从伽利略处到达助手处，再从助手处返回伽利略处，肯定需要一定的时间，因此，从伽利略打开灯到看见

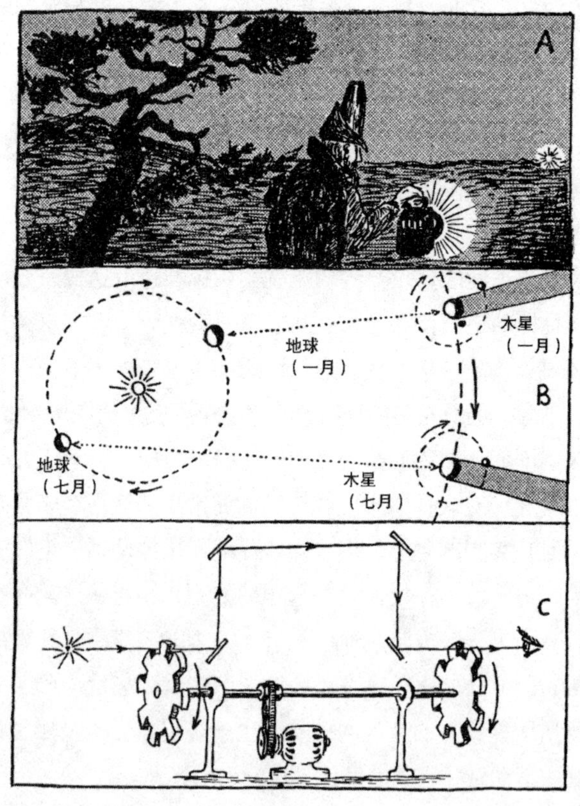

图 31

助手处的光线，中间应该是有一个时间间隔的。事实上，这点儿时间间隔，或者更准确地说，这点儿时间延迟，伽利略确实观察到了。只是，当他拉开与助手的距离，站在远一倍的地方再做这个实验时，却发现时间的延迟并没有增大。显然，光的速度实在是太快了，几乎不用什么时间就走过了几英里的距离。实际上，伽利略之所以能观察到这个时间延迟，是因为他的助手不可能在看到光线的一瞬间就立即打开灯——现在，我们将其称之为反应迟误。

显然，伽利略的这次实验并没有得到什么有意义的成果，但值得庆幸的是，他的另一项发现却为之后首次实际测量光速奠定了基础。这项发现就是木星有卫星。1675 年，在对木星卫星的食亏进行观测时，丹麦天文学家罗默（Roemer）注意到，木星卫星消失在木星阴影里的时间间隔会有长短的变化，这一变化随着当时木星与地球之间的距离不同而变化。为什么会产生这样的效应呢？难道是因为木星的卫星运动得不规则吗？当然不是。事实上，罗默当时就意识到了（在研究过图 31B 后，你也会立即意识到），之所以会这样，是因为当木星与地球的距离发生变动时，我们看到卫星食亏的时间会有不同的延迟。通过罗默的观测结果可以得出，光在真空中的传播速度大约是每秒 185 000 英里。看到这个结果，我们就能理解伽利略为什么测不出光速了，因为光线从他的灯传到助手处再传回来，大概只需要十万分之一秒的时间！

后来，随着科学和技术的发展，有了更精密的物理仪器。所以，伽利略用粗糙的遮光灯做不到的事情，我们可以做到了。图 31C 所示就是一台用较短距离测量光速的设备，这台设备主要由安放在同一轴上的两个齿轮构成。最早使用这台设备的是法国物理学家斐索（Fizeau）。沿着与轴平行的方向，仔细观察这台设备上的两个齿轮，我们会发现第一个齿轮的齿与第二个齿轮的齿缝是相互对应的。因此，不管我们如何转动这根轴，沿着与轴平行的方向射出来的细光束，都无法从两个齿轮中穿过去。

现在，假设这套齿轮系统正在以极快的速度旋转。一束从与轴平行的方向射出来的光线在穿过第一个齿轮后，肯定需要一点时间才能到达第二个齿轮。如果在这段时间里，这套齿轮系统恰好转过半个齿缝，那这束光线就可以通过第二个齿轮了。这种情况不禁让人想起另一幅景象，即一辆汽车正以适当的速度在一条装有红绿灯同步系统的街道上行驶，两者颇为相似。如果我们将那根轴转得再快一点，让它的速度提升一倍，那么当光线到达第二个齿轮时，就会恰好被下一齿阻挡住，无法再顺利前进。但当我们继续提高转动的速度，在光线到达第二个齿轮时，那个阻挡它前进的齿就会被转过去，这样一来，它就可以从下一个齿缝中顺利通过了。因此，要想估算出光线在两个齿轮间穿行的速度，只需注意光线在出现和消失时所对应的转速就行了。

那我们可不可以让光线在两个齿轮间多走一些路呢，以便于实验，减低所需的转速？答案是当然可以。我们只需像图 31C 中那样，利用几面镜子就能达到这个目的。在这个实验中，当齿轮的转速达到每秒 1000 转时，光线第一次从距离斐索最近的那个齿轮的齿缝中穿了过去。可见，在这种转速下，齿轮的齿在光线从一个齿轮到达另一个齿轮的这点时间里，刚好转过半个齿距。我们已知，每个齿轮上都有 50 个齿，而且这 50 个齿的尺寸完全相同。所以，齿距就是齿轮周长的$\frac{1}{100}$，而光线走过这段距离的时间，同样是齿轮转动一整圈所需时间的$\frac{1}{100}$。再考虑到光线在两个齿轮间所走的路程，斐索通过计算得出，光速为每秒 300 000 公里，也就是每秒 186 000 英里。与罗默观测木星卫星时所得到的结果相比，这个结果几乎没有什么差别。

利用天文学和物理学的方法，人们继这些先驱之后又做了一系列独立的测量。直到今天，人们对光速（常用字母 c 表示）的最佳估算值是 c=299 776 公里 / 秒，也就是 186 300 英里 / 秒。

在天文学中，测量到的距离往往十分巨大，如果用英里或公里来表示，可能需要写满好几页纸，此时，将速度极快的光速作为度量标准，将为我们提供很大的方便。比如，在表示某颗星星和我们的距离时，天文学家们就可以像我们平时说“坐火车去某地需要 5 个小时”那样，说它距离我们有 5“光年”远。1 年有 31 558 000 秒，所以 1 光年就有 31 558 000×299 776=9 460 000 000 000 公里，换算成英里就是 5 879 000 000 000。实际上，当我们用“光年”来表示距离时，就相当于已经承认了时间是一个维度，时间单位可以充当一种空间量度。

其实，我们也可以将上述表示法反过来。这样，我们就得到了一个“光英里”的名称。所谓的“光英里”，就是光走过 1 英里距离时需要用到的时间。我们根据上述光速值可以得出，1 光英里 =0.000 005 4 秒，那 1 光英尺就应该等于 0.000 000 001 1 秒。这样一来，我们在上一节中提到的那个关于四维正方体的问题就有了答案。如果这个正方体的空间维度（space-dimensions）是三个 1 英尺相乘，那其空间持续时间（space-duration）就应该是 0.000 000 001 1 秒。如果这个边长 1 英尺的正方体存在的时间已经达到一个月，那么沿着时间轴的方向，它就会成为一根被拉伸得极长的四维棒。

三、四维距离

现在，我们已经知道了该如何比较空间轴和时间轴上的单位，那接下来我们就可以解决另一个问题了，即在四维时空世界中，两点之间的距离该如何理解。不要忘了，现在的每一个点都是位置与时间的结合，都对应着我们通常所说的“一个事件”。为了弄清这一点，我们可以仔细研究一下下面两个事件。

事件一：位于纽约第五大道和五十街交叉处一楼的一家银行，在 1945 年 7 月 28 日上午 9 点 21 分被劫。[①]

事件二：同一天，在纽约三十四街，一架军用飞机于上午 9 点 36 分撞在第五、六大道之间的帝国大厦 79 楼的墙上。

图 32

在空间上，这两件事南北、东西和上下分别相隔 16 个街区、

① 巧合的是，现实中这个交叉口真的有一家银行。——原注

1/2 个街区和 78 层楼。而在时间上，则相隔一刻钟。很明显，我们不一定非要用街道和楼层的号码数才能表达清楚这两个事件的空间间隔。事实上，我们完全可以借助大家熟知的毕达哥拉斯定理——在空间中，两点之间的距离等于单个坐标距离的平方和的平方根——将两个空间点的坐标距离结合起来，令其变成一个直接的距离（图 32 右下角）。要想运用毕达哥拉斯定理，我们就必须先将涉及的距离全部换算成可以比较的单位，比如说英尺。如果南北街区和东西街区分别长 200 英尺和 800 英尺，而帝国大厦每层楼平均高 12 英尺，那么三个坐标距离就分别是南北 3 200 英尺、东西 400 英尺、上下 936 英尺。此时通过毕达哥拉斯定理，我们可以得出两个事发地的直接距离是：

$$\sqrt{3\,200^2+400^2+936^2}=\sqrt{11\,280\,000}=3360 \text{ 英尺。}$$

既然已经算出了两个事发地的直接距离，那么我们接下来应该做的就是，将这个空间距离 3360 英尺与时间距离——即 15 分钟——结合起来，从而得出一个可以代表两个事件之间的四维距离的数来。当然，这一切的前提是，时间作为第四个坐标概念，确实有实际意义。

爱因斯坦原来认为，想要实际确定一个四维距离，只要把毕达哥拉斯定理进行简单的推广就可以了。与单独的空间间隔和时间间隔相比，四维距离在确定各事件之间的物理关系上显然要更为基本。

当然，我们必须先将表示空间和时间的数据换算成可比较的单位，才可能将它们结合起来，就像我们必须将街区长度和楼层高度换算成英尺一样。通过前面的内容，我们已经知道要想做到这一点并不是什么难事，只要将光速作为基本变换因子就可以了。于是，时间距离 15 分钟经过换算后，就变成了 800 000 000 000“光英尺”。现在，我们只要对毕达哥拉斯定理进行简单的推广，就可以得到一个关于四维距离的定义，即四维距离等于所有四个坐标距离（包括三个空间距离和一个时间距离）的平方和的平方根。可是值得注意的是，在这一过程中，时间和空间已经没有一点差别了。这也就意味着，我们其实已经承认了时间和空间可以互相转换。

然而，无论是谁，包括伟大的爱因斯坦在内，都不可能用布遮住一把尺子，然后挥动魔杖念一句"时间快来，空间快去，变"，就将这把尺子变成一个闪亮的新闹钟！

图 33

爱因斯坦教授虽然做不到这个，但却能够做一些更厉害的事。

所以，为了保留时间和空间的某些本质区别，我们在使用毕达哥拉斯公式将它们结合起来时，就应该采用一些不同寻常的办法。爱因斯坦认为，要想在推广的毕达哥拉斯定理的表达式中强调空间距离和时间间隔的物理差别，最好的方法就是在时间坐标的平方前面加一个负号。这样一来，在将时间坐标换算成空间单位后，我们就可以用三个空间坐标的平方和减去时间坐标的平方再开平方，来表示这两件事之间的四维距离。

因此，银行抢劫事件与飞机撞击帝国大厦事件之间的四维距离就可以计算为：

$\sqrt{(3\,200^2+400^2+936^2-800\,000\,000\,000^2}$。

与前三项相比，第四项数值为何会大那么多呢？是因为这是一个来自日常生活的例子，而与日常生活相对应的时间单位，在合理的范围内通常不会太大。如果想得到一些大小差不多的数值，那我们就应该以宇宙中发生的两件事为例，而不是以纽约市发生的两件事为例。假设，在宇宙中发生的第一件事是1946年7月1日，在比基尼环礁，一颗原子弹于上午9点整爆炸。第二件事是同一天，一颗陨石于上午9点10分坠落在火星表面。这两个事件的时间间隔和空间距离在换算完后，大小相当，前者是540 000 000 000光英尺，后者是650 000 000 000英尺。

这个例子中的两件事的四维距离可以计算为：

$\sqrt{(65\times10^{10})^2-(54\times10^{10})^2}$ 英尺 $=36\times10^{10}$ 英尺。

其在数值上，不管是与纯空间距离相比，还是与纯时间间隔相比，都有很大的不同。

对于这种看似不太合理的几何学，或许会有人反对，他们会觉得不应该将其中一个坐标与其他三个坐标区别对待。可是不要忘了，不管是哪种数学系统，只要它的目的是对物理世界进行描述，那就必须与实际情况相符。如果时间和空间在它们的四维结合中确实表现出了某种差异，那么四维几何学的定律在塑造时必然也会遵循它们本来的样子。

其实在学校里，我们学习的一般都是欧几里得几何学。

这种几何学与爱因斯坦的时空几何学截然不同，它既古老又简单美好。如果我们想让时空几何学变得和它一样，其实利用一个十分简单的数学方法就可以办到，即将第四个坐标看作纯虚数。最早提出这个方法的人是德国数学家闵可夫斯基（Hermann Minkovskij）。你应该还记得，我们在本书的第二章曾经讲过该怎样将一个普通的数变成虚数，其实很简单，只要乘以$\sqrt{-1}$就可以了。在那一章中，我们还说过，利用虚数去解决几何学问题是非常方便和简单的。按照闵可夫斯基的说法，我们不仅要将作为第四个坐标的时间换算成空间单位，还要再乘以$\sqrt{-1}$将其变成虚数。原来那个例子中的四个坐标距离因此就成了：第一坐标3200英尺、第二坐标400英尺、第三坐标936英尺、第四坐标$8\times10^{11}i$光英尺。

我们现在或许就可以将四维距离定义为所有四个坐标距离的平方和的平方根了。因为虚数的平方总是负的，所以在数学上，采用闵可夫斯基坐标的普通毕达哥拉斯公式与采用爱因斯坦坐标的看起来有些荒谬的公式，其实是等价的。

有一个故事，讲述的是一位老人因患有风湿骨痛病，就询问他的一位身体健康的朋友，该怎样做才能避免得这种病。

这位朋友回答说："每天早上，我都会洗一次冷水澡。"

"哦，"老人喊道，"原来你得的是冷水澡病啊！"

我之所以讲述这样一个故事，是想告诉大家，如果那个好像能引起风湿骨痛病的毕达哥拉斯定理不招你喜欢，那你不妨将它改成那种冷水澡病，也就是将其改成虚时间坐标。

如果我们将时空世界里的第四个坐标看作虚数，那么就必须考虑一点，即在物理上必然会出现两种不同的四维距离。

比如在前面那个纽约事件的例子里，与两件事之间的时间间隔（换算成空间单位）相比，空间距离在数值上要更小，因此在毕达哥拉斯定理中，根号下的数是负的。所以，我们得到的就是一个虚的四维距离。而当空间距离在某种情况下大于时间间隔时，根号下的数就变成了正的，也就是说在这种情况下，我们得到的就是一个实的四维距离。

综上所述，当我们将空间距离看作实数、将时间间隔看作纯虚数时，或许就可以说，实四维距离与普通空间距离的关系更为密切，虚四维距离与普通时间间隔的关系更为密切。用闵可夫斯基的话来说，这两种四维距离分别可以被叫作“类空（raumartig）间隔”和“类时（zeitartig）间隔”。

在下一章中，我们将看到，类空间隔和类时间隔其实是可以转变的，前者可转变为正式的空间距离，后者可转变为正式的时间间隔。然而不要忘了，这两者一为实数一为虚数。在时空的相互转变中，这一事实无疑会造成极大的阻碍，这种阻碍甚至根本没办法逾越。因此，我们既做不到将一把尺子变成闹钟，也做不到将一个闹钟变成尺子。

第五章 时空的相对性

一、时空的相互转换

为了在四维世界中将时间和空间结合在一起，人们在数学方面付出了很多努力，可即便如此，依然没有完全消除两者之间的差别。当然，这种努力也并非毫无用处。事实上，它令我们看到这两个概念其实极为相似。与爱因斯坦之前的物理学中所了解到的相比，其相似程度甚至还要高得多。实际上，我们应该将各个事件之间的空间距离和时间间隔，认定为它们之间的基本四维距离在空间轴和时间轴上的投影。因此，当我们旋转四维坐标系时，就可以在部分程度上将距离转化为时间，或者将时间转化为距离。可是，我们又该如何理解“旋转四维坐标系”这句话的意思呢？

要想回答这个问题，我们应先来研究一下图 34a。很明显，图 34a 画的是一个坐标系，这个坐标系由两个空间坐标组成。首先，我们假设在固定位置上有两个点，这两个点之间的距离用 L 表示。当我们把这段距离投影在坐标轴上时会发现，沿第一轴的方向，两点之间相距 a 英尺，沿第二轴的方向，相距 b 英尺。如果将这个坐标系按一定角度旋转一下（图 34b），那么在新得到的那两个坐标轴上，同样距离的投影也会产生变化。我们用 a' 和 b' 表示两点在新坐标轴上对应的距离。然而，根据毕达哥拉斯定理，在这两种情况下，两个投影的平方和的平方根其实是相等的，因为就算坐标系旋转了，这个数值代表的那两点之间的真实距离也不会发生改变。也就是说$\sqrt{a^2+b^2}=\sqrt{a'^2+b'^2}=L$。

因此，我们得出一个结论，即投影在坐标轴上的数值取决于所选择的坐标系，是不固定的，但是其平方和的平方根却始终保持不变，就算坐标系被旋转，也不会受到影响。

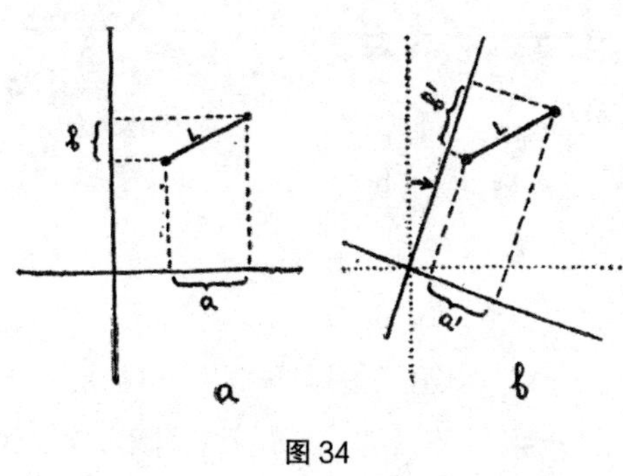

图 34

现在，我们再来研究另一个坐标系，这个坐标系的两个轴分别对应着时间和距离。这时，上述在固定位置上的两个点就变成了两个固定的事件，而它们在时间轴上的投影就变成了时间间隔，在空间轴上的投影就变成了空间距离。在上一章中，我们曾举过两个事件的例子，即银行被劫案和飞机撞楼案。现在，假设刚才提到的两件事就是这两个案例，那我们就可以得到一张与图 34a 十分相似的图（图 35a），只不过图 34a 表示的是两个空间坐标。那么该怎么做才能将坐标系旋转一下呢？针对这个问题，你会得到一个颇为意外甚至非常疑惑的答案，即如果想将时空坐标系旋转一下，那么请乘车。

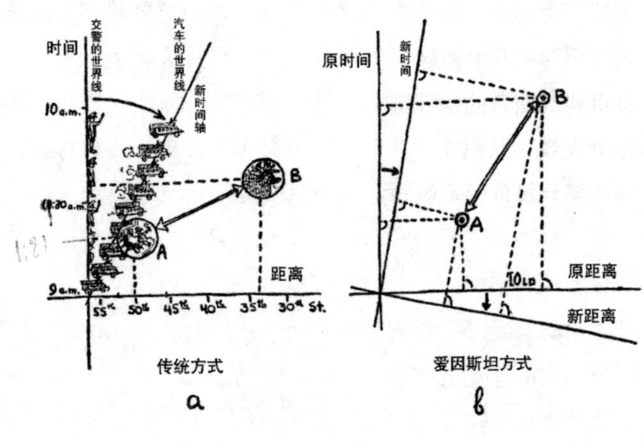

图 35

设想一下，在 7 月 28 日清晨——两件事均发生在这一天，我们真的登上了一辆沿第五大道行驶的公共汽车。如果对我们来说，是否能目睹这两件事完全取决于距离，那此时我们最应该关注的一点是什么呢？从利己主义的观点上来看，显然是这两件事发生的地点距离我们乘坐的汽车有多远。

在图 35a 中，汽车的世界线以及关于银行和飞机的两个事件，都已经被清楚地显示出来了。所以，我们很快就会发现，与街角处交警所记录下来的距离相比，我们从汽车上观察到的距离有很大不同。因为汽车始终在以某种速度——比如说每三分钟过一个街区（纽约的交通非常拥堵，这种情况很常见）——沿街道行驶着，所以我们从汽车上观察到的这两件事的空间距离就变短了。在上午 9 点 21 分时，汽车实际上正从五十二街穿过。也就是说，此时我们与被劫银行间的距离大概有 2 个街区那么远。等到 9 点 36 分，也就是飞机出事的时候，汽车正处于距事发地 14 个街区之远的四十七街。因此，我们在测量相对于汽车而言的距离时就可以十分肯定地说，两个事发地的空间距离是 14-2=12 个街区，而不是 50-34=16 个街区。事实上，后一个数值是两个事发地相对于城市建筑而言的空间距离。让我们再次将目光放在图 35a 上，这时你会发现，从汽车上记录的距离应该从表示汽车世界线的那条斜线上来计算，而不应再像之前那样，从纵轴（交警的世界线）上来计算。也就是说，现在是表示汽车世界线的那条斜线在起着新时间轴的作用。

刚才讨论了很多“零散琐碎”的东西，现在就让我们来总结一下：当我们从运动着的物体上观察某一事件时，必须按一定的角度（运动物体的速度决定了角度的大小）旋转一下时间轴，才能画出该事件的时空图。至于空间轴，在这期间始终保持不变。

这种说法不管是从经典物理学的角度来看，还是从所谓的“常识”的角度来看，都是毋庸置疑的真理，可是，却与我们关于四维时空世界的新观念直接冲突。因为如果我们将时间作为独立的第四个坐标，那么不管我们是在汽车上，还是在电车上，甚或是在人行道上，时间轴都必须与三个空间轴保持垂直。

要想解决这种冲突，我们只有两条路可选：要么继续坚持我们旧有的时间空间观念，对统一的时空几何学不再做任何思考；要么将已成“常识”的旧观念打破，认定在我们的时空图中，当时间轴发生旋转时，为了永远与其保持垂直，空间轴也会随之发生旋转（图 35b）。

可是，如果空间轴真的发生旋转，那就意味着，从运动的物体上观察到的两个事件的时间间隔，与从地面上某一点观察到的时间间隔会产生差异，就像当我们旋转时间轴时，从运动的物体上观察到的两个事件的空间距离，与从街角交警处观察到的空间距离会有很大不同（在之前的例子中分别是 12 个街区和 16 个街区）一样。也就是说，在空间轴发生旋转以后，如果在市政大楼的钟表上，显示两个事件的时间间隔是 15 分钟，那么在公共汽车内乘客的手表上，显示的可能是别的时间间隔。两块表的速度之所以会有快有慢，并非是因为机械装置有缺陷，而是因为时间在以不同速度运动的物体上流逝的快慢原本就不同，因此，记录时间的机械装置相应地也就有了变化。在这个例子中，公共汽车乘客的手表就相应地变慢了，只是这种变慢在公共汽车这样的低速状态下，是几乎察觉不出来的。（在本章中，会对这一现象进行详细的讨论。）

让我们再来看一个例子。假设，在一列行进的火车上，有一个人正在餐车中吃饭。餐车服务生认为他一直坐在同一个地方（第三张桌子的靠窗位置），从吃饭前开胃菜到饭后甜品，可是，两个站在铁轨某一点从外向车内望的扳道工—— 一人看到他在吃饭前开胃菜，一人看到他在吃饭后甜品——却认为这两件事的发生地相距甚远，至少有好几英里。因此，我们可以说，在一位观察者眼中，发生在同样地点不同时间的两件事，到了另一位处于不同运动状态的观察者眼中，就变成了发生在不同地点的两件事。

如果从时空等价的观点——这是我们一直所期望的——出发，将上句话中的“地点”和“时间”互换一下，那就变成了：在一位观察者眼中，发生在同样时间不同地点的两件事，到了另一位处于不同运动状态的观察者眼中，就变成了发生在不同时间的两件事。

按照这句话的意思，餐车的例子就应该是这样的：那位餐车服务生很肯定地说，在吃完饭后，分坐于餐车两头的两位乘客是同时点烟的，可是，一位站在铁轨上从外向车内望的扳道工却说两人点烟的时间并不相同。也就是说，同样两件事，在一位观察者眼中是同时发生的，但在另一位观察者眼中却是先后发生的。

在研究四维几何学的过程中，上述这些是我们必然会得到的结论。时间和空间在四维几何学中，其实不过是一段永恒的四维距离在相应轴上的投影罢了。

二、以太风和天狼星的旅程

现在，我不禁要问一个问题，如果我们乐于接受这种四维几何学的语言，那是否就说明，即便我们旧有的时空观念非常不错，也应当引入这些革命性的变化？

如果答案是“是”，那就意味着我们对整个经典物理学体系提出了质疑，因为经典物理学正是以两个半世纪以前了不起的牛顿对空间和时间的定义——“就其本性而言，绝对空间与任何外界事物都不相关，它是永远固定不变的”，“而绝对真实的数学时间也与任何外界的事物都不相关，但就其本性而言，它是均匀地流逝着的”——为基础的。牛顿在写这些话的时候肯定不会以为自己在写什么新观点，也肯定不会想到它会引起争议，事实上，他只是将大家头脑中的空间和时间概念用精准明确的语言表达出来罢了。而对于这些经典时空概念的正确性，人们深信不疑，甚至就连那些哲学家，很多时候也将其视为先验[①]的。科学家们（外行更是如此）从来没有质疑过它的正确性，更不要说去重新研究它、说明它了。既然如此，那现在为何我们却要去这样做呢？为何我们要抛弃经典的时空概念，并竭尽所能地将时空结合成一张四维图呢？难道纯粹是因为爱因斯坦的审美愿望吗？还是因为某种难以压抑的数学冲动？其实都不是，我们之所以这样做，是因为在实验研究中，经常会出现一些用独立的时空这种经典概念无

① 一种哲学理论，由德国古典哲学家康德命名。在不同的哲学体系中有不同的意义。此处是指先于经验的，或者先天就有的。——译注

法解释的事实。

1887 年，经典物理学这座看起来好像永远不会倒塌的美丽堡垒受到了第一次冲击。这次冲击几乎撼动了它的基础，它的每一块砖石都在颤动，它的墙壁差点像约书亚号角声中的耶利哥城墙那样轰然倒塌。而这次冲击其实不过来自一个看起来并不显眼的实验，这个实验的完成者是美国物理学家迈克耳孙（Albert Abraham Michelson）。这位物理学家的实验设想并不复杂，提出这种设想的物理根据是：在从所谓的"光介质以太"（一种设想出来的物质，不管是宇宙空间中，还是所有物体的原子之间，都均匀地充满了这种物质）中通过时，光会产生一定的波动。

当我们往池塘里扔一块石头时，水面就会产生一些向各个方向传播的波纹。事实上，无论是振动的音叉所发出的声音，还是任何晶亮物体所发出的光，在向四周传播时都同样是以波的方式。水微粒的运动形成了水波，声音穿过空气或其他物质时引起的振动形成了声波，那是什么东西形成了光波呢？或者换句话说，究竟是哪种物质媒介负责传递光波呢？这个问题始终没有答案。很明显，光可以在空间中传播，而且（与声音相比）传播得如此轻易，以至于给人一种感觉，那就是空间真的是完全空虚的！

既然空间是完全空虚的，那就意味着没有什么东西可以振动，但在我们的讨论或研究中，却总是提及某种振动的东西，这不是自相矛盾、不合逻辑吗？于是迫不得已之下，物理学家引入了一个新概念，即"光介质以太"。有了这个新概念，在解释光的传播时，我们就为"振动"一词找到了一个实体性的主语。单从语法的角度来说，无论是哪种动词，前面都必须有个主语，因此我们不可能否认"光介质以太"的存在。可是——这个"可是"必须大声说出来——语法规则没有告诉我们，也不可能告诉我们，这个为了满足语法规则而被迫引入的主语，究竟具有怎样的物理性质！

“光以太”究竟是什么？如果我们将其定义为传播光波的东西，那我们自然可以说，光波是在光以太中传播的。可是，这句话有什么意义呢？不过是无谓的重复罢了。实际上，我们真正要解决的是一个截然不同的问题，那就是确定它究竟是什么东西，并查清它具有怎样的物理性质。无论是哪种语法，都不可能帮我们解决这个问题，此时我们能依靠的只有物理学。

我们在之后的讨论中会看到，在研究光以太的过程中，19世纪的物理学犯了一个非常大的错误，那就是在设想光以太这种物质时，令它具有了与我们熟知的那些普通物体类似的性质。在研究光以太时，人们总是提及它的流动性、刚性、不同的弹性，甚至是内摩擦。所以人们认为，在传递光波时，光以太有时像一种振动的固体[①]，有时又具有完全的流动性，丝毫不会阻碍天体的运动。因此，人们认为光以太应该是一种和封蜡差不多的物质：封蜡一方面很硬，如果遭遇快速的机械撞击，极容易碎裂；另一方面又很软，只要静置的时间足够长，在自身重量的作用下，它就能像蜂蜜一样流动。以前的物理学家认为光以太就类似于这种封蜡，他们设想整个宇宙空间充满了这样的光以太，对于光的传播造成的高速振动，它表现的就像坚硬的固体；而对于以比光速慢几千倍的速度在宇宙中穿行的行星和恒星，它又表现的像是液体。

其实对于光以太，除了名称之外，我们一无所知。可是此时，利用这种或可称之为模拟的方法，人们却尝试着赋予它一些我们所熟知的一般物质的性质。从一开始，这种做法就遭遇了巨大的

① 物理学家们已经证明，光波的振动与光的传播方向是垂直关系。这种横向振动对普通物质而言只发生在固体中。振动的粒子在液体和气体中运动时，其方向只能与波的方向保持一致。——原注

失败。尽管付出了很多努力，但人们始终没办法从力学的角度对这种神秘的光波传递媒介做出合理的解释。

究竟是哪里有问题呢？其实，就我们现在所具有的知识，轻易就能发现问题所在。就我们所知，对一般物质而言，其具备的所有机械性质，追根到底不过是构成物质的原子之间的相互作用罢了。比如，因为水分子之间可以做摩擦很小的滑动，所以水才会具有非常好的流动性；因为橡胶分子非常容易变形，所以橡胶才会具有良好的弹性；因为构成金刚石的碳原子被极为牢固地控制在一种刚性点阵结构上，所以金刚石才会如此坚硬。因此我们可以说，一种物质会具有怎样的机械性质，完全取决于其本身的原子结构。可是，在光以太这类被认为是绝对连续的物质身上，这一规则并不适用。

与我们所熟知的各种原子呈嵌镶结构的一般物质相比，光以太是一种截然不同的物质，它显然是特殊的。事实上，我们可以用“物质”来称呼它（我们之所以这么做，不过是为了遵循语法的规则，在“振动”这一动词前加个主语），也可以用“空间”来称呼它。不过这里我必须提醒大家一点，就像我们之前看到过的和之后还会看到的那样，与欧几里得几何学中的空间观念相比，可能具有某种形态特征，也可能具有某种结构特征的“空间”，其实要复杂得多。而“光以太”（它那些所谓的力学性质先放到一边）在现代物理学中，实际上已经被认定为“物理空间”的同义词。

我们在干什么？在对“光以太”一词进行哲学分析吗？这显然已经跑题了。那好，就让我们将话题拉回正轨，谈谈迈克耳孙的实验吧。就像我们之前说的，这个实验的设想并不复杂：如果光是穿过以太的波，那么由于地球在宇宙空间中是运动的，所以我们在地面上用仪器所记录下来的光速必然会受到影响。也就是说，如果我们在地球上所处的位置，正好与地球绕日运行时的轨道方向一致，那我们就应该置身于“以太风”之中，就像站在高速航行的轮船甲板上，即便天气晴朗风平浪静，你依然会感到有风吹来一样。不过，因为在我们的设想之中，以太风是可以轻松穿过我们身体的各个原子之间的，所以我们是不可能真的感受到它的。但是，我们却可以探知它的存在，只要对沿各种方向相对于我们运动的光速进行测量就行了。每个人都知道，声音在顺风中传播的速度要比在逆风中快。由此可以推断出，光顺着以太风传播时的速度就应该比逆着以太风传播时的速度要快。

迈克耳孙做出这样的推断后，就动手制作了一个仪器，这个仪器可以记录光沿不同方向传播时在速度上的差别。其实，如果想要更简便一点，我们可以直接使用斐索的仪器——这种仪器我们之前提到过（图 31c）——只要把它转到不同的方向，然后再进行一系列测量就行了。可是，如果我们真的这样做，或许并不能取得理想的效果，因为这次实验对每次测量的精度要求极高。换句话说，每一次测量我们都必须以极高的准确度来进行，因为我们所预计的速度差（与地球的速度相等）大约只有光速的万分之一。

假设你有两根小木棍，这两根木棍的长度看起来差不多。如果我们想知道这个“差不多”究竟是差多少，那只要将两根木棍的一头对齐，然后量出另一头的差距就行了。这是最简单的方法，也就是所谓的“零点法”。

图 36 中显示的就是迈克耳孙的仪器的大致样子。这台仪器在比较光在互相垂直的两个方向上的速度差时，使用的正是零点法。

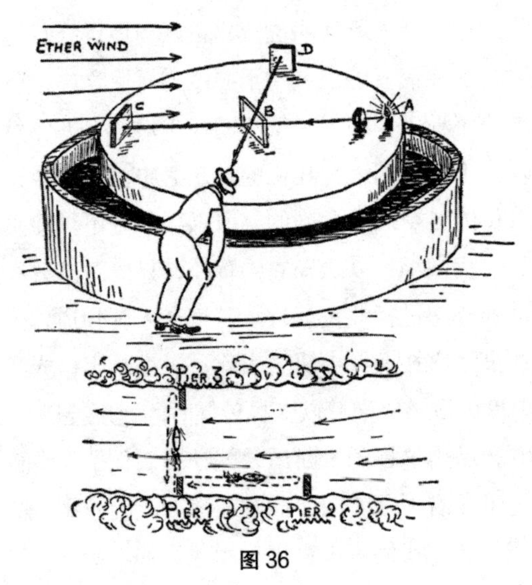

图 36

在这台仪器的中心，有一个镀着一层薄银的玻璃片 *B*。这个作为中心部件的玻璃片呈半透明状，当光线照射在上面时，有一半可以通过，另一半会被反射回去。因此，当光源 *A* 发出的光线照射在 *B* 上时会被分为两部分，这两部分互相垂直，并沿垂直方向前进后分别照射在镜子 *C* 和 *D* 上。由于镜子 *C* 和 *D* 处于和中心玻璃片等距的位置，所以这两部分光最后还会反射回 *B* 上。因为 *B* 上有一层薄银膜，所以自 *D* 反射回的光只有一部分可以通过，而自 *C* 反射回的光有一部分会再被反射。如果观察者站在仪器的入口处，那么在进入他眼睛里时，这两部分光会重新结合在一起。根据一条著名的光学定律，这两部分光在互相干涉下最终会形成一组明暗条纹。这组条纹十分明显，肉眼就可以看见。如果距离 *BD* 等于距离 *BC*，那么这两部分光会在同一时刻返回到中心部件处，明条纹就会位于图像的正中央。如果距离 *BD* 与距离 *BC* 不等，那么这两部分光在返回中心部件处时，其中一束就会有时间上的延迟，条纹的位置也将发生偏移，可能是向左也可能是向右。

因为该仪器就位于在空间中迅速移动的地球的表面，所以我们可以预料到，以太风必然会以和地球运动相同的速度从地球表面上吹过。假设，这股风正自 C 吹向 B（如图 36 所示），那让我们来观察一下，因为它的存在，正赶往结合处的两部分光在速度上会产生怎样的差异。要注意，这两束光一个先逆风后顺风，一个在风中来回横穿。那么，先回来的会是哪束光呢？

假设在河中有一艘汽船。这艘汽船从 1 号码头出发，逆流行进至 2 号码头，然后再顺流而下，回到 1 号码头。显然，在这段航程的前后两部分，水流所起的作用截然不同。在前半程中，水流起阻碍作用；在后半程中，水流起推动作用。或许在你眼里，这两种作用应该会相互抵消，可事实证明，这不过是你的自以为是。我们假设在航行的过程中，汽船的速度与水流始终保持一致，那么它在这种情况下显然永远也抵达不了 2 号码头。很明显，无论在哪种情况下，对整个航程所需的时间来说，水流的存在都会使其增加一个因子：

$$\frac{1}{1-\left(\frac{v}{V}\right)^2}\text{。}$$

在这个表达式中，V 和 v 分别代表船速和水流速度。[①] 如果我们假设汽船的速度高于水流的速度，前者是后者的 10 倍，那么整个航程所需的时间就是：

$$\frac{1}{1-\left(\frac{1}{10}\right)^2}=\frac{1}{1-0.01}=\frac{1}{0.99}=1.01\text{（倍）},$$

① 事实上，如果将两个码头之间的距离记作 1，顺流船速等于 v+V，逆流船速等于 v−V，我们可以算出往返航程花费的总时间：

$$t=\frac{1}{v+V}+\frac{1}{v-V}=\frac{2v1}{(v+V)(v-V)}=\frac{2v1}{v^2-V^2}=\frac{21}{v}\cdot\frac{1}{1-\frac{V^2}{v^2}}$$

也就是说与在静止的水中相比，要多用百分之一的时间。

我们还能利用同样的方法计算出汽船在水中来回横渡时所耽误的时间。之所以会有耽误的时间，是因为如果想从 1 号码头行驶到 3 号码头，为了平衡水流造成的漂移，汽船必须沿稍微倾斜一点的方向航行。这样一来会少耽误一些时间，其减少的因子是：

$$\sqrt{\frac{1}{1-(\frac{v}{V})^2}}$$

。

对应上面那个例子中的时间只增长了千分之五。如果有读者感兴趣，可以亲自动手证明一下这个公式。事实上，这并不是一件困难的事。现在，让我们将这个例子与迈克耳孙的实验联系起来，用流动的以太代替河流，用在以太中传播的光波代替汽船。那么，如果光束从 B 出发，到达 C 处后再返回，整个路程所需的时间就延长了

$$\frac{1}{1-(\frac{V}{c})^2} \quad 倍，$$

其中 c 代表的是在以太中光传播的速度。而光束从 B 出发，到达 D 处后再返回，时间则增加了

$$\sqrt{\frac{1}{1-(\frac{V}{c})^2}} \quad 倍。$$

因为以太风和地球运动的速度同样是每秒 30 千米，光的速度则是每秒 30 万千米，所以这两束光一束延迟万分之一，另一束延迟十万分之五。因此可以说，光束逆着和顺着以太风行进时的速度差异，利用迈克耳孙的仪器很容易就能观察到。

可令人没想到的是，迈克耳孙在进行这个实验时，竟发现明暗条纹自始至终都没有移动过。我们可以想象，他当时该有多惊讶。

很明显，不管在以太风中光是怎样传播的，是顺风传播也好，是从以太风中横穿也罢，其速度都不受以太风的影响。

这无疑是一个令人惊愕的事实。所以最开始时，迈克耳孙一直难以置信，可无论他重复多少次实验，结果都没有改变。由此可见，他初次得到的结果就是正确的，尽管他完全没有想到。

要想合理解释这个令人意外的结果，我们唯一能做的就是，敢于假设迈克耳孙那张放置镜子的大石台，沿地球在空间运动的方向上有了微小的收缩（即菲茨杰拉德收缩[①]）。也就是说，明暗条纹之所以没有像预期中的那样移动，是因为两束光耽误了同样的时间，而两束光之所以会耽误同样的时间，是因为距离 BD 虽然没有改变，但距离 BC 却收缩了一个因子

$$\sqrt{1-\frac{V^2}{c^2}}。$$

可是，虽然我们一张嘴就能说出“迈克耳孙的大石台会收缩”这样的话，但要想真正理解其意思，却并不是一件容易的事。我们确实能够预想到，当物体在有阻碍的介质中运动时会出现某种收缩，比如在湖面上航行的汽船，因为船尾螺旋桨的驱动力，以及船头水的阻力，它的船体就会出现微小的紧缩。不过这种机械紧缩的程度与船体的制作材料的抗拉强度有关，相比于木质船体，钢质船体的紧缩程度就会轻一些。只是，在迈克耳孙的实验中，导致其出现意外结果的收缩却与实验体的材料的抗拉强度没有任何关系。也就是说，不管那个大石台是由石头制成的，还是由铁、木头或其他什么材料制成，其收缩的程度都是相同的。事实上，

---

① 这一观念由物理学家菲茨杰拉德首次引入，并因此而得名。菲茨杰拉德认为，这种收缩纯粹是运动的一种机械效应。——原注

真正与这种收缩有关的只有运动速度。由此可见，我们在此处遇见的是一种具有普遍意义的效应，在它的作用下，无论是哪种运动物体，都以完全相同的程度在发生收缩。在1904年，爱因斯坦就曾描述过这种现象，按照他的看法，我们在此处遇到的其实就是空间本身的收缩。无论是哪种物体，只要它们在以相同的速度运动，那必然也会以同样的方式收缩，而之所以会这样，是因为它们都受到了同一个收缩空间的限制。

在前面两章中，我们针对空间的性质已经进行了很多讨论，所以此时听到上述说法并不会觉得无理或荒谬。现在，为了让大家能够更好地理解这种情况，让我们假设空间具有某些与弹性胶冻类似的性质，并且不同物体在其中的边界依旧留有痕迹。当空间受到挤压、拉扯或扭曲，并因此而变形时，其内部所包含的所有物体的形状会自动发生改变，而且是以同一种方式。也就是说，这种变形完全是由空间变形而导致的，它与其他因外力在物体内部产生应力和应变而导致的个体变形截然不同，两者之间有着非常明显的差别。在图37中，我们可以看到一些二维空间的类似情况，这对我们了解这种差别或许会有所帮助。

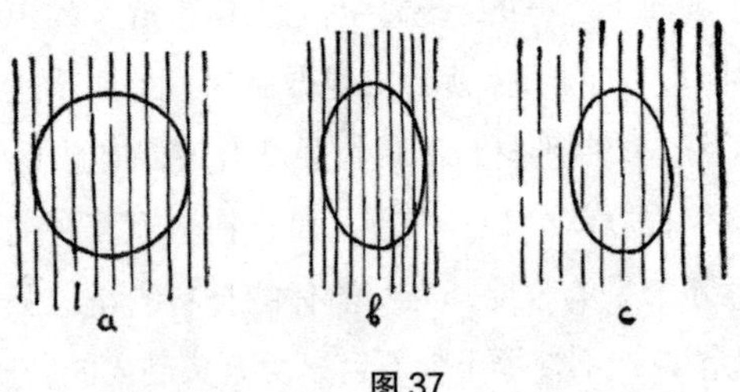

图37

对于了解物理学的基本原理，空间收缩效应是非常重要且不可忽视的，可是，在我们的日常生活中，情况却恰恰相反。事实上，在我们平常的生活中，根本不会有人注意到它，就好像我们生活中遇到的最快速度，在光速面前也是不值一提的一样。比如一辆正在行驶的汽车，其速度为每小时 50 英里，其长度因空间收缩效应虽然会变小，但只变小到原来的

$\sqrt{1-(10^{-7})^2}$=0.999 999 999 999 99 倍。

这个长度和一个原子核的直径差不多，相对于整辆汽车来说，实在太微不足道了。再比如一架喷气式飞机，当它以超过每小时 600 英里的速度前进时，其减少的长度差不多是一个原子的直径。哪怕是一个长约 100 米的宇宙火箭，当它以超过每小时 25 000 英里的速度飞行时，其缩减的长度也不过是百分之一毫米。

可是，如果物体运动的速度能达到光速的 50%，那么其缩减的长度将达到其静止长度的 14%。而当物体运动的速度达到光速的 90% 和 99% 时，其缩减的长度分别为静止长度的 55% 和 86%。

有一位无名作家曾写过一首打油诗，这首诗很好地描写出了高速运动物体的这种相对收缩效应。诗文如下：

少年菲斯克好剑法，
出手像流星一样快速，
可因菲茨杰拉德收缩性，
长长的剑变成短短的钉。

当然，这位菲斯克少年在出剑时，必须真的像闪电那样快才行！

对于所有运动物体的这种普遍收缩性，如果从四维几何学的观点出发，该做出怎样的解释呢？其实很简单，这就相当于时空坐标系发生旋转后，原本保持不变的物体的四维长度在空间坐标

上的投影，也随之发生了改变。你应该还没有忘记我们在上一节中讨论过的内容吧，在那一节中我们曾说过，要想对从运动系统上观察到的事件进行描述，那必须按一定的角度（速度决定角度的大小）将空间轴和时间轴旋转一下。所以说，四维距离如果在静止的系统中能够完全投影在空间轴上（图 38a），那么它在新的坐标轴上的空间投影总是要更短一些（图 38b）。

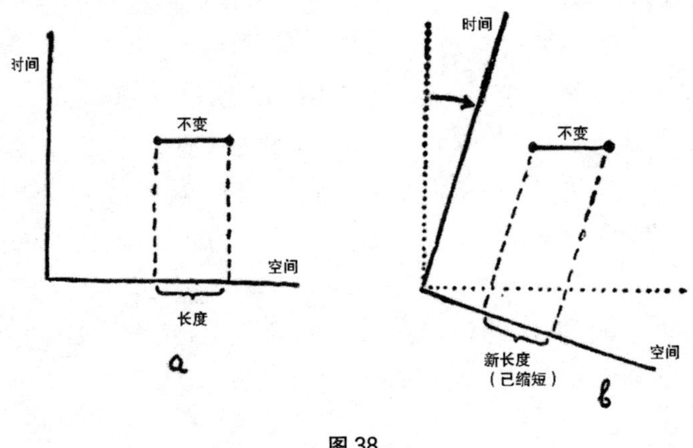

图 38

千万不要忘记，两个系统的相对运动是预想的长度之所以会变短的唯一原因。如果一个物体相对于第二个系统是静止的，那么在新空间轴上，它的投影就是一条长度不变的空间轴的平行线，而在原空间轴上，它的投影将按同样的倍数缩短。

所以，我们完全没必要费力去判断，在两个坐标系中，哪一个才是“真的”在运动。事实上，这种做法没有任何物理意义。因为真正重要，也是唯一重要的只有一点，那就是它们在做相对运动。因此，未来的某一天，如果有两艘属于某一“宇宙交通公司”的载人飞船，在地球与土星间的某一地点以极高的速度相遇了，那么透过飞船的窗户，每艘飞船上的乘客都能发现另一艘飞船明显缩短了，但却注意不到自己的这艘飞船有什么变化。所以完全没必要去争论变短了的到底是哪艘飞船，这是一个毫无意义的问题，因为不管是哪艘飞船，在另一艘飞船的乘客眼中都是变短了的，而在它自己的乘客眼中都是没有变短的。[①]

利用四维时空的理论，我们还能解决另一个问题，即运动物体的长度为什么必须在其速度接近光速时才会有显著的相对收缩。其实，这是因为时空坐标系在旋转时，其遵循的角度的大小由运动系统通过的距离和所需时间的比值来决定。如果我们用米和秒分别来测量距离和时间，那么这个比值就是我们常用的速度，以米/秒为单位。可是，在四维世界中，我们是用普通时间间隔乘以光速来表示时间间隔的，而决定旋转角度大小的比值，则是用运动速度除以光速——当然，这两者的单位要保持一致，都是米/秒。因此，旋转角度的变化，以及这种变化对距离测量的影响，只有在两个运动系统的相对速度接近光速时才会变得明显。

当我们旋转时空坐标系时，不仅长度的测量受到了影响，对时间间隔的测量也同样受到了影响。事实上，时间间隔会在空间距离缩短时增大，而之所以会这样，是因为第四个坐标具有不同寻常的虚数性[②]。如果在一辆高速行驶的汽车中安装一块钟表，那与被安放在地面上的钟表相比，这块钟表走得要更慢一些，两次嘀嗒声的时间间隔也要更长一些。运动钟表的变慢和长度的缩短一样，都是一种具有普遍意义的效应，而且都只和运动速度有

---

① 当然，这不过是理论上的场景。事实上，如果真的有两艘这样的飞船，当它们以极高的速度在太空中相遇时，不管是哪艘飞船上的乘客，都是不可能看到另一艘，就好像我们不可能看到从枪里射出来的子弹一样，而子弹的速度不过是飞船速度的若干分之一。——原注

② 也可以说是由于在四维空间中，毕达哥拉斯公式在时间轴上发生了扭曲。——原注

关。因此只要运动的速度相同，那么无论是哪种钟表——是最新式的手表也好，是你爷爷的那种老式摆钟也好，是计时沙漏也罢——其变慢的程度也都相同。除了我们所说的“钟表”这种与众不同的机械外，这种效应当然也适用于其他地方，比如所有物理的、化学的以及生理的过程，它们也都会以同样的程度变慢。所以，当你身处一艘高速行驶的飞船，你的手表因此而变慢时，你也无须担心会把早饭的鸡蛋煮老，因为变慢的不只是你的手表，还有鸡蛋内部的过程。也就是说，如果你平时是把鸡蛋煮五分钟，那么你现在依然可以这么做，而且你最后吃到的会是和平时一样的“五分钟鸡蛋”。我们为什么把这个例子放在飞船上，而不是放在火车餐车上呢？这是因为时间的增长同样只有在速度接近光速时才会变得显著，正如空间的收缩一般。时间增长的因子为：

$$\sqrt{1-\frac{V^2}{c^2}},$$

和空间收缩的因子一样。如果要问两者有什么不同，那就是时间增长的因子在这里是被用作除数，而不是乘数。当一个物体因运动速度过快而缩短了二分之一的长度时，其时间间隔反而会变成原来的两倍。

运动系统中的时间会变慢，这种情况会影响到星际旅行，并令其产生一个非常有意思的现象。假设，你决定乘坐飞船前往 9 光年以外的天狼星的一颗行星。就算你乘坐的飞船几乎可以以光速前进，按你的预计，至少也需要 18 年的时间才能完成这次往返之行，所以你准备了大量食物准备带上。可实际上，如果这艘飞船行驶的速度真的能接近于光速，那你就完全不必如此担心。因为当你的移动速度能达到光速的 99.999 999 99% 时，无论是你的手表，还是你的心脏、呼吸、消化等系统，甚或是你的心理过程，都将变慢 7 万倍。因此对你来说，从地球到天狼星再返回地球（依旧待在地球上的人看来）所花的 18 年，其实只是几个小时。也就是说，只需从早饭到午饭的一上午时间，你就可以乘坐飞船从地球到达天狼星。要是你的时间紧迫，吃过午饭后你就可以从天狼星上返航，或许不用等到晚饭时间，你就能回到地球上了。只是到家后，忽视了相对论原理的你肯定会吓一大跳，因为在亲朋好友的眼中，你的身影早已消失在茫茫宇宙之中，而在你失踪的这么长时间里，他们已经吃过 6570 顿晚饭了！地球上的 18 年对正在以接近光速的速度旅行的你来说，不过是一天而已。

如果我们运动的速度甚至超过光速，那又会怎样呢？有一首关于相对论的打油诗正好可以回答这个问题：

美丽的少女名叫布蕾，
走起路来时光都无法追；
好奇的爱因斯坦来查看，
说她今早出门昨晚就已回。

确实，对一个运动系统来说，当它的速度接近光速，它的时间就会变慢，那当它的速度超过光速，它的时间可不就是会倒退吗！除此之外，毕达哥拉斯根式下的代数符号发生了改变，因此，时间坐标就会变成实数并成为空间距离，就好像在超光速的情况下，所有长度都经过零变成虚数并成为时间间隔一样。

还记得图 33 中爱因斯坦将尺子变成钟表的那个魔术吗？如果上述一切是可能的，那么对爱因斯坦来说，只要他的速度能超过光速，那这个魔术就能成真。

然而，虽然我们的物理世界有些荒诞离奇，但还不至于这么疯狂。像这样的魔术是不可能成真的，简单地总结来说，就是没有任何一个物体运动时的速度能够达到光速，或者超过光速。

对于这一基本的自然定律，其物理学基础是什么呢？它的基础其实是一个已经被大量实验直接证明的事实，即运动物体所谓的惯性质量（在面对进一步加速时，物体的机械对抗）在其速度接近光速时会无限增大。也就是说，如果一颗子弹运动时的速度能达到光速的 99.999 999 99%，那么面对进一步加速时，它的对抗力就能与一枚 12 英寸的炮弹媲美；如果它的运动速度能达到光速的 99.999 999 999 999 99%，那么它的惯性对抗就和一辆载满货物的卡车差不多。这也就意味着，不管我们施加多少力在这颗子弹身上，都不可能战胜最后一位小数，令它的速度直接等于光速，等于宇宙中一切运动的速度上限！

三、弯曲空间和重力的谜题

在此，我必须向读者们说声“对不起”，因为之前那几十页关于四维坐标系的讨论一定已经让你们头脑昏涨了。所以现在，我要邀请各位到弯曲空间中转一转。对于曲线和曲面，人们很熟悉，也很了解，可对于“弯曲空间”，大家却并没有什么概念。之所以会这样，并不是因为这一概念有什么特殊，而是因为当我们观察曲线和曲面时，可以站在“外部”，但观察三维空间的曲率时，却只能站在“内部”，因为我们本来就是生活在三维空间内的生物。

那么，作为一个三维人，我们该怎样观察或者体会我们所处空间的曲率呢？为了回答这个问题，我们还是先用生活在二维表面上的扁平人来举个例子。在图 39a 和图 39b 中，我们可以看到，一些扁平科学家正在“平面世界”和“曲面（球面）世界”中，研究自己所处空间的二维几何学。他们能够研究的最简单的几何图形，当然是由连接三个几何点的三条直线构成的三角形。上中学时，我们曾学过几何学，所以大家应该都知道，任何平面三角形的三个内角之和都是 180° 。可是从图 39b 中，我们很容易就能发现，球面上由两条经线和一条纬线组成的三角形并不符合这一定理。这个三角形的两个底角都是直角，而顶角则介于 0° 到 360° 之间。比如图 39b 中，两个扁平科学家所研究的三角形的顶角为 30° ，再加上两个底角，三角形的内角之和为 210° 。所以我们看到，要想知道曲面世界的曲率，扁平科学家们根本无须站在二维世界的外部，事实上，他们只要对其所在的二维世界中的几何图形进行测量，就能解决这一问题。

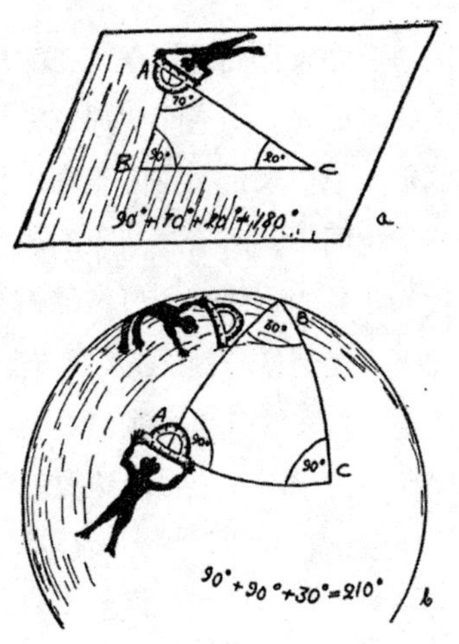

图 39

在“平面世界”和“曲面世界”上，二维的扁平科学家们正在对三角形的内角和进行测量，以判断它是否符合欧几里得定理。

将这种观察运用于三维世界中，我们就可以说，要想知道三维空间的曲率，人类科学家根本无须站在第四维上，事实上，他们只要对连接这一空间中三个点的三条直线间的夹角进行测量，就能解决这一问题。也就是说，要判断这个空间是否弯曲，其实很简单，只要看空间中三角形的三个内角之和是否等于 180° 就行了。如果等于，空间就是平坦的；如果不等，空间就是弯曲的。

不过，我们在做进一步讨论之前必须先解决另一个问题，即真正理解“直线”一词的意思。读者们在观察过图 39a 和图 39b 上的两个三角形后或许会说，平面三角形（图 39a）的三条边是真正的直线，球面三角形（图 39b）的三条边并非直线，而是曲线，是球面上大圆[①]的弧。

我们之所以会这样说，是基于一种日常几何学的概念。可是，如果事实真的如此，那扁平科学家要想发展出二维空间的几何学，就是根本不可能的事。如果我们想让直线在欧几里得几何学中站稳脚跟，并囊括二维表面和三维空间中那些更复杂的线，那就应该用一种更普遍的数学说法来定义它的概念。于是，我们说直线就是二维表面或三维空间中，两点之间距离最短的线。这一定义在平面几何中与我们常见的直线概念自然是相符的，但是在曲面这种更复杂的表面上，满足这一定义的线会有一组，它们在曲面上所起的作用与普通直线在欧几里得几何学中所起的作用是一样的。为了更好地区分，对于曲面上最短距离的线，我们通常称之为“测地线”。之所以这么称呼，是因为最早引入这种概念的学科就是测地学，一个专门测量地球表面的学科。其实，我们所说的纽约到旧金山的直线距离是指沿地球表面的曲线“直直地”走过去，而不是像个大型钻地机那样，从地面下直直地钻过去。

刚才我们已经说了，所谓的“广义直线”或“测地线”，其

---

① 这里的大圆是指球面被通过球心的平面切割后，所得到的圆。这样的大圆有很多，比如赤道和子午线。——原注

实就是说两点之间最短距离的线。这个定义已经明确地告诉了我们，如何用简单的物理方法作这种线，那就是取一根绳子绑在两个点上，并拉紧。如果这两个点是在一个平面上，当你这么做时，自然会得到一条普通的直线。可如果这两个点是在一个球面上，当你这么做时，就会得到一个沿某一大圆的弧张紧的广义直线，也就是球面上的测地线。

我们可以用同样的方法来判断我们所处的三维空间到底是平坦的，还是弯曲的。具体该如何做呢？只需取一根绳子，绑在空间中的三个点上并拉紧，然后对由此形成的那个三角形的三个内角进行测量，看看它们相加是否等于180°。不过在做这个实验时，有两点必须注意：第一，实验选取的范围必须足够大，因为如果我们选取的只是曲面或弯曲空间中很小的一部分，那它和平面或平坦空间的区别就不会那么大，很明显，我们不可能通过测量后院那么大点儿的土地，就来确定整个地球表面的曲率。第二，在实验中，必须进行完整的测量，因为这个表面或者这个空间不一定每一部分都是弯曲的。

在创立广义的弯曲空间理论时，爱因斯坦有一个十分伟大的设想，那就是假设在巨大的质量周围，物理空间会变弯曲，而且曲率与质量成正比。接下来，让我们用一个实验证明这个假说，首先找一座大山，然后绕着大山打三个木桩，并用绳子将三个木桩连起来（图40a），最后再对绳子在三个木桩处形成的内角进行测量。这时你会发现，无论你选取的这座山有多大，三个内角的和在测量误差允许的范围内依旧是180°。哪怕你选取的是喜马拉雅山，结果也不会改变。不过，这并不代表爱因斯坦的想法就是错的，因为这个结果并不能证明巨大质量附近的空间不会因其本身的存在而发生弯曲。事实上，就算是喜马拉雅山，也不可能令其附近的空间弯曲到能被我们测量出来的程度。哪怕我们使用最精密的仪器也做不到这一点。我想，大家应该还没忘记伽利略那次失败的实验吧，就是他尝试用遮光灯测量光速的那次（图 31）！

图 40a

所以不要气馁，让我们再试一次。这次我们可以选取一个更大的质量，譬如太阳。

这一次，我们要用绳子连接起来的三个点是地球上的某一点和宇宙中的两颗恒星。不过在选取这两颗恒星时，必须要注意到一点，那就是要保证这两颗恒星与地球上某点连接形成的三角形能将太阳包围在内。看，这回就要成功了！你会发现这个三角形的三个内角之和明

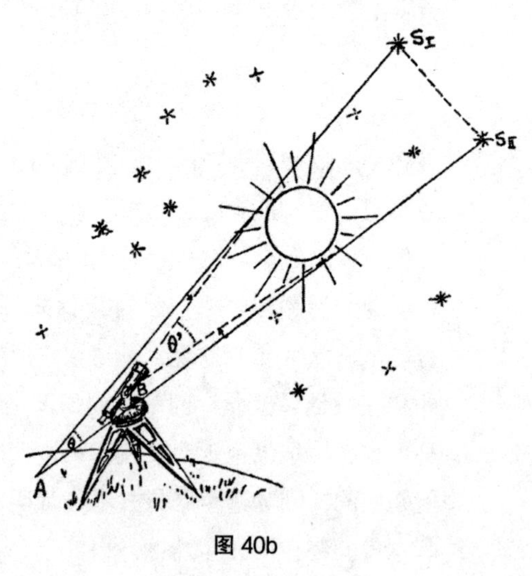

图 40b

显不等于 180° 。如果在实验时，你找不到这么长的绳子，那我们可以用一束光来代替，因为在所有可能的路线中，光总是选择最短的那条，这是光学告诉我们的。

这个对光线夹角进行测量的实验如图 40b 所示。恒星 S_{I} 和 S_{II} 位于太阳两侧，从这两处发出的光线会聚集到经纬仪上。这样一来，我们就能测量出它们的夹角了。等到太阳离开后，我们再重复一次实验，然后比较一下两次实验的结果。如果两次结果不一致，那就证明了太阳附近空间的曲率会受太阳质量的影响而发生改变，所以光线才会偏离原本的路线。最早提出这个实验的是想要检验自己的理论的爱因斯坦。读者们如果想更好地理解上述内容，可以参照图 41 所画的类似的二维图景。

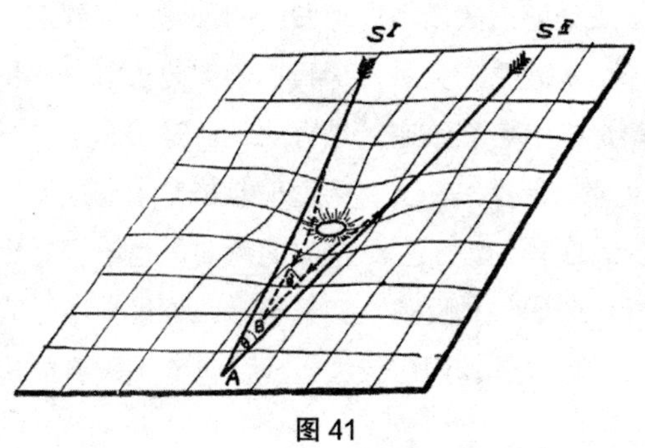

图 41

可是，在正常情况下，如果我们想进行爱因斯坦的这个实验，很明显会遇到一个实际问题，那就是由于太阳的光芒过于强烈，我们是没办法看到它附近的星辰的。不过别忘了，在某些特殊的时刻，白天也可以看见星星，比如日全食的时候。1919 年，英国曾有一支天文学队伍前往当年最适合观测日全食的西非普林西比群岛进行实际检验。最后他们发现，在三角形内有太阳和三角形内没有太阳的情况下，两颗恒星的角距离相差 1.61" ± 0.30"，而爱因斯坦的理论曾预测这个值是 1.75"。后来，人们又进行过很多次实际检验，但最后观测到的结果并没有太大变动。

1.5 角秒当然不算什么大数，但却足以证明我们想证明的东西了，即太阳附近的空间会因其质量而发生弯曲。

如果我们能找到质量比太阳还要大得多的其他星体，那么欧几里得的关于三角形内角和的定理就会出现更大的误差，这个误差可能是几角分，也可能是几度。

一个内部观察者要想习惯弯曲三维空间的概念，不仅需要一定的时间，还需要非常丰富的想象力。但只要我们真正理解了它，它就会变得非常清晰明了，就像我们熟知的其他古典几何学概念一样。

要想彻底理解爱因斯坦的弯曲空间理论，理解这一理论与万有引力这个根本问题的关系，那我们还需要再前进一步。我们之前的讨论都是围绕着三维空间进行的，但是别忘了，三维空间也不过是四维时空世界——所有物理现象都发生在这个世界里——的一部分。因此我们说，三维空间的弯曲，也不过是更普遍的四维时空世界弯曲的一种反映。至于表示四维世界中光线运动和物体运动的四维世界线，则应该被看成，也必须被看成是超空间中的曲线。

爱因斯坦从这种观点出发得出了一个十分有名的结论，即所谓的重力现象，不过是四维时空世界的弯曲所产生的效应。所以，我们现在就可以抛弃过去那种认为行星之所以围绕太阳沿圆形轨道运动，是因为被太阳施加了某个作用力的说法了，因为这是不恰当的。我们应该用一种更准确的说法来取代它，即太阳附近的时空世界会因太阳的质量而发生弯曲，而图 30 所示的行星的世界线其实就是穿过弯曲空间的测地线，所以才会是那个样子。

纯粹的空间几何学概念就这样在我们的思想中彻底取代了重

力是一种独立的力的概念。无论是什么物体，在这个纯粹的几何空间中，都会按照其他巨大质量所造成的弯曲运动，而且它们要沿着“最笔直的线”或称为测地线运动。

四、封闭空间和开放空间

我们在本章的最后还要讨论另一个重要的问题，这个问题同样属于爱因斯坦时空几何学的范畴，它就是“宇宙到底是有限的，还是无限的”。

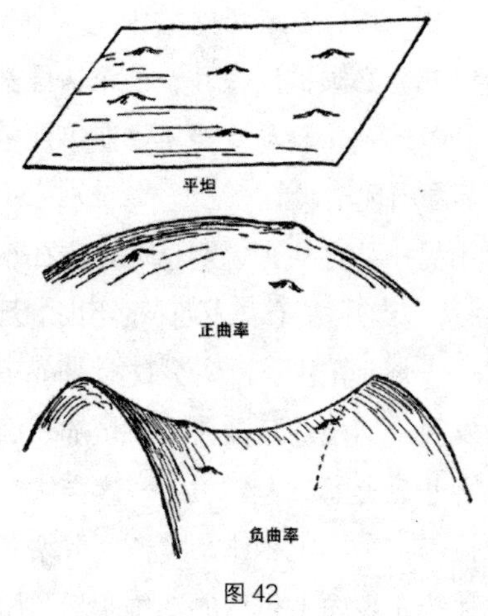

图 42

在此之前，我们的话题一直围绕着在巨大质量周围空间的局部弯曲。如果我们将宇宙比作一张巨大无比的脸，那么这些局部弯曲就是分布在这张脸上的“空间痤疮”。如果我们将这些局部的差异抛开，那整个宇宙到底是平坦的，还是弯曲的呢？倘若是弯曲的，那弯曲的方式又是怎样的？在图 42 中，我们可以看到三种长有“痤疮”的、用二维方法描绘出的空间图，其中一种是平坦的空间，另外两种是弯曲的。而且很明显，这两种弯曲的空间截然相反，一种是所谓的“正曲率”，即与球面或其他任意封闭几何面对应的空间的表面，不管是朝哪一方向扩展，其弯曲的方式都是一样的；另一种是所谓的“负曲率”，即空间在不同的方向上以完全相反的形式弯曲，一向上弯，一向下弯，最后形成一个如马鞍的表面般的弯曲。

要想弄清这两种弯曲的区别，并不是什么难事。你可以从足球上割下一块表皮，再从马鞍上割下一块，然后将它们放在桌面上，并试着压平。这时你会发现，如果不把它们扩展，也不把它们收缩，那无论是哪一块，都不可能被压成一个平面。足球皮和马鞍皮，一个边缘部分必须扩展张开，一个边缘部分必须收缩起褶；而两者的中心区域，一个材料太少不够压平，一个又材料太多，不管怎么弄最后都会出现褶皱。

我们还可以用另一种方法来说明这一点。如果我们先在表面上选取一点，然后从这点开始，(沿表面)按不同的尺寸——1英寸、2英寸、3英寸等——划定范围，再依次数出不同范围内的“痤疮”数，那我们就会发现：“痤疮”数目在平坦的表面上是像距离的平方那样增长的，也就是像1、4、9……这样增长；而在犹如马鞍一样的曲面上，与在平面上相比，“痤疮”增长的速度要更快一些。所以，对那些在表面上生活的二维扁平科学家们来说，就算他们无法站在“外部”，对这个表面的形状进行观察，也可以利用别的方法——对不同半径的圆内所包含的“痤疮”数进行计算——来了解它的弯曲情况。我们在这里还会看到，正负两种曲面上的三角形，其内角和是有差异的。在上一节中我们已经知道，球面上的三角形，其三个内角之和总是大于180°。可如果你仔细观察就会发现，马鞍面上的三角形，其三个内角之和恰恰相反，总是小于 180°。

如果我们将上述对曲面进行考察所得的结果进行推广，将其放进三维空间中，就可以得到一张表格，如下：

空间类型	远距离情况	三个内角之和	体积增长状况
正曲率（与球面相似）	自我封闭	>180°	比半径立方慢
平 坦（与平面相似）	无限扩展	=180°	与半径立方相等
负曲率（与马鞍面类似）	无限扩展	<180°	比半径立方快

我们所处的这个空间到底是有限的还是无限的，从这张表格中就能得到答案。在研究宇宙大小的第十章，我们还将继续讨论这个问题。

第三部分

微观世界

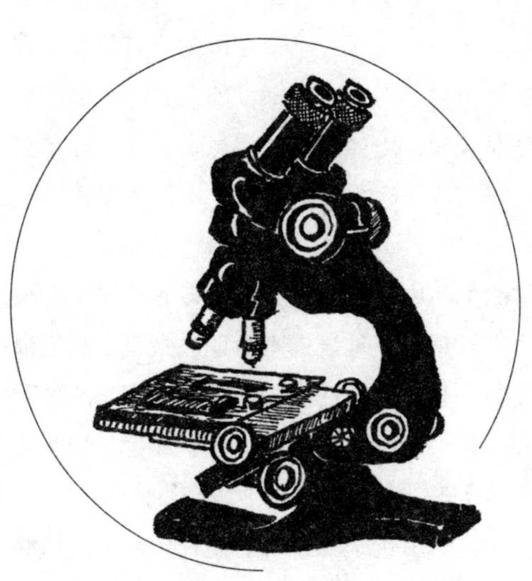

第六章　下降的阶梯

一、古希腊时期的观念

在研究物体的性质时，我们最好还是先从那种“大小适中”的常见物体入手，然后再循序渐进地进入其内部，以探索一切物质性质的最终源头——这是我们仅凭肉眼根本无法企及的。我们该从哪里入手呢？就从端到餐桌上的一碗蛤肉杂烩汤开始吧。为什么会选择这样一碗汤呢？难道是因为它可口、有营养吗？当然不是，而是因为它是一个非常标准的混合物。很明显，它是由很多东西混合而成的，比如蛤蜊、洋葱、番茄、芹菜、土豆、胡椒和肥肉。这些东西一起混在盐水里，不需显微镜，我们就能看得清清楚楚。

在平常的生活中，我们见到的大多数物质（特别是有机物）都是混合物。只是很多时候，不借助显微镜，我们根本意识不到这一点。比如，必须借助低倍放大镜，我们才能发现牛奶其实是一种乳状液，它主要由两部分构成：一部分是均匀的白色液体，另一部分是悬浮在白色液体中的小滴奶油。

我们常见的土壤也是混合物。这种精密细致的混合物包含很多成分，比如石灰石、高岭土、石英、铁的氧化物、其他矿物质和盐类。除此之外，它还包含动植物腐烂后形成的有机物质。还有十分坚硬的普通花岗岩，它是由三种不同物质（石英、长石以及云母）的小结晶体结合而成的，只要我们将它的表面打磨光，就能发现这一点。

如果我们将对物质内部结构的研究看成一道逐渐下降的阶梯，那么对混合物的成分的研究只是第一级。之后我们要做的，应该是直接研究混合物中每一种纯净的成分。利用显微镜，我们是无法在一段铜丝、一杯水，或者屋内的空气（当然，不包括飘浮在空气中的尘土）这种真正纯净的物质中，找出什么不同的成分来的。自始至终，它们的分子在显微镜下都是一致的。不过，如果经过高倍放大，铜丝会显示出一种所谓的粗晶结构。事实上，几乎所有固体（玻璃制成的固体除外，因为玻璃这种材料并不结晶）在高倍放大下，都会如此。可是，我们在纯净物中看到的晶体却都是同一种，比如铜丝中就都是铜晶体，铝锅中就都是铝晶体，食盐中就都是氯化钠晶体。利用一种专门的技术——即慢结晶——我们可以随意增大铜、铝、食盐或其他任意一种纯净物的晶体的体积。而通过这种方法得到的“单晶”物质，每一小块的本质都完全相同，就像水或玻璃一样。

根据肉眼所见，以及利用最精密的显微镜所做的那些观测，我们是否可以假设，无论我们将这些纯净物放大多少倍，它们都不会变样呢？换一种说法，我们是否可以认为，一粒盐、一块铜或一滴水，不管有多小，其性质都不会有任何改变呢？是不是只要我们愿意，永远都可以将它们分割得更小呢？

两千三百多年前生活在雅典的希腊哲学家德谟克利特（Democritus）首次提出了这个问题，并试图进行回答。他给出的是一个否定的答案。他认为，任何一种物质都是由许许多多微小（他既不知道多到什么程度，也不知道小到什么程度）的粒子构成的，不管它的质地看起来有多统一。他用意为“不可分割者”的“原子”来称呼这些粒子。在不同的物质中，原子的数目也不同，所以性质会有所差异，但这种差异只是表面差异，而非实质差异。也就是说，火原子和水原子虽然表面看起来不一样，但实际上并没有什么不同。其实不管是哪种物质，都是由相同的、固定不变的原子构成的。

然而，恩培多克勒（Empedocles）却有不同的看法。与德谟克利特同属于一个时代的他认为，原子的种类并不只有一种，各种物质其实是由不同种类的原子按照不同比例混合而成的。

当时，在化学方面人们刚刚有了初步的认识。基于已有的一些化学知识，恩培多克勒认为原子共有四种，分别对应着四种基础的物质，即土、水、空气和火。按照这种理论，土壤被认为是由两种原子混合而成的，即土原子和水原子。这两种原子混合得好不好，直接决定了土壤的好坏。而自土壤中生长出来的植物则较为复杂，它是由一种复合的木头分子构成的，而这种复合的木头分子又是由三种原子结合而成的，这三种原子除了土原子和水原子以外，还有从阳光中摄取到的火原子。如果木头变干，成了木柴，就说明其中的水分子散逸了。而木柴的燃烧则被解释为，植物中复合的木头分子通过燃烧被分解或打散，变回了原来的火原子和土原子。火原子逸出形成火焰，而土原子则被留了下来，并最终变成灰烬。

在科学发展的初期，用这套理论来解释植物的生长和木头的燃烧，看起来颇为合理。只是，后来的科学发展证明，它其实是错误的。古时候的人们认为，是土壤为植物的生长提供了它所需的大部分物质——直到今天，依然有很多人这么认为——可现在，我们已经知道了，真正为植物提供这些物质的，其实是空气。对植物来说，土壤对其生长实际上只起到了三个作用：一，提供必要的支撑；二，充当一个蓄水池，为植物保存水分；三，提供一小部分盐类。事实上，要想种出一大株玉米，只需顶针那么大的一块土壤。

古时候的人们还认为，空气是一种简单的元素，但实际上，空气是一种混合物。它的主要成分是氮气和氧气，除此之外，还有一点由氧原子和碳原子构成的二氧化碳分子。植物的叶子在阳光的作用下从空气中吸收二氧化碳，二氧化碳与植物根系提供的水分发生反应生成各种有机物质，有机物质中的一部分氧气又会从植物中散出，回到空气中。因此我们说，“屋里的植物能令空气变好”。

当木头被点燃时，木头分子与空气中的氧气结合，重新变成二氧化碳和水蒸气，之后从火焰中散出。

至于被古代人认为能够进入植物物质结构中的火原子，其实是不存在的。阳光只提供了一种能量，这种能量可以帮助植物打破二氧化碳分子，从而形成能被植物吸收的养料。既然并不存在火原子，那火焰就不可能用逸出的火原子来解释。实际上，火焰不过就是大量受热气体聚集在一起而已，它之所以能被我们的肉眼看到，是因为在燃烧的过程中释放出了能量。

为了更好地说明古代和现代对化学变化的看法，我们再举一个例子。正如我们知道的，在高炉中用高温熔炼矿石可以炼出各种金属。大部分矿石乍看之下与普通岩石并没有什么区别，所以古代的科学家们才会认为，它们和其他石头一样，都是由同一种土原子构成的。然而，当他们将一些铁矿石丢入熊熊燃烧的火焰中时，却得到了一种意想不到的东西。这种东西非常坚硬，而且十分有光泽，与普通石头截然不同。他们还发现，可以用这种东西来制作刀和矛。对此，他们简单直接地将其解释为，土与火结合形成了金属。换种说法就是，土原子与火原子结合，形成了金属分子。

在这样解释完金属后，他们又用差不多的理论对不同金属——铁、铜、金等——的不同性质进行了解释。他们认为，这些金属都是由土原子和火原子结合而成，唯一的区别就是在不同的金属中，两者的比例不同。这不是很明显吗，黄金肯定比铁拥有更多的火原子，要不然怎么会一个乌黑一个闪闪发亮呢？

如果这是真的，那是不是就意味着，我们只要在铁或铜里加些火，就能将它们变成昂贵的黄金呢？事实上，正因为有了这样的推论，中世纪那些讲究实际的炼金术士才会不分昼夜地守在火炉旁，企图把普通金属合成为贵重的黄金。

他们秉持的观点令他们觉得自己的所作所为十分合理，就好像现代化学家在发明一种合成橡胶生产方法时，同样觉得很合理。他们的理论和实践显然是错误的，而错误的根本在于，他们将黄金和其他金属当成了一种合成物质，而不是基本物质。可即便如此，我们也不能否定他们的尝试，因为如果没有这些尝试，我们又怎么可能判断出什么是合成物质，什么是基本物质呢？这些化学领域的先驱者们企图将铁、铜变成黄金，这种尝试虽然是白费力气，但却并非毫无意义。因为如果他们没有这样做过，那可能我们永远也不会知道，金属其实是基本的化学物质，而含有金属的矿石却是复合物（也就是现代化学家口中的金属氧化物），它由金属原子和氧原子结合而成。

在高炉燃烧的熊熊烈火中，铁矿石被冶炼成了金属铁。而之所以会这样，并不是因为原子的结合（土原子和火原子）——古时候的炼金术士们就是这样以为的——而是因为原子的分离，即氧原子从复合的铁氧化物分子中分离出来。如果将铁暴露在一个潮湿的环境中，那么用不了多久，它的表面就会生锈。之所以会这样，并不是因为在分解的过程中，铁中的火原子已经逸出，只剩下土原子了，而是因为铁原子在遇到空气或水中的氧原子后，与之结合，形成了复合的铁氧化物分子。[①]

通过上述讨论，我们可以清楚地看到，对于物质及其内部结构，以及化学变化的本质，古时候的科学家们所作出的设想，基本上是正确的。他们的错误主要是在没有认清何为基本物质上。恩培多克勒曾列出过 4 种基本物质，但实际上，这 4 种物质没有一种是基本的：空气是混合物，由多种气体混合而成；水分子由两种原子构成，即氢原子和氧原子；土由许多不同的成分组成，结构十分复杂；至于火原子，则压根不存在。

其实在自然界中，化学元素并非只有 4 种，而是有 92 种[②]。换句话说，在自然界中共存在着 92 种不同的原子。比如我们熟悉的氧、碳、铁、硅（大部分岩石的主要成分）等，都是地球上大量存在的化学元素。还有一些你可能听都没有听过的、稀有的化学元素，比如镨、镝、镧等。在现代科学中，除了上面提到的这些自然元素外，还有几种人工制成的新的化学元素。在稍后的章节中，我们会对它们进行讨论。其中一种叫钚的元素这里要着重提一下，因为在原子能的释放方面，这种元素必然会发挥重要

---

① 在处理铁矿石时，炼金术士会用下面两个反应式来分别表示它的变化过程和生锈过程：

土原子 + 火原子⟶铁分子，
（铁矿石）
铁分子⟶土原子 + 火原子。
（锈）

而在现代化学中，我们会将这两个过程表示为：

铁氧化物分子⟶铁原子 + 氧原子，
（铁矿石）
铁原子 + 氧原子⟶铁氧化物分子。
（锈）

——原注

② 事实上，今天人类已确认的自然元素已达 94 种。随着科学的发展，这一数字可能还会变化。——译注

作用（不管是用于战争，还是用于和平时期的其他方面）。当这92种基础元素的原子以不同的比例相结合，就形成了各种各样复杂的化学物质，比如水、油、黄油、土壤、岩石、骨头、茶叶、炸药等。除此之外，还有许多像甲基异丙基环己烷或氯化三苯基吡喃鎓这样的化合物。对于这些化合物的名字，大部分人都很陌生，有的甚至根本不认识这些字，估计只有那些化学家才能熟知吧！今天，为了总结原子间无数种组合的性质以及化合物的合成方法，人们手中的笔一直没有停过，所以我们才有那么多的化学手册可供阅读。

二、原子的大小

在谈论原子时，不管是德谟克利特，还是恩培多克勒，无意中都是从哲学的角度出发的，所以他们相信，一种物质是不可能被无限分割变小的。

相比之下，现代化学家谈论原子时，表达的意思更加清晰，因为必须准确地了解基础的原子以及它在复杂分子中的组合，才能对化学的基本定律做出正确的解释。按照化学的基本定律，不同的化学元素要想结合起来，就必须按照严格的质量比例。这个比例就是这些元素原子间质量关系的一种反映。比如化学家们已经验证过的，氧原子的质量是氢原子质量的16倍，铝原子和铁原子的质量则分别是氢原子质量的27倍和56倍。显然，在化学中，各种元素间的相对原子质量是最基本也是最重要的信息。至于真正的原子质量有多少克，反而不用在意。因为不管是对其他化学事实，还是对化学定律和化学方法的实际应用，它都不会造成任何影响。

然而，物理学家们在研究原子时首先想到的问题依然是：“原子究竟有多大？重量是多少？在有限量的物质中，可以含有多少个分子或原子？有没有办法分割出一个单个的分子或原子，然后对其进行观察和计数，并想办法操控它？”

要想估算原子和分子的大小，其实有很多种方法。其中最简单的一种，就算在德谟克利特和恩培多克勒那个没有现代实验设备的年代里，依然可以使用。如果原子真的是构成一种物质（我们以一根铜丝为例）的最小单位，那么，就算我们不断将这种物质变薄，它的厚度也不可能比一个原子的直径还小。根据这种理论，让我们试着将这根铜丝不断拉长，直到它成为一条由单个原子组成的长链；或者将它不断压薄，直到它变成一个厚度和单个原子直径相同的薄片。然而，不管是对铜丝来说，还是对其他固体来说，这两种方法都是不可能完成的任务，因为在达到我们想要的效果之前，它们一定会发生断裂。但是，如果我们将实验材料换成液体（例如水面上的一层薄油膜），这项任务就会变得容易许多。因为将这种液体材料不断铺开，直到其变成一张由单个分子组成的“毯子”，并不是什么难事。因为“个体”分子和“个体”分子之间，在这层薄油膜中，只在水平方向上相连，而在竖直方向上却没有堆叠。如果大家有足够耐心，并且也足够认真和小心，大可以亲自动手试一试这种简单的方法，看看一个油分子究竟有多大。

首先取一个合适的容器，这个容器无须太深，但要足够长（图43），然后将它完全水平地放在桌子或地板上。之后往里注满水，取一根金属线，横放在容器上，并令其与水面接触。现在，在金属线一侧的水面上，滴入一滴纯油，这滴纯油很快就会将这一侧的水面铺满。此时，如果将金属线沿着容器边缘慢慢向另一侧移动，那么油层也会随之向另一侧扩展开，并越变越薄，直到最后变得只有单个油分子的直径那么薄。此时如果继续移动金属线，这层完整的油层就会破裂出现水洞。已知滴入的油量，以及破裂之前油层的最大面积，那么要想算出单个油分子的直径，就不是什么难事了。

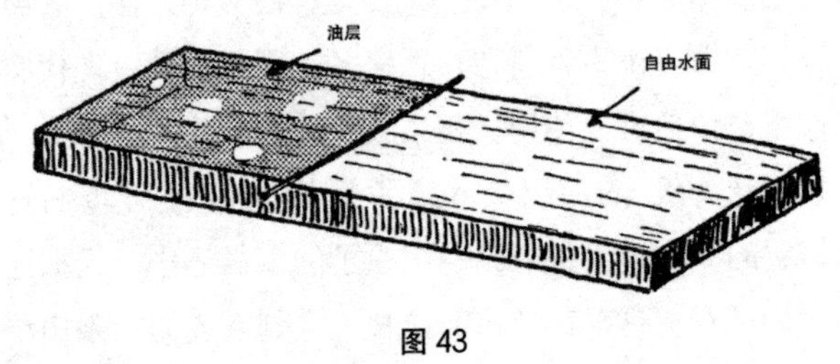

图 43

你可能会注意到，在这个实验中还有另一个有意思的现象。当油被滴在水上变成油层时，上面会出现你可能在码头附近的水面上看到过许多次的彩虹色。这是光线射入油层上下两个界面后，形成的反射光互相干涉的结果。那为何不同的位置颜色会不一样呢？这是因为在伸展的过程中，油层各处的厚度并不均匀。事实上，只要我们稍微等一会儿，让油层铺展均匀，那么整个油层的颜色就会变成同一种。与此同时，油层的颜色还会随着油层厚度的变化而变化，油层越变越薄，其颜色也会自红变黄，自黄变绿，自绿变蓝，自蓝变紫。颜色变化的顺序与光线波长的减小一致。

不过，如果油层继续铺展，其上的颜色就会彻底消失。当然，这并不代表油层没有了，而是它的厚度变得太小了，甚至比最短的可见波长还要小，所以仅凭肉眼，我们已经没办法再看到上面的颜色了。可即便如此，我们依然能够分得清哪里是油层，哪里是水面。因为光线照射在这层薄油膜的上下两个界面后，反射回来的光会互相干涉，令光的强度减小。也就是说，油层的颜色会“变暗”。所以即便油层上的颜色消失，我们依然可以将它和水面区分开来。

实际上，我们在进行这项实验时会发现，1 立方毫米的油可以覆盖的水面最大能达到 1 平方米。如果想继续铺展，油膜就会发生破裂，露出下面的水来。

三、分子束

还有一个可以显示物质分子结构的方法。这个方法颇为有趣，那就是对从小孔涌向四周真空中的气体或蒸气进行观察。

假设有一个大玻璃泡，里面的空气已经被抽空，并在其中放置了一个壁上有小孔的圆筒状的陶制小电炉。为了供热，陶炉外面缠绕着许多电阻丝。如果我们将某种熔点低的金属放入电炉中，比如钠或钾，其受热产生的金属蒸气就会充满整个圆筒，并顺着圆筒壁上的小孔钻出来，分散在周围的空间中。当蒸气遇到温度很低的玻璃壁时，就会附着在上面。这样一来，玻璃壁的各处就会形成一层金属薄膜。这层金属薄膜犹如镜子一般，能够将物质钻出电炉后的运动情况清楚地显示出来。

除此之外，我们还会发现，玻璃壁上金属薄膜的分布情况在不同的炉温下也会不同。电炉内部的金属蒸气在炉温较高时，密度会非常大。这时，它会像水蒸气从茶壶或蒸气机中逸出那样，钻出小孔往四周散开将整个玻璃泡填满（图 44a），并比较均匀

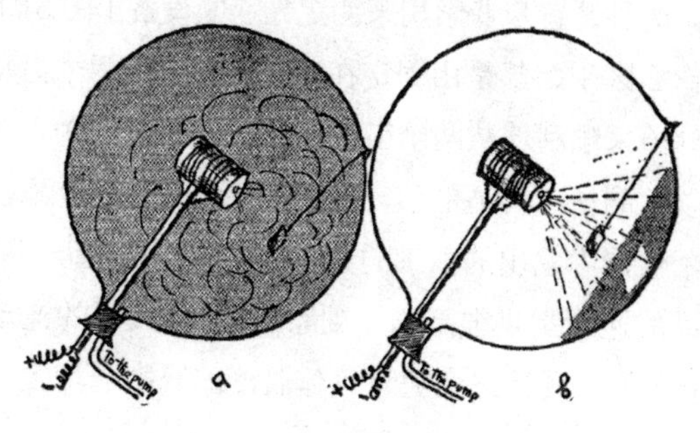

图 44

地附着在玻璃泡的整个内壁上。

反之，电炉内部的金属蒸气在炉温较低时，密度会非常小。这时，情况就截然不同了。金属蒸气钻出小孔后，不会再向四周扩散，而是沿着直线前进，并附着在正对着电炉开口的玻璃内部上。当然，还是会有一小部分金属蒸气分散到其他地方。在电炉开口的地方，如果放置一个小物体（图 44b），那么这种现象会更加显著。在这个物体背后的玻璃壁上，会形成一块空白的区域，这块区域的轮廓和物体的形状一模一样。

如果我们能认识到金属蒸气到底是什么，那么很容易就能理解为何在密度不同时，会产生这样的差异。事实上，金属蒸气就是在空间中沿各个方向互相冲撞的大量分子。当密度大时，从小孔处冲出来的气流，就像是从着火剧场的出口慌乱涌出来的人流。这些人即便逃到大街上，在往四面八方跑开时，仍然会互相冲撞。当密度小时，大家从容镇定，门里每次只出来一个人，所以他可以沿直线前进，而不用担心会受到干扰。

我们通常用“分子束”来称呼这种从炉内小孔中逸出的、由大量拥挤在一起共同飞越空间的分子组成的低密度物质流。在对分子的某些性质进行研究时，这种分子束往往能派上大用场。比如，利用它，我们可以测量出热运动的速度。

研究分子束的速度的装置，最早是由奥拖·斯特恩（Otto Stern）发明的。这种装置与斐索用来测定光速的设备（图 31），看起来并没有什么区别，都是由固定在同一根轴上的两个齿轮组成的。要想让分子束顺利地从两个齿轮间通过（如图 45），旋转时的角速度必须达到一个合适的值。利用一块隔板，斯特恩拦截到了一束从这个仪器中发出的很细的分子束，从而得知，一般情况下，分子运动的速度都是很高的（钠原子在 200℃时的运动速度为每秒 1.5 千米），而且还会随着气体温度的升高而增大。这是对热运动的直接证明。所谓的物体热量的增加，按照这种理论，其实就可以解释为物体分子的随机热运动越来越剧烈。

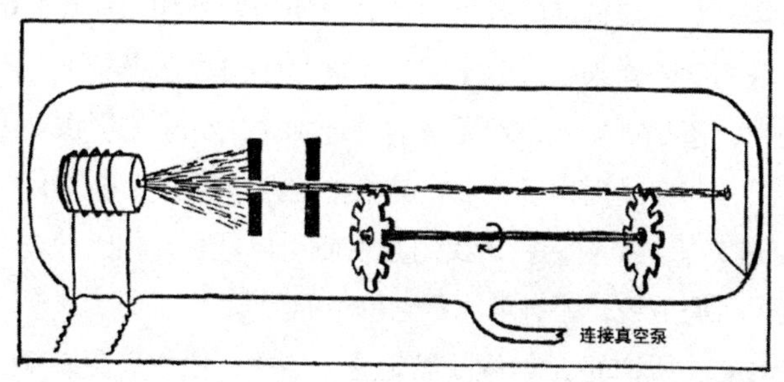

图 45

四、原子的影像

通过上面这个例子，原子假说的正确性几乎已经得到了确实的证明。可是，如果想让信奉“眼见为真”的人们心悦诚服，最好的办法还是让他们亲眼见到分子和原子这些微小的单位。可是，要想达成这一目标，并不是件容易的事。实际上，直到不久前，英国物理学家威廉·劳伦斯·布拉格（William Lawrence Bragg）才找到令这种想法成为现实的方法，对晶体内的原子和分子进行摄像，从而令人们真正地看到它们。

如果你以为给原子摄像是件很容易的事，那可就错了。事实上，要想拍摄这么小的物体，我们必须先面对一个实际的问题，即如果想拍摄出清晰的相片，那就必须得保证，照明光线的波长不能大于被拍物体的尺寸。如果你想画一幅波斯细密画[①]，那总不能用刷墙的刷子来当笔吧！这其中的困难，大概只有那些常与

① 一种在手抄本、民间传说、科学书籍中常与文字相配的小型图画，流行于 13~17 世纪的波斯。——译注

微生物打交道的生物学家最能明白，因为可见光的波长就和细菌的大小（约为 0.000 1 厘米）差不多。而要想清楚地拍摄出细菌的影像，并获得较好的效果，就必须使用紫外光。那我们是不是也可以用紫外光来拍摄分子呢？答案是不可以。事实上，不管是紫外光，还是可见光，都无法清楚地拍摄出分子的影像，因为分子的尺寸实在是太小了，它在晶格中的距离同样太小（0.000 000 01 厘米）了。换句话说，我们必须使用与可见光相比，波长还要短几千倍的射线，才有可能看到单个的分子。

其实，所谓的 X 射线就满足这一条件，但如果我们真的使用它，就又会面临另一个难以解决的问题，即 X 射线几乎可以穿透任何一种物质，并且不会发生衍射，所以不管是透镜还是显微镜，在使用 X 射线时都会失去作用。当然，不可否认的是，在医学上，X 射线的这种性质和强大的穿透力能起到很大作用。因为当 X 射线穿透人体时如果发生衍射，我们就不可能得到一个清晰的 X 射线底片。不过，也正是这种性质，令我们想要得到一张用 X 射线拍摄的放大照片的愿望，变成了不可能的事。

此时的情况乍看之下好像一点希望都没有了，不过布拉格却想到了一个好办法。这个办法十分高妙，足以解决眼前的难题。这个办法以阿贝[①]提出的显微镜的数学理论为基础。阿贝认为，不管是哪种显微镜图像，都可以被看作是许多独立图样的叠加，而这些独立图样每一个又是在视场内成一定角度的平行暗带。从图 46 这个简单的例子中，我们可以看出，四个独立的暗带图样叠加在一起，形成了一个位于黑暗视场中央的明亮椭圆。

① 恩斯特·卡尔·阿贝（Ernst Karl Abbé，1840—1905），德国物理学家、光学家。曾从事显微镜的设计和研究，对显微镜理论有重要贡献。——译注

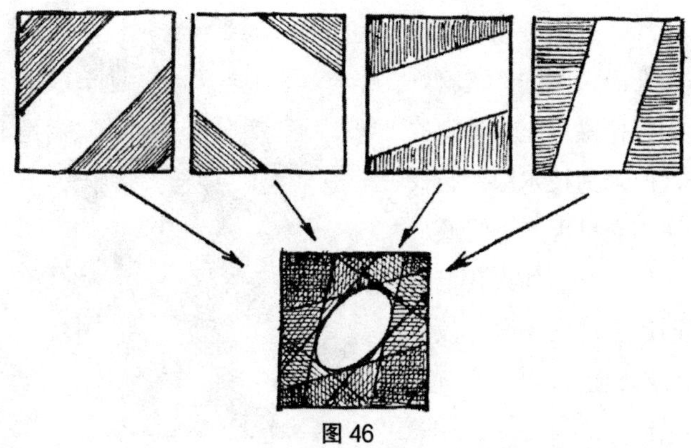

图 46

按阿贝的理论，显微镜的成像过程可分为三步：一，将原有图像分解，令其变成大量独立的暗带图样；二，放大这些独立图样；三，将图样重新叠加，从而得到放大的图像。

这一过程与用几块单色板印制彩色图画的方法颇为相似。如果只看一块色板，无论你看的是哪一块都不可能知道整幅图上画的是什么。可是，只要以一种合适的方式将这些色板叠加起来，整幅图就会立即呈现在你眼前，既清楚又明白。

因为没有哪个 X 射线透镜能够自动完成上述所有操作，所以我们只能一步一步来：首先，从不同的角度对晶体进行拍摄，以获得大量独立的 X 射线暗带图样；然后，取一张感光纸，将这些暗带图样以正确的方式叠加在上面。其实，我们所做的这些工作，与 X 射线透镜并没有什么区别。只是，透镜完成这些工作可能只需一瞬间，而一个实验员，哪怕操作十分熟练，可能也需要花费好几个小时。所以，利用布拉格的这种方法，我们只能对分子一直待在原地的晶体进行拍摄，而对液体和气体，我们就没办法了，因为它们的分子总是肆意舞动、随意乱撞。

利用布拉格的方法，我们虽然不能立即成像，但最后合成出来的照片也并不逊色，它同样是精准而完美的。这就好像我们想拍摄一座大教堂的全景，但因为技术原因，我们无法将它呈现在一张底片上。我想这时，如果我们用几张照片合成出一张大教堂的照片来，应该也不会有人反对吧！

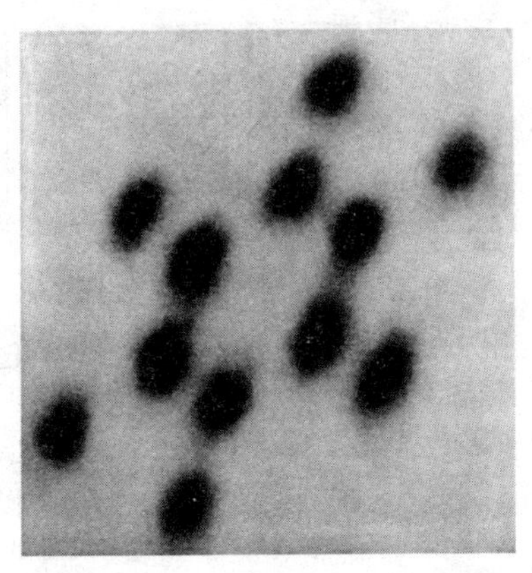

照片 1

六甲基苯分子放大 175 000 000 倍后的图像。

利用这种方法，我们拍摄了六甲基苯分子的 X 射线照片，见照片 1。

在化学家的笔下，它是这样的：

```
          H          H
          |          |
       H—C—H    H—C—H
          |          |
  H      /C————C\      H
  |     /          \     |
H—C—C                C—C—H
  |     \   ————   /     |
  H      \C————C/      H
          |          |
       H—C—H    H—C—H
          |          |
          H          H
```

在照片上，我们可以清楚地看到由六个碳原子组成的碳环，也能够清楚地看到与这个碳环相连的另外六个碳原子，但却几乎看不到较轻的氢原子的痕迹。

在亲眼见过这样的照片后，就算是最谨慎最多疑的人，也不会再对分子和原子的存在提出质疑了吧！

五、剖解原子

在希腊文中，德谟克利特口中的“原子”意为“不可分割者”。原子的意思是说，在对物质进行分割时，这些微粒就是最终可能的界限。换一种说法就是，原子是构成一切物质的最小、最基础的单位。“原子”最开始只是一个哲学概念，但在经历了几千年后，现在已经被纳入了精确的物质科学范畴。在大量实验证据的充实下，它已经变成了一个富有生气和活力的实体。到了今天，依然有人坚信原子是不可分割的。为了解释为何不同元素的原子会具有不同的性质，人们设想原子具有不同的几何形状。比如，氢原子的形状就和球形差不多，而钠原子和钾原子的形状则是长椭球。至于氧原子，则是一个中心近乎彻底封闭的面包圈形。这样，在氧原子面包圈两边的洞里各放入一个球形的氢原子，就可以形成一个水分子（H_2O）。至于钠原子或钾原子为什么能够置换出水分子中的氢原子，是因为和球形的氢原子相比，呈长椭球状的钠原子和钾原子，与氧原子面包圈中心的那个洞更为合适。

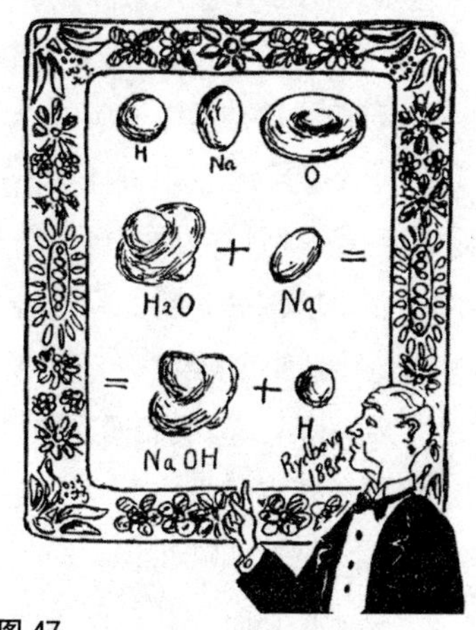

图 47

右下角签名为：1885 年，里德伯。

那不同的元素为什么会发射出不同的光谱呢？按照这种观点，那是因为不同形状的原子振动频率各不相同。因此，为了确定不同原子的形状，物理学家们根据这种想法，曾试图对各元素发射的光的频率进行观测。这就好像在声学上，我们试着对小提琴、教堂钟声和萨克斯管的不同声音做出解释一样。

然而，这样的尝试没有取得任何有意义的进展。显然，用原子的几何形状来解释不同原子的物理性质、化学性质，是行不通的。不过值得庆幸的是，人们对原子性质的理解后来还是取得了实质性的进展，因为人们已经意识到了，原子并非只是具有不同几何形状的简单物体，事实上，它是一种十分复杂的结构，由许多独立运动的部分组成。

第一个解剖原子实体的人是英国的约瑟夫·约翰·汤姆孙（Joseph John Thomson）。这位著名的物理学家指出，无论是哪种化学元素，其原子都由带正电和带负电的两部分构成。这两部分在电吸引力的作用下，紧密地结合在一起。汤姆孙设想在原子的内部，有许多正电荷和许多带负电的粒子。正电荷在原子内部分布得较为均匀，而带负电的粒子则在原子内部浮动着（如图48）。带负电粒子（汤姆孙称其为电子）的总电荷数与正电荷的总电荷数相等，所以整个原子不呈现电性。不过，有的原子并不能紧紧束缚住自己的电子，所以其内部可能会有一些电子游离出去，只剩下相对的带正电的部分，我们将这种原子称为正离子；反过来，有的原子在与外部的接触中，能够获得一些额外的电子，其内部因此增添了多余的负电荷，我们把这种原子称为“负离子”。与此同时，我们还将原子获得或失去多余正负电子的过程，称为“电离过程”。实际上，法拉第（Michael Faraday）已经证明了，任何一个带电的原子，无论何时，其电荷的电量都是 5.77×10^{-10} 这个静电单位电量的整数倍。汤姆孙的观点正是以法拉第的这种经典论证为基础，但同时又更进了一步。汤姆孙认为，正是这些电荷决定了每一个粒子的性质。同时，他还发明了一个办法，令人们可以直接从原子中获得电子。不仅如此，对于从空间高速飞过的自由电子束，他还进行了认真研究。

图 48

右下角签名为：1904 年，汤姆孙。

在研究自由电子束时，汤姆孙取得了一个极其重要的成果，即估算出了电子的质量。利用强电场，他从某种材料（以热的电炉丝为例）中获取了一束电子。接着，汤姆孙让这束电子穿过一个充电电容器的两块极板（如图 49）。这时他发现，当电子束穿过两块极板打在电容器后面的荧光屏上时，路线明显发生了偏离。他很清楚，之所以会这样，是因为带负电的电子束——更准确地说，电子本身就是一个不受约束的负电荷——在穿过极板时，会被正极板吸引，被负极板排斥。已知电子的电量，现在又测得了它在预先规定好的电场中的偏离距离，那么要想估算出电子的质量，就不会是一件太难的事。汤姆孙发现，最后估算出的数值确实非常小。氢原子的质量是它的1840倍。这个结果间接地告诉了我们，原子中带正电的那部分聚集了原子的绝大部分质量。

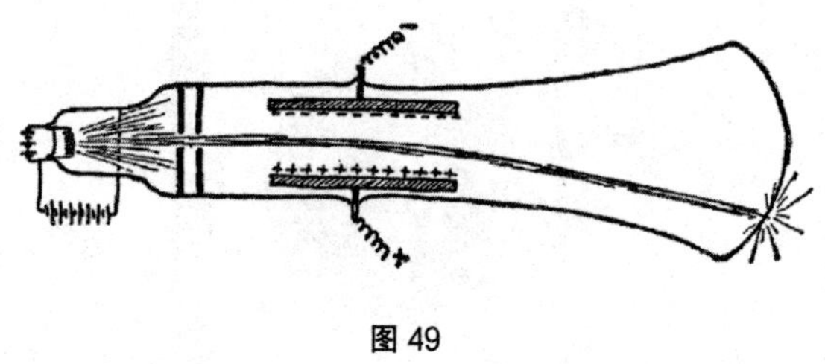

图 49

汤姆孙认为，在原子的内部，有一群带负电的电子在运动。这一观点非常正确，但是，他的另一观点——原子中较为均匀地分布着许多正电荷——却与实际情况相差甚远。1911年，欧内斯特·卢瑟福（Ernest Rutherfard）指出，在原子的中心处，有一个极小的原子核，原子的大部分质量和正电荷都集中在此处。卢瑟福之所以会有这样的结论，得益于一次关于α粒子的实验，即非常有名的α粒子散射实验。所谓的α粒子，其实是一种微小的高速粒子，是由某些不具备稳定性质的元素（铀、镭等）的原子在自动衰变时放射出来的。经过证明，α粒子的质量和原子的质量差不多，而且还带有正电，因此，它必定来自原来那个原子中带正电的部分。α粒子从目标材料的原子中穿过时，会受到两种力的影响，一种是原子内电子的吸引力，一种是原子中带正电部分的排斥力。不过，对于入射的α粒子，电子的影响其实极为有限，因为电子实在是太轻了。如果将入射的α粒子比作一头被惊吓到的大象，那电子对它的影响可能还比不上一群蚊子。另一边，入射的带有正电荷的 α 粒子，会受到原子中在它周围的质量很大的带正电部分的影响。两者之间会产生排斥力，这种排斥力会令 α 粒子偏离正常路线向四周散射。

可是，在对 α 粒子束穿过铝膜薄层的散射进行研究时，卢瑟福却得出了一个令人意外的结论，即只有假设入射的 α 粒子与原子的正电荷之间的距离，比原子直径的千分之一还要小时，才能对观测到的结果进行解释。可是，要想赋予这个假设成真的可能性，就必须保证，不管是入射的 α 粒子，还是原子中带正电的部分，都比原子本身小数千倍。汤姆孙建立的原子模型就这样被卢瑟福的发现推翻了，那些较为均匀地分布在原子中的正电荷被大大缩小，变成了一个位于原子中央的小小的原子核。至于那些带负电的电子，则被留在了原子核外部。如果说之前原子像西瓜，电子像西瓜籽，那么现在，原子就像一个缩小版的太阳系，而原子核和电子则分别代表着太阳和行星（如图 50）。

图 50

左下角签名为：卢瑟福，1911 年。

原子与太阳系确实十分相像，如果以上内容还不足以令你相信这一点，那么请看下列事实：在整个原子中，原子核占其质量的99.97%，而在整个太阳系中，太阳占其质量的99.87%。除此之外，电子间距和电子直径之比，与行星间距和行星直径之比也十分接近（几千倍）。

不过，上述事实还不是两者——原子和太阳系——最相似的地方。事实上，两者最重要的相似之处是，不管是原子核与电子之间的电吸引力，还是太阳与行星之间的万有引力，都遵循相同的平方反比定律[①]。因此，电子围绕原子核运动的轨迹，和行星、彗星围绕太阳运动的轨迹是一样的，都是圆形或椭圆形的。

了解了上述有关原子内部结构的内容后，让我们再来看一看之前的那个问题，为什么不同的化学元素原子之间会有不同的性质？这显然不是因为它们的几何形状不同，而是因为在原子内部围绕原子核运动的电子数目不同。由于原子是不带电的，也就是整体呈电中性，所以，如果我们想知道绕原子核运动的电子数目，那只需估算出原子核中基本正电荷的数目就行了。因为前者必定取决于后者。要想算出这个数目，其实并不困难，可以根据在散射实验中，入射的 α 粒子在原子核的电作用力的影响下会偏离正常路径这一点，直接将其估算出来。卢瑟福注意到，当我们将化学元素按照原子质量依次增加的顺序排成序列时，后一种元素的原子总比前一种元素的原子多 1 个电子。比如氢原子、氦原子、锂原子和铍原子的电子数就分别为 1、2、3、4。因此我们可以推断出，铀作为最重的天然元素，它的电子数目就应该是 92。[②]

---

① 平方反比定律，即力的大小与两物体间的距离的平方成反比。——译注。

② 既然我们已经了解了炼金术的艺术（见下文）我们就可以人为地构建更复杂的原子。因此，原子弹中的人造元素钚有 94 个电子。——原注。

对于这些代表原子特点的数字，我们通常称其为相关元素的原子序数。在化学家根据化学性质所做的分类中，原子序数和它代表的元素位于同一位置。因此，不管是哪种元素，都可以直接用绕原子核运转的电子的数目，来代表它所有的物理和化学性质。

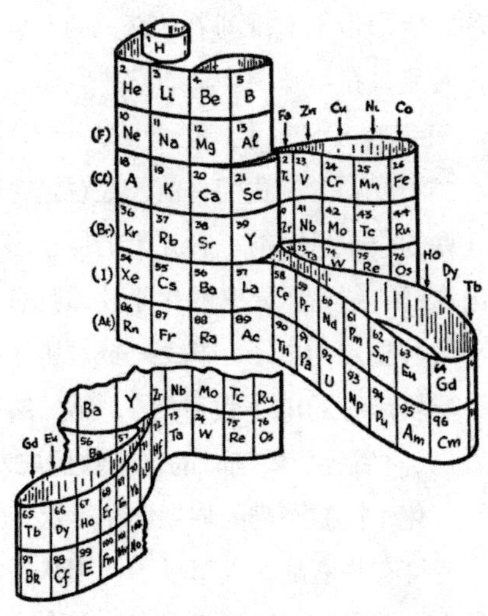

图 51 正面

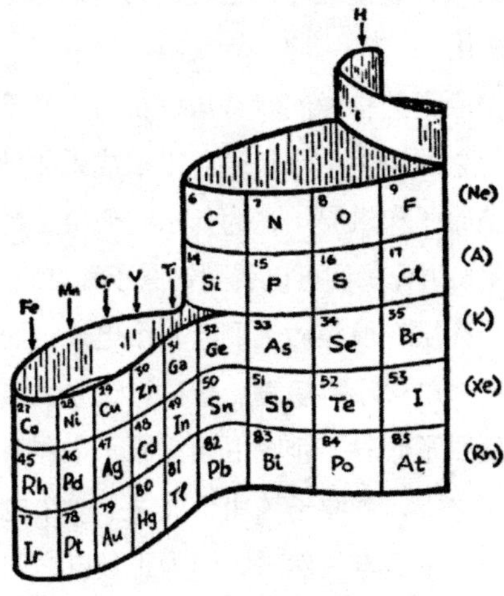

图 51 背面

俄国化学家门捷列夫（D.Mendeleev）在19世纪末时发现，以天然序列排成的元素，其化学性质每隔几个化学元素就会重复一次，也就是说，具有非常显著的周期性。从展现了这种周期性的图51中，我们可以看到所有已知元素，这些元素都在一条围绕着圆柱表面的螺旋形带子上排列着，每一列元素的性质都十分相近。我们可以看到，在第一组中只有2个元素，氢和氦；在接下来的两组中，每组有8个元素；再之后，元素性质每隔18个元素就重复一次。不要忘了，我们之前已经说过，在这个元素序列中，后一种元素的原子总比前一种元素的原子多1个电子，所以我们可以得出这样的结论：元素的化学性质具有明显的周期性是因为原子中有某种稳定的电子结构——或“电子壳层”——在反复出现。第一层填满时的电子数目为2，第二层、第三层填满时的电子数目为8，之后各层填满时的电子数目均为18。从图51中，我们还能看到，化学性质严密的周期性在第六、第七这两组（即镧系和锕系）中变得有些紊乱，以至于不得不从正常的圆柱表面单拉出一条带子来安置它们。这两组元素为何会如此特殊呢？它们的化学性质为何会被搅乱呢？这是因为它们的电子壳层结构内部发生了某种变化。

现在，有了原子结构图的我们可以试着来回答另一个问题，即为什么不同元素的原子结合起来可以形成无数种化合物的复杂分子？就比如钠原子和氯原子，为什么它们结合起来就可以形成食盐分子？在图52中，我们可以看到钠原子和氯原子的壳层结构：钠原子的第二个壳层在填满后，剩余一个电子，而氯原子的第三个壳层恰恰少一个电子没有填满。所以，钠原子中多出来的那个电子会自动向氯原子倾斜，企图占领氯原子中剩余的那个空位。在这种电子转移之下，钠原子（由于失去了一个电子）和氯原子一个带正电，一个带负电。然后，因为正负电之间的吸引力，这两种带电原子（现在我们称之为离子）就结合起来形成了一个氯化钠分子，也就是我们常说的食盐分子。至于水分子的形成，其实是一样的道理。由于外壳层上缺少两个电子，所以氧原子会与两个氢原子进行“捆绑”，并直接抢走它们唯一的电子，形成一个水分子（H_2O）。

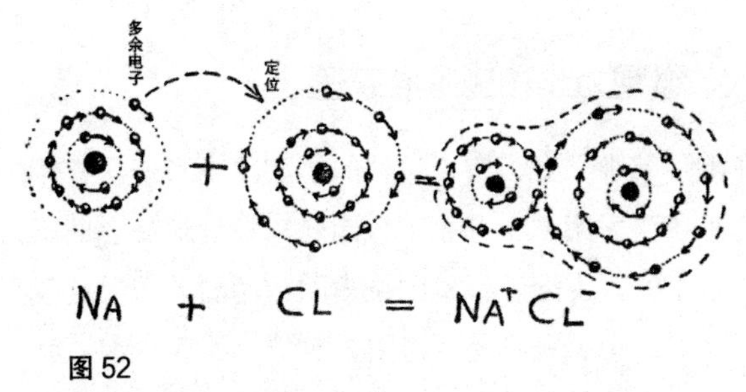

图 52

钠原子与氯原子结合在一起，形成了一个氯化钠分子。

那如果我们换一种方式，让氧原子与氯原子结合，氢原子与钠原子结合，又会得到什么呢？事实上，我们什么也不可能得到，因为它们根本就无法结合。氧原子和氯原子都是愿意拿不愿意给，而氢原子和钠原子正好相反，都是愿意给不愿意拿。

当然，还有一些原子，它们的电子壳层十分完满，并不需要从别处获得电子，也不需要把自己多余的电子送出去。知足常乐的它们只喜欢独自待着，以至于在化学上，与它们对应的元素（即稀有气体）均显示为惰性。

这一节中，我们对原子以及原子的电子壳层进行了讨论。在整个讨论即将结束时，我们还要再说一个小问题，即在所谓的“金属”物质中，原子中的电子通常会起到怎样重要的作用。金属物质与其他物质有很大不同，因为外壳层较为松散的金属原子一般能释放出一个或好几个电子。所以在金属的内部，总是充斥着大量电子，而这些电子又像流浪者一样，总是四处游荡，根本不受约束。这就导致，当我们将一根金属丝的两头通上电时，顺着电压的方向，这些自由电子会一起拥过去形成我们所谓的电流。

有些物质之所以具有良好的热传导性，也是因为自由电子的存在。不过，这个问题我们还是放在后面再谈吧！

六、微观力学和测不准原理

在上一节中，我们曾说过，原子和围绕原子核旋转的电子所构成的系统与太阳系十分相似。因此，我们难免会期望，那些已经建立起来的、支配着行星围绕太阳运动的天文学定律，在原子系统中同样适用，尤其是万有引力定律，因为它本来就与电吸引力的定律十分相像——这两种吸引力都与距离的平方成反比。这也就间接地告诉了我们，原子中的电子在围绕着原子核运动时，所形成的轨迹必然是椭圆形的（图 53a）。

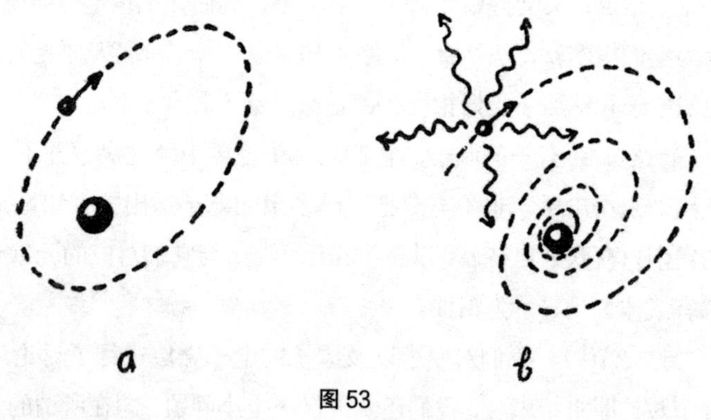

图 53

可是，当我们想参照行星系统运动的方式，来为原子内部电子的运动情况建立一幅类似的图画时，我们所付出的努力总是会引发一些问题。甚至就在不久前，还引发了一场始料未及的大灾祸，以至于人们一度对物理学家的智商产生怀疑。如果这些物理学家没有问题，那么问题就出在物理学本身。这场灾祸的根源在于，原子内的电子不同于太阳系的行星，它是带电的，所以当它围绕着原子核旋转运动时，必然会产生强烈的电磁辐射，就像任何一种可以振动或转动的带电体那样。由于能量会因辐射而受损，所以按照物理学的逻辑，我们可以假设，原子中的电子在运动时，是沿着一条螺旋形的轨道，它沿这条轨道不断靠近原子核（图 53b），当运动能量彻底耗尽时，它就会坠落在原子核上。利用已知的电荷，还有电子的旋转频率，我们不难算出，电子彻底失去能量而坠落在原子核上的整个过程，所需时间最多只有百分之一微秒。

所以，物理学家们直到不久前还坚信，行星式的原子结构能够存在的时间极短，大概只有一秒钟的百分之一、千分之一……这也就注定了，它的形成和瓦解几乎会同时发生。

然而令人没想到的是，实验的结果却与物理学理论做出的这种悲惨预言截然不同。事实上，原子系统是非常稳定的，电子围绕着原子核运转，一刻也不停息，而且既没有失去能量，也没有瓦解的倾向。

这到底是怎么回事呢？为什么当我们将之前一直坚信的力学定律用在电子身上，却会得到与事实截然不同，甚至互相冲突的结果呢？

要想解答这个问题，我们必须先考虑另一个问题，也就是科学上最基本的问题，科学的本质是什么？或者换一个说法，到底什么才是科学？面对一些自然现象时，我们常说要进行“科学地解释”，这句话究竟是什么意思？

我们先来看一个简单的例子。众所周知，在很久以前，人们认为大地是平的。我们很难反驳这种说法，因为不管你是去到一片广阔的田野上，还是乘船在河流或海洋中航行，你能看到的大地确实是平的，最多会有几座高耸的山峰。如果古代人说“当我们从确定的一点观察大地时，它是平的”，那这句话一点错都没有。可是，如果将这句话继续推广，令其超出我们实际观测到的界限，那它就完全错了。很多超出我们习惯界限的观察，都能够证明这一点，比如地球在月食期间落在月亮上的影子，比如麦哲伦环绕世界进行的著名航行等。事实上，我们之所以会说地球是平的，不过是因为我们在观察整个地球时，通常只能看到它非常小的一部分表面而已。宇宙空间同样如此，它就像我们在第五章中说的那样，可能是弯曲并且有限的。而我们之所以会认为它是平坦的、无限的，是因为我们的观察被限定在了有限的范围内。

可是，说了这么多，与我们之前研究原子中电子运动的力学矛盾又有什么关系呢？实际上，确实有关系，因为我们在进行这些研究时，已经在内心深处假设，不管是原子结构内的运动，还是巨大天体的运动，甚或是我们平时生活中那些“不大不小”的物体的运动，其实都遵循着相同的定律，所以在描述原子结构时，我们也可以使用同样的方式。然而，我们所熟知的那些力学定律和概念，其实都是凭借经验建立起来的，而这些经验无一例外，都来自对大小与我们人体相当的物体的研究。后来，在解释行星、恒星等巨大物体的运动时，我们又使用了同样的定律，并且获得了意想不到的成功。利用这种天体力学，就算我们想要知道几百万年前或者几百万年后的各种天文现象，也都不是什么难事，我们甚至可以得到一些极为精准的推算。因为这种成功，人们相信，只要将常用的力学定律以恰当的方式向外推广，就可以对巨大天体的运动进行解释。可是，虽然这些力学定律适用于解释巨大天体以及正常大小的炮弹、座钟、陀螺等物的运动，但我们凭什么认为，它们也适用于解释原子内电子的运动呢？要知道，哪怕与我们所拥有的最小的机械装置相比，原子中的电子也要小得多、轻得多，甚至可能仅是前者的许多亿分之一。

当然，我们也没有证据证明，惯用的这些力学定律就是无法对原子中那些微小组成部分的运动进行解释。不过话说回来，如果真的无法解释，那也没什么可值得惊讶的。

现在，我们将原本天文学家用来解释太阳系中行星运动的定律用在了解释电子运动上，自然有可能出现一些互相矛盾的结果。我们在这种情况下率先应该考虑的是，当被用来解释尺寸极小的粒子的运动时，经典力学的基本概念和定律是否会发生改变。

在经典力学中，其基本概念主要包含两方面，一方面是运动粒子的轨迹，另一方面是粒子沿轨迹运动时的速度。人们以前始终认为，不管什么时候，在空间中运动的物质微粒都处于一个确定的位置上，而将这个微粒的相继位置连起来，就会形成一条连续的线，这条线就是我们常说的轨迹。这个十分浅显的理论一直被当成一种基本概念，被用来描述一切物体的运动。所谓速度，就是用指定物体在不同时间点所处的位置以及产生这些位置间距所需的时间差来定义的。位置和速度——可以说，整个经典力学都是在这两个概念之上建立起来的。直到不久之前，在科学家们的眼中，这些用来描述运动现象的基本概念都是非常正确可靠的，他们从来没觉得有什么差错。在一些哲学家的眼中，这些概念也是可以被当作先于经验而存在的东西。

然而令人没想到的是，当我们将经典力学定律用在微小的原子身上，试着对它的运动进行描述时，却遭遇了彻底的失败。由此可见，这其中肯定存在着某种根本性的错误。人们很快就意识到了这一点，并且越来越倾向于认为是整个经典力学的根基出现了错误。对原子内部微小精细的粒子来说，运动物体的两个基本运动学概念——连续轨迹和任意时刻的准确速度——未免显得过于粗略和模糊了。简而言之，如果想把我们熟悉的经典力学观念用在极微小精细的物质上，那过往的事实已经向我们证明，必须对其进行彻底的改造。更何况，如果经典力学的旧观念在微小的原子世界中不适应，那在巨大物体的世界中，也不一定能完全适用。换句话说，它之前对行星、恒星等巨大物体运动的解释，也不可能是完全正确的。因此，我们可以说，经典力学背后的原理其实只是非常接近“现实情况”。可是，这种接近经不起与现实情况截然不同的更微小的世界的验证。在那样的世界里，这个原理完全起不到任何作用。

对原子系统中力学运动的研究，以及量子力学的初步提出，为科学增添了重要的新内容，即在两个不同的物体之间，任何可能的相互作用都存在着一个下限。这一发现将运动物体的轨迹这一古老定义给推翻了。其实，当我们说运动物体的轨迹可以用数学精准地表现出来时，就意味着只要有合适的物理仪器，我们就可以将这种轨迹记录下来。可是别忘了，无论是哪种物体的运动轨迹，当我们记录它时，都会不可避免地干扰其本来的运动。因为根据牛顿作用力与反作用力相等的定律，当运动物体对记录观测它的仪器施加某种作用力时，该仪器也会对它施力。经典物理学认为两个物体之间（这个例子中是指运动物体和记录它的仪器）的相互作用力可以随意减小，如果真是这样，那我们就可以设想出一个理想中的仪器，这台仪器极为灵敏，不仅能将物体运动时的连续位置记录下来，还不会给物体的运动造成任何干扰。

可是，当存在着物理互相作用的下限时，我们就不能随意降低记录仪器对物体运动造成的干扰了。可以说，这从根本上改变了情况。记录活动对物体运动造成的干扰因此就成了不可忽略的一部分，与运动本身密切相关。过去，我们用一条可以一直细下去的数学曲线来表示轨迹，可是现在，我们却不得不用一条粗细都有限的松散带子来代替它。经典物理学中原本可以用数学清楚地表示出来的轨迹，站在新力学的角度来看，却变成了一条松散又模糊的宽带子。

不过，当我们研究微小物体的运动时，物理互相作用的最小量（我们通常称其为“量子”）——这个极小的数值，就显露出它的重要性了。以手枪子弹的运动轨迹为例，它的轨迹虽然不是数学意义上清清楚楚的曲线，但是与子弹体中一个原子的直径相比，这条轨迹的“粗细”却要小好多倍，因此几乎可以忽略不计。可是，对那些比子弹更轻的物体来说，它们的运动很容易受到记录仪器的干扰，所以轨迹的“粗细”就显得愈发重要。我们知道，电子一直围绕着位于原子中央的原子核运动，那么当它运动轨迹的粗细与原子的直径差不多大小，其形成的运动路线就不再是图 53 中的那个样子，而变成了图 54 中的样子。此时，如果再从我们熟悉的经典力学角度出发，对粒子的运动进行描绘，显然就不恰当了，因为不管是粒子的位置，还是粒子的速度，在这种情况下都有了某种不确定性（海森堡的测不准原理及玻尔的互补原理）[①]。

---

① 在我的另一本作品《物理世界奇遇记》（*Mr.Tompkins in Wonderland*，The Macmillan Co.，纽约，1940）中，有关于测不准原理的详细讨论。大家如果有兴趣，可以去看一看。——原注

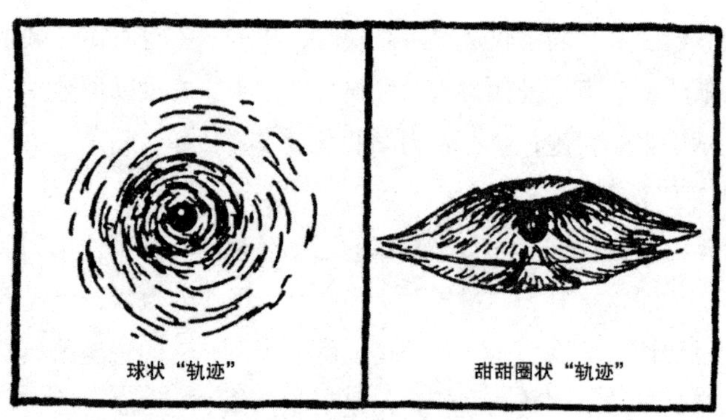

图 54　子内部电子运动的微观力学示意图

由于物理学中这项令人惊讶的新发现，过去我们所熟悉的一切，不管是关于运动粒子的轨迹的概念，还是关于它的确定位置和速度的概念，竟然都要被当作垃圾扔掉了。显然，一时间，这会令我们有些惊慌失措。既然在我们对电子运动进行研究时过去已经被认可的基本法则无法再使用了，那我们又该以什么为基础去理解电子运动呢？要知道，量子物理学所要求的位置、速度、能量等物理量，都具有不确定性，所以我们选取的新数学方法不仅要能代替经典力学帮助我们理解电子的运动，还必须能兼顾到这一点。可是，该到哪里去找这种新方法呢？

在经典光学理论的研究中，其实也曾遇到过类似的问题。那时候是如何解决的呢？现在就让我们来看一看。大家应该都知道，利用光沿直线传播这一观点，我们几乎可以解释平时生活中大部分的光学现象。就比如，利用光线的反射和折射的基本定律，我们可以解释非透明物体投下的影子为什么是那样的形状，也可以解释为什么在平面镜和曲面镜中，一样的物体会呈现出不一样的样子，还可以解释透镜是如何运用的，其他复杂的光学系统又是基于怎样的工作原理等（图 55a、b、c）。

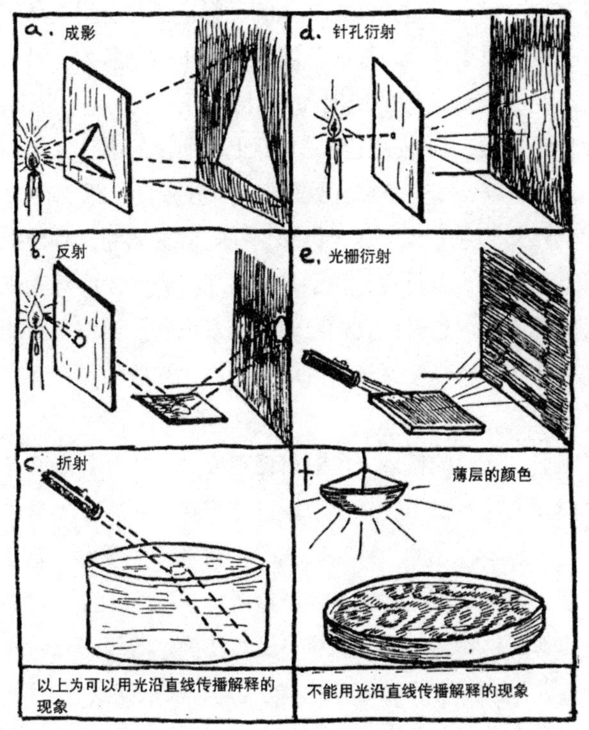

图 55

可是，我们还知道，在某种特殊的情况下，这种用光线来表示光沿直线传播的几何光学方法就一点儿用也没有了。这种特殊的情况就是，当光学系统中光路的几何宽度近似于光的波长时。这时候，会发生一种完全超出几何光学范围的、被我们称为“衍射”的现象。也就是说，一束光在通过一个微小的孔洞（大小约为 0.0001 厘米）之后，突然像扇子那样散开（图 55d），而不再像以前那样沿直线行进。如果取一面镜子，然后用刀在上面平行着划出许多细长的线（衍射光栅），那么当有一束光打在这面镜子上时，你会发现，过去我们熟悉的反射定律在这里失效了，那束光不仅没被反射回来，还被分散着抛向了四面八方。具体的方向由镜子上线与线之间的距离和入射光的波长决定（图 55e）。之前我们曾说过，当一束光照在水面上的薄油膜上，反射回来时会产生一些条纹，这些条纹有明有暗，十分神奇（图 55f）。

我们熟知的“光线”这一概念，在上面提到的几种情况中根本派不上用场。也就是说，我们是无法用“光线”的概念来解释各种衍射现象的。这时，我们应该已经意识到了要使用新的概念来取代它：在整个光学系统所占的空间中，光能的分布有一种连续性。

很明显，光线的概念无法对衍射现象进行解释，就好像机械轨迹的概念无法对量子物理学现象进行解释一样。在光学中，无限细的光束是不存在的，那么同样的，在量子力学中，无限细的物体运动轨迹也是不存在的。处于这两种情况时，我们就不能再尝试着用“某种物体（光或微粒）沿某些确定的线（光线或机械轨迹）行进”这样的话来反映物体的运动，而只能以“某种物体”在整个空间中的连续分布的概念，来对观测到的现象进行描述。在光学上，“某种物体”对应的是在各个点上，光的振动强度；而在力学上，“某种物体”对应的就是位置不确定性这个新引入的概念——不管在什么时候，运动粒子都不能处在事先确定好的某一点上，事实上，它每一刻所处的位置可以是那几个可能位置中的任意一个。虽然我们无法再准确地说出，在某一确定的时刻

---

① 德布罗意（1892—1987），法国著名理论物理学家，创立了波动力学和物质波理论，是量子力学的奠基人之一，曾于 1929 年获得诺贝尔物理学奖。——译注

② 埃尔温·薛定谔（1887—1961），奥地利理论物理学家，量子力学的奠基人之一，曾于 1933 年因薛定谔方程获得诺贝尔物理学奖。——译注

运动粒子处于什位置，但是利用“测不准原理”的公式，我们可以将运动粒子所在的范围计算出来。我们知道，波动光学定律主要研究的是光的衍射，而波动力学定律——也可以叫微观力学定律（由德布罗意 <?> 和薛定谔 <?> 所发展）——主要研究的是粒子的运动，两者有许多相似之处。接下来，我们就可以用一个实验来对这种相似性进行说明。

图 56 中有一套装置，当年斯特恩就是利用这套装置对原子衍射进行研究的。首先，让我们获取一束钠原子——至于具体该怎么获取，本章前面已经介绍过了——当这束钠原子射在一块晶体的表面上时，就会被反射出来。此时，对入射的粒子束来说，晶格中排列整齐的原子层就相当于衍射光栅。钠原子从晶体上反射出来后，会被抛向许多个不同的方向。此时，在不同方向按照不同的角度已经安放了一些小瓶。所以当钠原子被反射抛出后，就会被收集进这些小瓶里。之后，我们还要对小瓶中的钠原子进行统计。在图 56 中，实验结果已用虚线表示出来了。仔细观察这个结果，你会发现，钠原子在被反射出来时并没有准确的方向（用一把玩具枪向金属板上发射弹珠，情况就是这样），而是在一个具有明确界限的角度里形成了像 X 射线衍射图那样的分布。

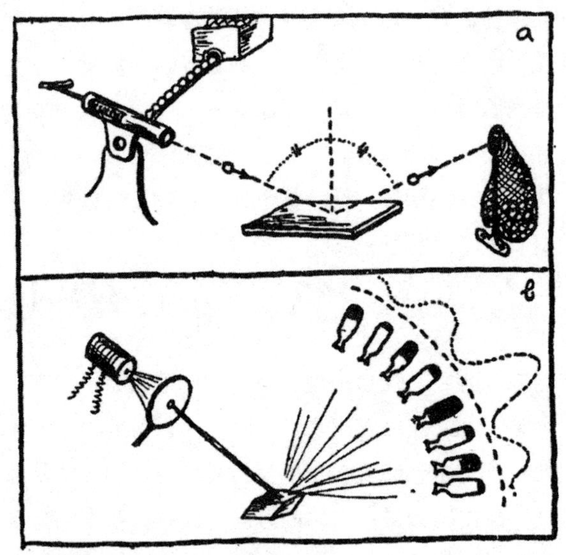

图 56

a：用轨迹概念可以解释的现象（滚珠打在金属板上，然后发生反弹）；
b：用轨迹概念无法解释的现象（钠原子束射在晶体表面，然后发生反射）。

这类实验不可能用描述原子沿确定轨迹运动的经典力学观念来解释，但却可以用新的微观力学来解释。因为新的微观力学解释粒子运动的方法，与现代光学解释光波的运动方法是一样的。

第七章 现代炼金术

一、基本粒子

我们已经知道，原子由一个位于中心的原子核及许多电子组成，这些电子围绕着原子核不停地旋转运动，所以，化学元素的原子都有着非常复杂的力学系统。既然如此，我们不禁要继续追问，难道这些原子核就已经是物质结构的最基础单位，是对物质进行分割的最终界限了吗？还是说可以继续分割，还有更小、更简单的部分？现在已知的化学元素原子共有 92 种，我们是否有可能将这个数字缩减成个位数，最后只剩下几种纯粹简单的微粒呢？

在这种想要进行简化的愿望的驱使下，英国化学家威廉·普鲁特（William Prout）早在 19 世纪中期就曾提出一个假说，即不管是哪种化学元素的原子，其实本质上都是相同的，它们都是“聚集”起来的氢原子，只不过“聚集”的程度不同而已。利用化学方法，人们已经确定了各种元素的原子量，并且发现这些原子量几乎都可以整除氢元素的原子量。正是基于这点，普鲁特才提出了上述

---

① 普通的氯包含的两种不同的氯元素，一种较重，一种较轻，两者占比分别为 25% 和 75%。所以，普通氯的原子量就为：$0.25\times37+0.75\times35=35.5$。普鲁特时期的化学家们测得的正是这个数值。——原注

假说。按照普鲁特的观点，氧原子一定是由 16 个氢原子聚集而成的，因为它的质量是氢原子的 16 倍；而碘原子则一定是由 127 个氢原子聚集而成的，因为它的原子量是氢原子的 127 倍，其他元素的原子也可以以此类推。

可是当时，这个假说太过惊世骇俗，人们在化学上的发现不仅无法为它提供依据，反而令它受到了质疑。因为那时，人们对原子量进行测量后发现，大部分元素的原子量虽然与整数十分相近，但并不等于整数，甚至还有一小部分与整数相差甚远（比如氯，它的化学原子量就为 35.5）。普鲁特的假说显然与这些事实冲突，所以自然会饱受质疑。因此直到闭上眼睛，普鲁特也不知道自己是何等正确。

普鲁特的假说重新被重视起来是在 1919 年。当时，英国物理学家阿斯顿（Aston）指出，化学家们测得的氯的化学原子量之所以不是整数，是因为普通的氯其实是一种混合物，它是由两种化学性质相近但原子量不同的氯元素共同组成的。这两种氯元素的原子量分别是 35 和 37，所以普通的氯的原子量才会是 35.5，这其实是两种氯元素混合后的平均值<?>。正是因为这一发现，普鲁特的假说才再次被人们提起。

在进一步对不同的化学元素进行研究后，人们得到了一个惊人的结论，即大多数元素都是由几种不同成分混合而成的，这些成分的化学性质相同，但原子量不同。在元素周期表中，这些成分都占据同一位置，所以，我们称其为“同位素”（isotopes）<?>。事实证明，各种同位素的质量与氢原子的质量之比总是整数。普鲁特的假说原本已经被人遗忘，但自此以后，却焕发出了新的生

① 源自希腊词“ι σ ο ζ”和“τ ο π ο ζ”，其意分别为“平等”和“位置”。——原注

机。在上一节中，我们已经得知，原子核聚集了原子的绝大部分质量，所以如果我们将普鲁特的假说用现代语言重新表述一番，就应该是这样的：氢原子核为基本原子核，它以不同的数量组成了不同种类的原子核。因为氢原子在物质结构中能起到这样的作用，所以人们专门给它取了一个名字——“质子”（proton）。

只是，在上面叙述的那些内容中，有一项需要做重要修改。我们就拿氧原子核来说吧，因为在天然序列中，氧原子居于第8位，所以不管是氧原子中的电子数，还是氧原子核的正电荷数，都应该是8个。可是，由于氧原子的重量与氢原子的重量之比是16比1，所以，当我们假设构成氧原子核的质子数为8时，电荷数没错，但质量却错了（都为8）；而当我们假设质子数为16时，质量没错，但电荷数又错了（都为16）。

很明显，如果我们想从这样的困境中摆脱出来，就必须假设，质子在构成复杂的原子核时，其中一些丧失了原有的正电荷，变成了不带电的粒子。

事实上，像这种不带电的质子——现在，我们称其为“中子”——早在1920年时就曾被卢瑟福提及过。只是，直到十二年以后，人们才通过实验确认它的存在。这里必须强调一点，质子和中子并非两种截然不同的粒子，事实上，它们根本就是同一种基本粒子——现在称之为“核子”——只是一种带电，一种不带电。现在我们已经知道，失去正电荷的质子会变成中子，但其实反过来同样行得通，也就是得到正电荷后，中子也可以转化为质子。

刚才提到的困境在我们将中子作为结构单元引入到原子核中时，自然就得到了解决。以原子核有16个质量单位的氧原子为例，它的原子核之所以会只有8个电荷单位，是因为在它的16个质量单位中，有8个是不带电的中子。而原子序数为53的碘原子，它的原子量为127，其中包含53个质子和74个中子。至于重元素铀（它的原子序数为 92，原子量为 238），它的原子核中质子数和中子数分别为 92 和 146。[①]

普鲁特的假说自提出之日起，在历经了一个世纪后，就这样得到了认可。当然，这种认可是它早就应得的。现在，我们了解到的各种物质，其数量可以说是无穷无尽，但究其本质，也不过是由两种基本粒子按不同的方式、不同的数量结合起来的而已。这两种基本粒子就是核子及电子。其中核子是物质的基本粒子，它可以带一个正电荷，也可以不带电；而电子则是不受拘束的自由电荷，带负电（如图 57）。

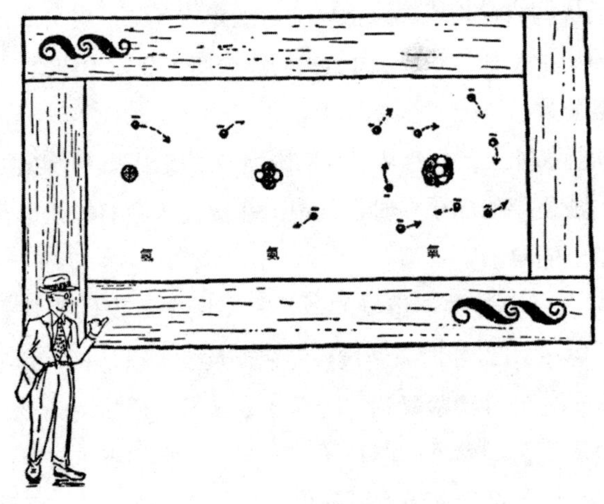

图 57

下面是几份烹饪配方，它们都出自同一本书——《物质料理

① 仔细观察原子量表，我们就会发现，居于元素周期表初始位置的那些元素的原子量，均为其原子序数的两倍。也就是说，在这些元素的原子核中，质子和中子的数目相同。至于重元素，它们的原子量增长得更为迅速，这就说明在这些元素的原子核中，质子数要少于中子数。——原注

大全》（*The Complete Cook Book of Matter*）。从这几份配方中，我们可以看出，利用核子和电子，宇宙这座大厨房是如何烹饪出一道道美味佳肴的。

首先是水。取中性核子和带电核子各 8 个，然后将它们结合在一起作为核。接着取 8 个电子，围在核的外围。这样一来，就可以得到 1 个氧原子。利用这种方法，先制备出大量氧原子。然后取 1 个电子，配给 1 个带电核子，令其变成氢原子。利用这种方法，再制备出大量氢原子。这里要注意，制备出的氢原子的数目必须是氧原子的二倍。然后，取 1 个氧原子和 2 个氢原子，把它们结合在一起得到水分子。最后，再将用这种方法制备出的大量水分子置于杯中，保持冷却状态，就得到了水。

其次是盐。取中性核子 12 个，取带电核子 11 个，然后将它们结合成核。接着取 11 个电子，围在核的外围。这样一来，就可以得到 1 个钠原子。之后，取 18 个或 20 个中性核子，再取 17 个带电核子，将它们结合成核，并取 17 个电子围在其外围，这样就得到了氯原子的两种同位素。接着利用上述方法，制备出大量的钠原子和氯原子。记住，两者的数量要保持一致。最后，参照国际象棋棋盘的样子，再对这些原子进行排列，就得到了规则的食盐晶体。

最后是 TNT。取中性核子及带电核子各 6 个，然后将它们结合成核。接着取同样数目的电子，围在核的外围。这样，就得到了 1 个碳原子。之后再来制作氮原子，取中性核子和带电核子各 7 个，然后结合成核，再在它的外面围上 7 个电子就可以了。接下来，再利用制作水的方法，制备出氧原子和氢原子。最后，对已有的原子进行排列。先取 6 个碳原子，将其排列成环形，并在环外再加 1 个碳原子。接着，取 6 个氧原子，两两成对，每对连接一个组成环形的碳原子。然后在每 2 个氧原子和 1 个碳原子之间，放上 1 个氮原子。至于环外的那个碳原子，取 3 个氢原子与其相连。而环上剩下的 2 个碳原子，各与 1 个氢原子相连。这样排列完，我们就会得到分子。接着再对分子进行排列，就可以得到许多小粒晶体。最后，再将所有小晶体压在一起就行了。不过要注意，这种结构的稳定性极差，非常容易爆炸，所以操作时必须小心。

显然，无论我们想制造哪种物质，都必须用到质子、中子和带负电的电子。那么，在整个宇宙中，是不是只有这几种基本粒子呢？似乎并不是。事实上，如果有带负电的自由电荷，那么，带正电的自由电荷——即正电子——是不是也有可能存在呢？同样，如果得到一个正电荷后，作为物质基本单元的中子可以转化为质子，那么，在得到一个负电荷后，它是不是也可以转化为负质子呢？

这些问题的答案是：在自然界中确实存在着正电子，它与负电子几乎没什么区别，只是电荷符号不同。至于存不存在负质子，目前尚不能确定，至少在实验物理学中，还没有探测到过它的存在。①

为什么在我们所处的这个物理世界中，正电子和负质子（如果存在的话）的数量远远不及负电子和正质子呢？这是因为它们是相互对立的两组粒子。大家都知道，一个正电荷与一个负电荷碰到一起时会互相抵消。所以，这两种正好是一正一负的电子，又怎么可能同时存在于一个空间中呢？事实上，正负电子一旦相遇，它们带有的一正一负两种电荷就会立即自动抵消，两个电子也就不再是独立的粒子了。也就是说，正负电子一旦相遇就会一起灭亡——物理学上称之为“湮灭”——与此同时，还会在相遇

① 1955 年已探测到此处——译注

处产生强烈的电磁辐射（γ 射线），而辐射的能量其实就是两个电子原来的能量。按照物理学的基本定律，能量既不能创造，也不能消灭，所以两个电子湮灭后，它们拥有的自由电荷的静电能并没有消失，而是变成了辐射波的电动能。我们看到的这一切，其实不过是两种能量的转换罢了。马克思·玻恩（Max Born）教授将正负电子相遇时产生的现象称为两个电子的“疯狂婚姻”[①]，而在更为悲观的 T.B. 布朗（T.B.Brown）教授的口中，则成了“双双自杀”[②]。通过图 58a，我们可以看到正负电子相遇时会发生什么。

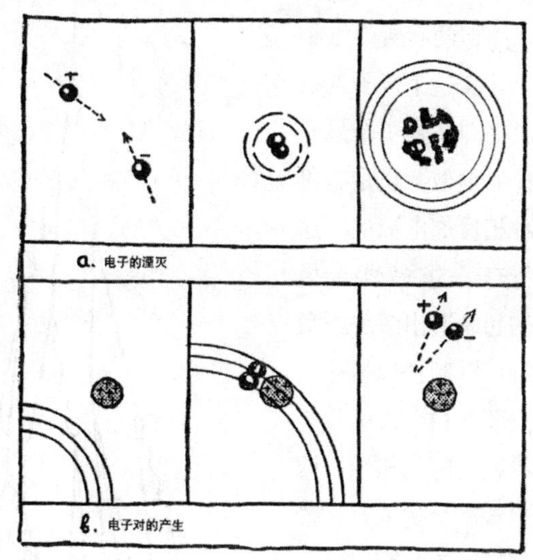

图 58

正负电子相遇后一起湮亡，同时产生电磁波。电磁波从原子核附近经过时“产生”一对电子。

---

① 马克斯·玻恩，《原子物理学》（*Atomic Physics*），德国斯特彻特公司（G.E.Stechert & Co.），纽约，1935 年。——原注

② T.B. 布朗，《现代物理学》（*Modern Physics*），约翰·威利父子公司（John Wiley & Sons），纽约，1940 年。——原注

将正负电子湮灭的过程反过来，就是“电子对产生”的过程——在强烈的 γ 射线的作用下，仿佛自虚无中产生了一正一负两个电子。之所以说是“仿佛”从虚无中产生，是因为每一个新电子对在产生的过程中都会消耗能量，而这个能量是 γ 射线提供给它的。实际上，产生一个电子对所消耗的能量与一对电子在湮灭过程中所释放的能量是完全相等的。电子对产生的过程最容易发生在入射辐射接近某个原子核的时候[①]。从图 58b 中，我们可以看到详细的过程。众所周知，当硬橡胶棒与毛衣之类的东西发生摩擦，两者会带上相反的电荷。其实这个例子就很好地证明了，即便是一个最开始没有电荷的地方，也是有可能产生两种相反的电荷的。这没什么值得奇怪的。只要能量充足，我们想制造出多少正负电子对，就可以制造出多少。不过有一点要明白，那就是正负电子对存在的时间极短，因为它们一出现就会进入互相湮灭的过程，等它们彻底消失后，产生时消耗掉的那些能量就会尽数奉还。

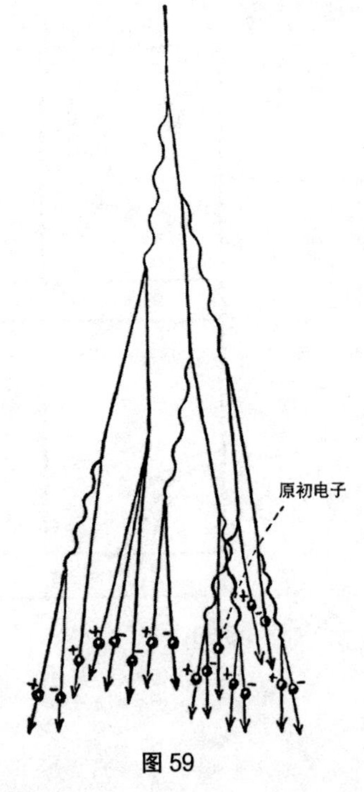

图 59

在大气层中，自星际空间

① 原子核周围的电场能为电子对的形成提供很大的帮助，尽管从原则上来说，电子对也可以在空无一物的空间中产生。——原注

射来的高能粒子流会引发一种很有意思的现象，即“宇宙线簇射”现象。这一现象就可以被当作“大量产生”电子对的例子来看。虽然直到今天，人们也无法科学地解释这种在宇宙空间中自由穿行的粒子流到底是从哪里来的[①]，但毫无疑问，我们都很清楚电子以令人惊讶的速度对大气层的上层展开轰击时会发生什么。在与大气层原子的原子核距离相近时，这种高速电子的原有能量会慢慢消失，变成 γ 射线辐射出来（如图 59）。这种辐射释放出的能量会产生大量电子对，这些新产生的正负电子又会沿着原有电子的路线继续前进。我们将新产生的这些正负电子称为次级电子，这些次级电子的能量仍旧很强，可以放射出更多的 γ 辐射，而辐射释放出的能量又可以产生更多的新电子对。这个持续倍增的过程在穿过大气层时重复发生许多次，以至于最后到达海平面上，原初电子的身边会伴随着大量的次级电子，而且这些次级电子正负各占一半。很明显，当高速电子从大质量物体中穿过时，自然也会产生这种宇宙线簇射的现象。只不过，因为物体的密度更高，所以分支过程发生的频率也就更快（见照片 2）。

---

① 这些高能粒子的速度与光速极为接近，能达到光速的 99.999 999 999 999 9%。对于它的来源，人们能做出的最根本（或者说最可信）的猜测是，因为宇宙中飘浮着巨大的气体尘埃云（星云），而这些尘埃云之间存在着极高的电势，所以这些粒子才能获得一个如此高的加速。其实我们可以设想，这些星云累积电荷的过程，就和大气层中普通雷电云累积电荷的过程差不多，只不过前者的电势差要大得多。——原注

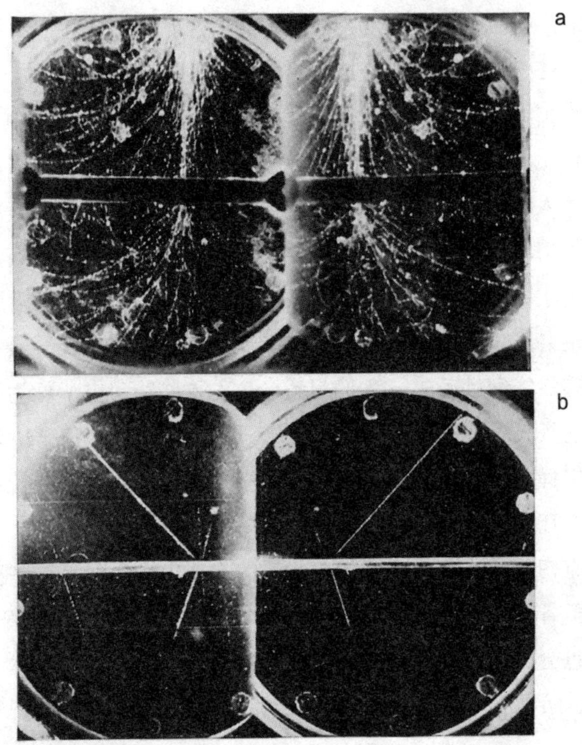

照片 2

a. 从云室外壁和中央铅片开始的宇宙线簇射。簇射产生的正负电子在磁场的作用下向相反方向偏转。b. 宇宙线粒子在中央隔片中发生衰变。

现在，我们再来谈谈另一个问题，即负质子到底存不存在。在我们的设想中，这种粒子应该并不难得到，只要给中子一个负电荷就可以了，或者拿走一个正电荷。可是，很明显，这种负质子是没办法在普通物质中长久存在的，就像正电子一样。事实上，当它们进入原子核之后，有极大的概率会变成中子，因为在此之前，它们就会被距离最近的带正电的原子核吸引和吸收。所以我们说，就算这种负质子能够作为基本粒子的对称粒子而存在，要想发现它，也不是一件容易的事。要知道，正电子被发现时，普通负电子的概念已经被引入科学达半个世纪之久。更何况，如果负质子真的存在，那么反原子和反分子就也是有可能存在的。普通中子和负质子结合成核，然后外面围上正电子，这不就是一个反原子吗？这些反原子的性质与普通原子没有任何区别，就像反水、反黄油和一般的水、一般的黄油不会有任何区别一样。唯一例外的情况，就是将这两种物质——普通物质和“反”物质——放在一起时。由于完全相反，所以当这两种物质碰到一起时，它们具有相反电荷的电子和质子，一个会立即互相湮灭，一个会立即互相中和，由此产生的爆炸，其猛烈程度甚至连原子弹都无法媲美。所以，如果真的存在着一个星系，这个星系完全由反物质构成，那么，不管是从我们这个星系往那里扔一块石头，还是从那个星系往我们这里扔一块石头，当这块石头着陆时，都会产生足以和一颗原子弹爆炸媲美的效果。

关于反原子的这些奇思妙想，就先说到这儿吧，下面让我们来谈谈另一种基本粒子。这种粒子同样是与众不同的，而且在各种可进行观测的物理过程中，我们都能发现它的身影。它就是“中微子”。这种粒子之所以能进入物理学，靠的是“走后门”的方式。尽管在各个方面都有人反对它，但在基本粒子的家族中，它已经牢牢地占据了一席之地。在现代科学中，有许多令人兴奋的故事，而关于中微子的故事——它是怎么被发现的，又是如何得到认可的——就是其中最好的一个。

事实上，人们是利用数学家们常用的“归谬法”，才发现了中微子的存在。这一发现虽然令人兴奋，但最早却始于人们发现少了某种东西。没错，不是多了，而是少了。那到底是少了什么呢？其实是少了一些能量。根据一条最古老也最牢不可破的物理定律，能量既不能被创造，也不能被毁灭，所以当我们发现本来应该存在的能量突然少了，或者没有了，那肯定是有“人”将它偷走了。尽管人们对这个盗贼还一无所知，甚至连它的影子都没见过，但一些热衷于秩序和起名字的科学探员，还是赋予了它一个名字，即“中微子”。

我们讲述这个故事的速度好像有点太快了，现在让我们放缓脚步，重新回到那件“能量失窃案”上来。我们知道，不管是哪一种元素的原子，其原子核都是由核子构成的，而这些核子又可以分为数目相当的两部分，一部分带正电（质子），一部分不带电(中子)。如果多给原子核几个中子或质子——哪怕只给一个——那么中子与质子之间相对的数量平衡就会被打破[①]，电荷也必然会出现调整。当中子过多时，一些中子就会释放出负电子，从而变成质子；当质子过多时，一些质子就会释放出正电子，从而变成中子。在图 60 中，我们可以看到这两种转化的具体过程。

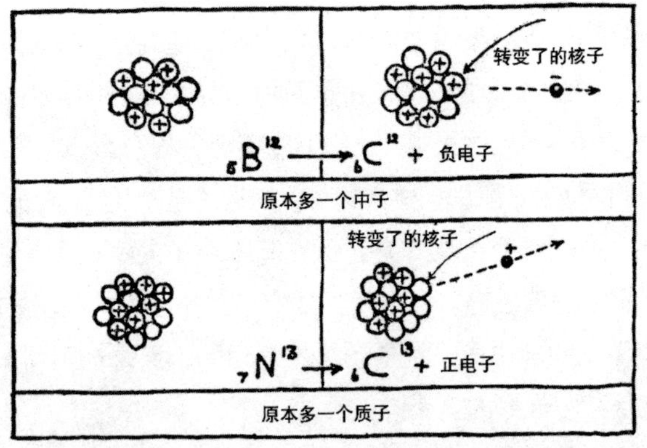

图 60

负 β 衰变的图示和正 β 衰变的图示（所有核子都被画在了同一平面上，以方便观察）。

---

① 要想做到这一点，可以对原子核进行轰击。具体方法我们在本章后面会讲到。——原注

对于发生在原子核内部的这种电荷调整，我们通常称其为 β 衰变，而原子核释放出的电子，则被称为“β 粒子”。事实上，核子的转变是一个确定的过程。在这个过程中，一定会释放出定量的能量，这些能量会被出射电子一起带出原子核。所以，我们可以预料到，从同一物质中释放出来的 β 粒子，其速度应该完全相同。然而令人惊讶的是，在对 β 衰变的过程进行观测后，所得到的结果与我们预料的截然相反。实际上，指定物质中喷发出来的电子没有统一的动能，这个动能从零开始，上限还不确定。我们没有发现任何可以使能量达到平衡的东西，不管是其他粒子，还是其他辐射，都毫无踪迹。发生在 β 衰变过程中的“能量失窃案”因此变得十分严重。甚至曾有人对著名的能量守恒定律提出质疑，认为这是其失效的首个实验证据。如果真是这样，对物理学理论这座宏伟的大厦而言，无疑是一场巨大的灾难。不过除此之外，还有另一种可能性，那就是这些能量其实是被一种我们目前无法观测到的新粒子偷走的。沃尔夫冈·泡利（Wolfgang Pauli）[①] 由此提出一种假设，他设想偷走能量的“巴格达盗贼”是一种质量小于等于普通电子名叫中微子的不带电微粒。根据已知的关于高速粒子与物质互相作用的一些事实，我们其实可以十分肯定地说，这种不带电的轻微子是现有的一切物理仪器都无法观测得到的，无论在哪种屏蔽材料中，它们都可以穿过极远的距离，而且不费吹灰之力。要想遮挡住可见光，我们只需一层金属薄膜；要想遮挡住 X 射线和 γ 射线，我们可能就需要非常非常厚的铅板，因为这两种射线都具有极强的穿透力，只有在铅板的厚度达到几英寸时，这种穿透力的强度才会出现明显的降低。而要想遮挡住一

① 沃尔夫冈·泡利（1900—1958），美籍奥地利科学家，1945 年获诺贝尔物理学奖。——译注

束中微子则几乎是不可能的事，因为就算这块铅板有几光年厚，它们也可以轻松穿透。所以，我们用了那么多方法都无法发现它，又有什么好奇怪的呢？事实上，如果不是中微子的离开会导致能量失窃，我们可能永远也发现不了它。

虽然中微子一离开原子核，我们就很难再察觉到它的踪迹，但我们却有办法对它离开原子核时所引起的次级效应进行研究。步枪射出子弹的那一刻，会有一个反冲力令枪身向后坐，并撞击到持枪人的肩膀；大炮打出重型炮弹的那一刻，同样会有一个反冲力，令炮身向后坐。这就是力学上的反冲效应。这一效应在原子核射出高速粒子时应该同样适用。事实上我们发现，在发生 β 衰变时，在与出射电子相反的方向上，原子核确实得到了一定的速度。不过与正常事物的反冲效应相比，原子核的这种反冲有一点不同，即原子核的反冲速度基本保持一致，并不受射出电子的速度影响（如图 61）。也就是说，不管射出电子的速度是快也好，是慢也罢，原子核的反冲速度都是一样的。这无疑是一件怪事，因为按我们的预想，一枚速度快的炮弹在炮身上引起的反冲力肯定要比一枚速度慢的炮弹大。我们是这样解释这一问题的：在射出电子时，为了令能量保持平衡，原子核会附带着射出一个中微子。如果电子携带了大多数能量，并且速度极快，那么中微子就与之相反，只携带少数能量，并且速度极慢。反之，如果电子携带的能量小，并且速度慢，那么中微子携带的能量就大，速度也快。原子核能一直保持较大的反冲，完全是这两种微粒共同作用的结果。这种效应其实就是中微子存在的最好证明。换句话说，如果连这种效应都不足以证明中微子的存在，那其他东西就更不行了。

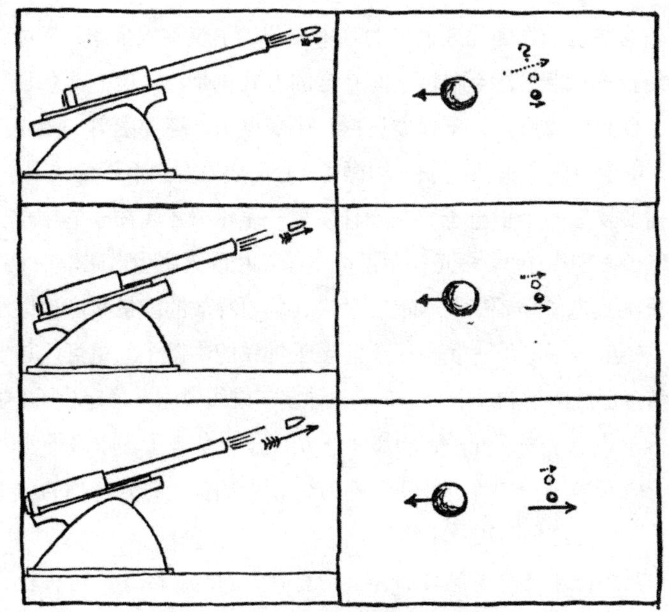

图 61 大炮与核物理的反冲问题

现在，让我们总结一下前面讲过的内容，看看究竟有几种基本粒子参与了宇宙的构成，再看看它们之间到底是什么关系。

第一个是构成物质的基本粒子——核子。我们现在已知的核子有的带正电，有的不带电。当然，带负电的核子也是有可能存在的，只是我们现在还没发现而已。

第二个是电子。它们是自由电荷，有的带正电，有的带负电。

第三个是不带电的中微子。与电子相比，这种神秘微粒的重量要轻得多[①]。

最后是可以在空间中传播电磁力的电磁波。

---

① 新近的实验已经证明，中微子的重量确实比电子小得多，尚不及后者的十分之一。——原注

这些粒子作为物理世界的基本成分，不仅互相依赖，还能互相结合——当然，不同粒子间结合的方式也是不同的。比如说，中子要想变成质子，不仅要发射一个负电子，还要发射一个中微子（中子→质子＋负电子＋中微子）；而质子要想重新变回中子，则需要发射一个正电子，并同样发射一个中微子（质子→中子＋正电子＋中微子）。一正一负两个电子互相湮灭产生电磁辐射（正电子＋负电子→辐射），而反过来，辐射释放的能量又产生电子对（辐射→正电子＋负电子）。至于神秘的中微子，也可以与电子结合形成所谓的“介子”——一种宇宙射线中的不稳定粒子（中微子＋正电子→正介子，中微子＋负电子→负介子，中微子＋正电子＋负电子→中性介子）。有时候，人们也会将介子称为“重电子”，但这种叫法并不恰当。

当中微子与电子结合后，会带有巨大内能。因此，两种粒子的结合体的质量要远远大于它们各自质量的和，前者大概是后者的 100 倍左右。

从图 62 中，我们可以看到参与宇宙构成的基本粒子都有哪几种，以及不同粒子结合后又会形成什么。

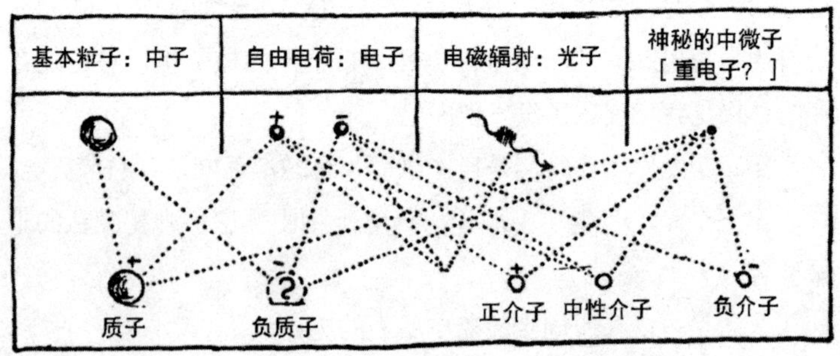

图 62

现代物理学中的 4 种基本粒子以及它们的各种组合。

大家或许会问："现在已经是最终的界限了吗？核子、电子、中微子确实是基本粒子了吗，真的不能再往下继续分割了吗？我们凭什么这样认为？要知道，在半个世纪以前的人们眼中，原子还是不可分割的呢，可是到了今天，原子表现出一种多么复杂的结构啊！"对于这些问题，我们的回答是，虽然我们不知道物质科学将来会有怎样的发展，但此时此刻，我们有足够的理由去相信，这些粒子确实是最基本的单元，无法再进行分割。我们知道，原子虽然也曾被认为不可分割，但那时候，它显出的各种性质——化学性质、光学性质等——是极为复杂的。相比之下，现代物理学中的这些基本粒子要简单得多，从性质上来说，它们并不比一个几何点更为复杂。另外，在经典物理学中，"不可分割原子"的数量非常多，而现在，我们剩下的东西只有简单的三种，即核子、电子和中微子，而且这三种基本粒子的本质各不相同。我们确实迫切地希望将世间万物还原为最原始、最简单的形式，可即便如此，也不代表我们最后要将一切都归于虚无吧。因此可以说，在对物质基本组成的探寻中，我们已经触摸到它的最底层了。

二、原子的中心

现在，无论是对构成物质的基本粒子的天性，还是对它们的性质，我们都已经有了一个基本的了解，所以接下来，我们就可以将注意力集中在原子的心脏，也就是原子核上了。原子的外层结构与一个缩小版的行星系统在某种程度上非常相似，但原子核内部的结构却完全是另一种情景。原子核主要由两种各占一半的微粒构成，这两种微粒一种不带电（中子），一种带正电（质子），因此会相互排斥。所以我们可以肯定地说，原子核之所以能保持一个整体，绝不是因为单纯的电斥力。

可是，如果两种粒子之间只有排斥力，那又怎么可能获得一个稳定的粒子群呢？所以，我们必须假设，在这两种粒子之间，其实还存在着另一种力，一种既能作用于带正电的质子，又能作用于不带电的中子的吸引力。只有这样，我们才能解释为什么原子核的各个组成部分能保持一个整体。我们通常将这种吸引力称为“内聚力”，这种内聚力并不受粒子本性的影响，可以将它们维持在一起。以普通的液体为例，这些液体的分子之所以没有向不同的方向散逸，就是因为液体中存在着内聚力。

而在原子核中，各个核子之所以没有在质子间排斥力的作用下各奔东西，同样是因为这种内聚力。所以，原子核的内外就形成了两种截然不同的情景：在其外部，形成各原子壳层的电子，活动的空间十分充足；而在其内部，因内聚力的作用，核子们紧紧地挤在一起，就像罐头里的沙丁鱼一样。写这本书的人曾率先提出一种观点，即可以假设原子核内物质的构造方式类似于普通液体的构造方式。事实上，两者确实有许多相似之处，比如，它们都具有表面张力。大家应该没有忘记，液体具有表面张力是因为其内部的粒子被相邻粒子以同等的力往不同的方向拉扯，而其表面的粒子却只受到一种力，即向内的拉力（如图 63）。

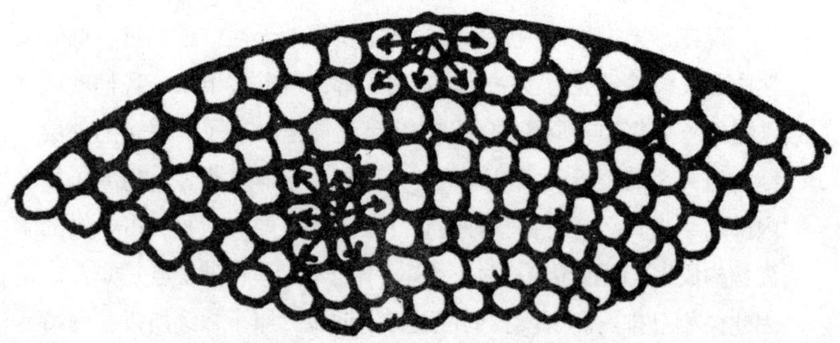

图 63

液体表面张力示意图。

同时，这种张力也令所有液滴在不受外力作用的情况下，始终倾向于保持球形，因为球体是体积相同的几何形体中表面积最小的。所以，我们就可以将不同元素的原子核当作是由同一类“核液体”组成的液滴。当然，这些液滴的尺寸各不相同。不过要注意，虽然在性质上，这种核液体与普通液体十分相似，但是在定量上，两者却有极大的差异。比如在密度上，核液体是水的240 000 000 000 000倍；在表面张力上，核液体是水的1 000 000 000 000 000 000倍。

接下来，让我们再举一个例子，以便于更好理解这些巨大的数字。在图64中，有一个倒U形线框。这个约2英寸见方的线框下，横放一根直丝。接下来取一层肥皂膜，覆盖在线框与直丝共同组成的框中。这时，在肥皂膜表面张力的作用下，直丝将被向上拉。为了对抗这种表面张力，在直丝的下方，我们放置一小块重物。这层用普通肥皂水制成的薄膜有0.01毫米厚，这时其自重大概是0.25克，能够承受的总重量大概为0.75克。

图64

现在假设这层膜是由核液体制成的，那么它的总重量将为5000万吨（相当于一千艘邮轮的重量），而横放在线框下的直丝所能承受的重物的总重量也将达到1万亿吨——火星的第二颗卫星火卫二大概也就这么重！可以想象，需要一个多么强大的肺部，才能用核液体吹出这样一个肥皂泡啊！

在原子核中，大概有一半的核子是带正电的质子。因此，当我们将原子核看作是由核液体组成的微小液滴时，千万不要忘了它们是带电的。所以在原子核的内部，其实存在着两种完全相反的力：一种是核子与核子之间的排斥力，这种力总试图令原子核分崩离析；另一种是表面张力，正因为有了这种力，原子核才能保持一个整体。事实上，这两种相反的力是原子核不稳定的最主要原因。当表面张力占据优势，原子核不仅不会自行分裂，还会在与另一个原子核互相接触时，表现出一种想要融合在一起（聚变）的倾向，就像两颗普通的液滴那样。反之，当排斥力占据优势，原子核就会表现出一种自行分裂的倾向，它会将自己分裂成几个碎片，同时以极高的速度飞离。我们通常将这一分裂过程称之为“裂变”。

那么，在不同元素的原子核中，究竟是表面张力占上风，还是排斥力占上风呢？要想回答这个问题，我们必须对不同元素中两种力的平衡问题进行精准的计算。事实上，这项计算在1939年时就已经被玻尔（Niels Bohr）[①]和惠勒（John Archibald Wheeler）[②]完成了。而且，他们由此得出了一个非常重要的结论，即在元素周期表中，前一半元素（一直到银）的原子核里，处于上风的均为表面张力；而在后一半更重元素的原子核中，占据优势的则为排斥力。因此，但凡一种元素比银更重，那么从原则上来讲，它的原子核就是不稳定的。换句话说，只要外界有足够的

---

① 尼尔斯·玻尔（1885—1962），丹麦著名物理学家，1922年诺贝尔物理学奖得主。——译注

② 约翰·阿奇博尔德·惠勒（1911—2008），美国著名物理学家，曾任美国物理学会主席。——译注

刺激，其原子核就会裂成两块或多块，并释放出大量的内部核能（图 65b）。反过来，如果是两个总原子量小于银原子的轻原子，当它们的原子核彼此接触时，就会表现出一种融合的倾向，也就是会产生一个聚变的过程（图 65a）。

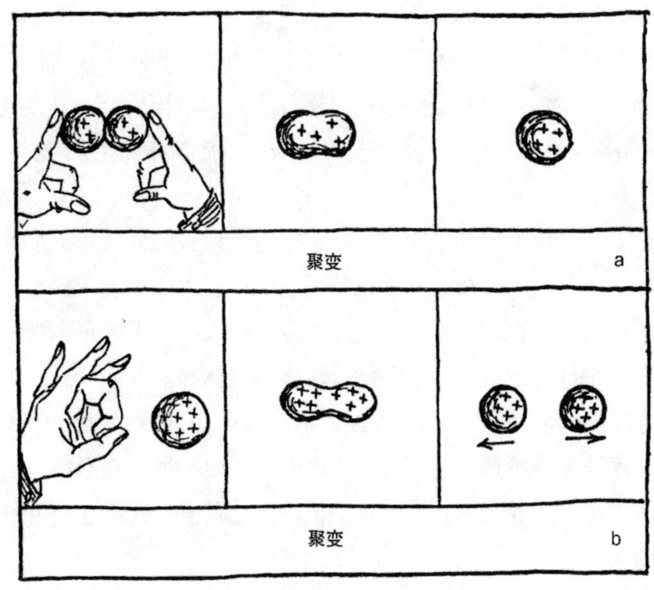

图 65

不过有一点要记住，不管是两个轻原子核的聚变，还是一个重原子核的裂变，在我们不干预的情况下，一般都是不会发生的。实际上，不管是聚变还是裂变，要想令其发生，都必须克服一定的困难。如果我们想让两个轻原子核发生聚变，首先要解决的一个问题就是，该怎么克服电荷间的排斥力，让它们靠近彼此；同样，如果我们想让一个重原子核发生裂变，那为了令它发生大幅度的振动，就必须对其进行极为猛烈的轰击。

在科学上，像这种必须有初始的刺激才能达成某一物理过程的状态，被称为“亚稳态”。有许多亚稳态的例子，比如悬崖上的石头、兜里的火柴、炸弹里的TNT火药等。很明显，在这几个例子中都有大量的能量在等待被释放。可是，只要我们没有动作，不去踢那块石头，不去点那盒火柴，也不去引爆雷管，那隐藏着的能量就不会被释放出来。事实上，除了银[①]，在我们所处的这个世界中，几乎所有物体都是潜在的核爆炸物。那为什么直到今天，我们并没有被炸飞呢？这是因为启动核反应是一件极其困难的事。或者说得更科学一点，必须有极高的激发能，才能令原子核发生转变。

如果从核能的角度来看，我们在这个世界的处境（更准确地说，是不久前的处境）和因纽特人在他们世界的处境十分相似。因纽特人生活在十分寒冷的地方，他们周围的环境都在零摄氏度以下。在日常生活中，他们能接触到的固体和液体都只有一种，那就是冰和酒精。至于火，是他们连听都没听过的东西，因为两块冰无论怎样摩擦，也不可能生出火来。他们虽然有酒精，但却无法加热，从而点燃它。事实上，在他们眼里，这不过是一种好喝的饮品罢了。

最近，当人们突然发现可以释放出隐藏在原子内部的巨大能量时，该是多么的震惊和恐慌啊，就像是第一次看到酒精灯被点燃的因纽特人一样！

不过，对我们来说，一旦成功克服了启动核反应的困难，那之前所有麻烦都将得到补偿。比如，将等量的氧原子和碳原子按照方程式：

$$O+C \longrightarrow CO+\text{能量}$$

---

① 应该记住，银是一种十分特殊的元素，它的原子核既不会发生聚变，也不会发生裂变。——原注

化合而成的混合物，其每一克都能释放出约为 920 卡[①]的热量。如果用这两种原子的原子核产生的聚变（图 66b）来替换之前的普通化合（图 66a，分子的聚合），则可得：

$${}_6C^{12}+{}_8O^{16}={}_{14}Si^{28}+\text{能量}$$ 。

那么此时，每克混合物释放出的热量将是之前普通化合的 1500 万倍，即 14 000 000 000 卡。

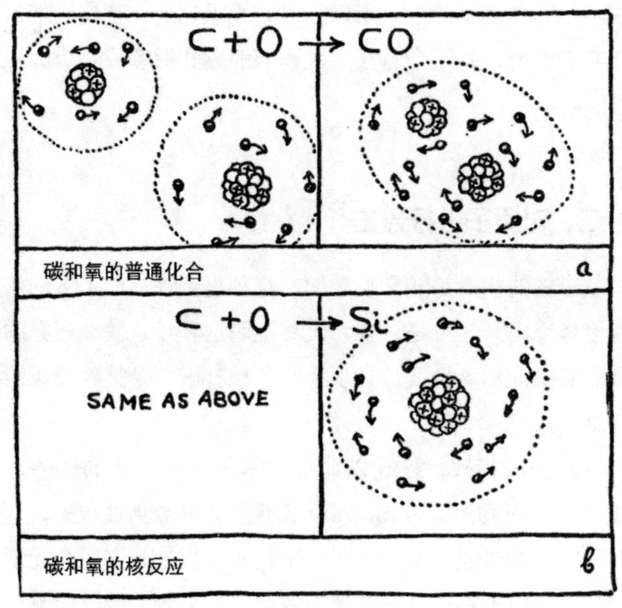

图 66

复杂的 TNT 分子同样如此，当它进行分解时——可以分解

① 热量单位，1 卡就是 1 克水升高 1℃ 所需的能量。——原注

为水分子、一氧化碳分子、二氧化碳分子和氮气（分子裂变）——同样会释放出热量，具体数值大约为每克 1000 卡。而与 TNT 重量相等的物质，例如汞，在核裂变的过程中，其释放出的热量将为 10 000 000 000 卡。

不过别忘了，对大部分化学反应来说，几百摄氏度的温度就已经够用了，也就是说足以令它们发生反应了。可是，对相应的核转变来说，就算温度达到几百万摄氏度，也是远远不够的。事实上，这时候它可能都还没开始呢！由此可见，想要开启核反应，实在不是一件容易的事。所以，大家无须担心，我们的宇宙依然是非常安全的，并不会有在一次剧烈的爆炸后变成一个大银块的危险。

三、对原子进行轰击

原子核的构造是非常复杂的，这种复杂性从原子量的整数值上就能体现出来。可是，要想最终证明这种复杂性，就必须取得直接的实验证据，也就是必须将原子核打破，令其碎裂成两块或多块。

将原子核打破，这在以前是根本不可能完成的任务，直到 1896 年，贝克勒尔（Becquerel）发现了天然放射性现象，这件事才有了实现的可能。事实表明，排在元素周期表末尾的元素，如铀和钍等，由于都在以非常慢的速度自发衰变，所以能够自动发射出具有极强穿透性的辐射（与普通的 X 射线相似）。针对这一发现，人们仔细地进行了实验研究，而且没过多久就得出了这样的结论：在自发衰变的过程中，重原子核会自动分裂成两部分。这两部分差异很大，一部分是被称为“α 粒子”的小块，另一部分是原有原子核的剩余部分。这两部分，前者是氦的原子核，后者是子元素的原子核。铀原子核破碎时，会释放出 α 粒子，之后剩余的部分就是子元素（我们用铀 X_1 来表示）的原子核。这部分原子核的内部在重新调整过电荷后，会释放出两个自由电荷（普通电子），这两个电荷带的都是负电。自此，铀原子核破碎释放出 α 粒子后产生的子元素的原子核，就变成了铀同位素原子核。与原来的铀原子核相比，铀同位素原子核要轻四个单位。接下来，会释放出更多的 α 粒子，引发更多的电荷调整，直到变成稳定的铅原子，衰变才会停止。

像这种交替发射 α 粒子和电子的嬗变，还可能发生在另外两组放射系上，即分别以重元素钍和锕开始的钍系和锕系。这三个系的元素无一例外，都会不断地进行衰变，直到最后变成三种铅同位素。当然，这三种铅同位素并不相同。

在上一节中，我们曾提到过，在元素周期表中后一半元素的原子核中，因为与令原子核保持一个整体的表面张力相比，具有破坏性的电斥力更占上风，所以这类元素的原子核都是不稳定的。如果哪位读者有兴趣，将这一点与这些元素自发放射性衰变时的情况比较一下，或许会感到非常疑惑，因为虽然所有重于银的元素的原子核都是不稳定的，但能被我们观察到自发衰变的，只有最重的几种元素，如铀、镭、钍等。为什么会这样呢？这是因为虽然一切重于银的元素从理论上来讲，都可以被视为放射性元素，而且它们也确实在不断地自发衰变，成为更轻的元素，但是，这种自发衰变的过程一般都极其缓慢，很多时候根本不会被注意到。比如大家比较熟悉的碘、金、汞、铅等元素的原子，它们历经数百年才有可能分裂一两个。显然，这确实太慢了，无论使用多么精密灵敏的物理仪器，也不可能将其记录下来。换句话说，能够产生令人们观测到明显放射性的，只有那些具有强烈自发分裂趋势的最重的元素[①]。而且，那些不稳定的原子核会以何种方式分裂，正取决于这种相对的嬗变率。以铀原子核为例，它的分裂方式其实有很多种，比如它可以自动分裂成两部分，且这两部分大小相等；它也可以自动分裂成三部分，且这三部分同样相等；当然，它还可以分裂成许多大小并不相等的部分。不过，它最容易分裂成的还是平常的那种——一个 α 粒子和一个剩余的子核。通过观测，人们发现，与放射出一个 α 粒子的概率相比，铀原子核自动分裂成相等的两部分的概率要低很多，不足前者概率的百分之一。1 克铀在 1 秒钟之内，会有上万个原子核自动分裂释放出 α 粒子。相比之下，可能得等上好几分钟，铀原子核在自动分裂时才会分成两个相等的部分。

放射性现象的发现为原子核结构的复杂性提供了强有力的证明，同时，也为人工产生（或者诱发）核嬗变的实验提供了基础。这样一来，又有一个新问题产生，既然那些重元素会因为极为不稳定而自动发生衰变，那么，对于那些稳定的元素的原子核，我们是否也能通过某种手段，比如用某种高速运动的粒子强力轰击它，令其产生分裂呢？

抱有这种想法的卢瑟福决定，利用不稳定放射性元素自动分裂时释放出的核碎片（也就是 α 粒子），来对不同的稳定元素的原子进行轰击。今天，在一些物理实验室中，我们可以看到体型巨大的轰击原子的机器，但在 1919 年，卢瑟福最早做核嬗变实验时，他使用的仪器（如图 67）极为简单——事实上，你可能都找不到比那更简单的了。这个仪器的主要部分是一个真空容器，这个容器呈圆筒形，一侧有一扇窗户，窗户由荧光材料制成，可

① 以铀为例，1 克铀材料中每秒有数千个原子能够自发分裂。——原注

以当作屏幕（c）。在容器内部的一个金属片上，有一层可以释放出 α 粒子轰击目标材料的放射性物质（a），在这层放射性物质的不远处——并没有超出金属片的范围——就是呈箔状（b）的待轰击的目标材料（实验中用的是铝）。接下来，小心对仪器进行调整，令目标材料可以接收到所有入射的 α 粒子。这样一来，如果在轰击之下，目标材料没有产生次级核碎片，那么荧光屏幕就不会发亮。

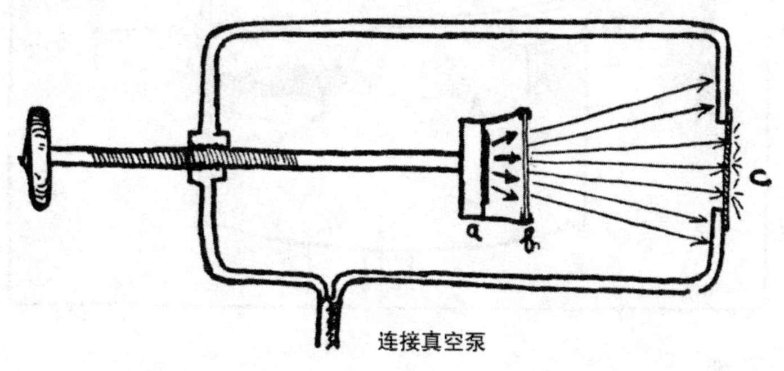

图 67

最开始时是怎样轰击原子的。

准备好一切后，透过显微镜，卢瑟福紧盯着屏幕。他看到整个屏幕上闪烁着无数的小光点，那种景象绝不可能令人以为屏幕是黑暗的。每一个小光点都代表着质子在撞击屏幕，而这些质子其实就是在入射的 α 粒子的轰击下，目标材料所产生的一个个小“碎片”。元素的人工嬗变原本只停留在理论上，可现在通过这个实验，它终于变成了科学上受到肯定的事实。①

元素的人工嬗变在卢瑟福完成这个经典实验后，经过几十年的发展，已经变成物理学上最大、最重要的分支之一。在产生可

① 上述实验的反应式为：$_{13}Al^{27}+_{2}He^{4}\longrightarrow {}_{14}Si^{30}+_{1}H^{1}$。——原注

供轰击用的高速粒子的方法上，物理学家们已经取得了极大进步，而在对实验结果的观测上，同样如此。

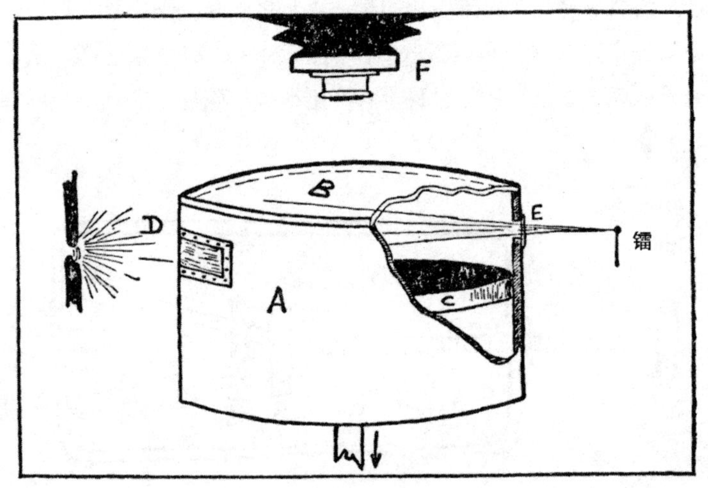

图 68

威尔逊云室示意图。

如果我们想将粒子轰击原子核时的情景看得明明白白，那么可以利用一种被称为“云室”（也可以称“威尔逊云室”，威尔逊是该仪器的发明人）的仪器。从图 68 中，我们大概能看到云室是什么样子的。该仪器的工作原理以这样一个事实为基础，即当高速运动的带电粒子，如 α 粒子，从空气中或者其他气体中穿过时，会直接影响到沿途的原子，令其发生某种变形。在这些粒子所具有的强电场的作用下，那些挡住它们去路的气体原子会失去一个或数个电子而变成离子。不过，这种情况并不会持续很长时间，因为这些离子在粒子经过后会立即重新捕获电子变回原样。但是，如果在发生电离的气体中，有大量的、足以达到饱和状态的水蒸气，那么围绕着每一个离子，都会形成一个小水滴——之所以会这样，与水蒸气的一个性质有很大关系，即当遇到离子、尘埃等东西时，它通常会附着其上——这就导致顺着粒子运动的路径，会产生一条很细的、由一堆微小的雾珠组成的带子。也就是说，当带电粒子在充满水蒸气的气体中运动时，其运动轨迹会非常明显，整个粒子就仿若一架拖着尾气的飞机一般。

云室的制作技术并不复杂，这种简单的仪器主要包括三部分：一个金属圆筒（A），以及筒内可上下移动的活塞（C）（图中并未描绘出这部分），还有筒上面的一个玻璃盖（B）。在玻璃盖和活塞的工作面之间，不仅充有气体（具体是什么气体看需要），还有一定量的水蒸气。当粒子们通过窗口（E）进入云室后，如果突然按下活塞，那么活塞上部气体的温度就会骤然降低。于是，沿着粒子运动的轨道，水蒸气将开始凝结成一条轻薄的雾气带。这条雾气带在受到从旁边的窗户（D）射进来的强光照射后，在活塞黑色表面的映衬下，将变得十分显眼。利用与活塞连动的照相机（F），可以清晰地将其拍摄下来。这个仪器虽然简单，但在现代物理学中，却起着非常重要的作用，即便称它是最有用的仪器之一也不为过。因为正是通过这个仪器，核轰击的结果才能以照片的形式展现在我们面前。

当然，我们也希望能找出一种可以在强电场中对各种带电粒子（离子）形成加速以产生强大粒子束的方法来。因为这样一来，不仅可以节省稀有又贵重的放射性物质，还可以使用能为我们提供比普通放射性衰变更多能量的其他类型的粒子（例如质子）。有不少仪器都可以产生密集高速的粒子束，其中最重要的有三种，分别是图 69 中的静电产生器，图 70 中的回旋加速器，以及图 71 中的直线加速器。关于这些仪器的工作原理，在各自的图中都有简单的介绍。

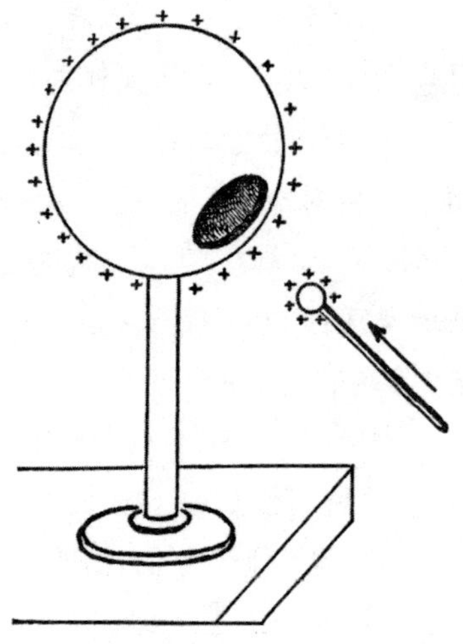

图 69 静电产生器的工作原理

通过基础物理学，我们已经得知，电荷在传递给一个球形的金属导体时，会分布在它的外表面。如果在球上开一个小孔，然后将一个带电的小导体通过小孔伸入球内，反复数次，令其与球的内表面接触，可以将小电荷慢慢引入球内。利用这种方法，我们想将这个导体的电势升到多高，就可以将它升到多高。我们在实际操作中会用一条携带着电荷——由一个小起电器产生——的传动皮带来代替带电的小导体，伸入到小孔中执行上述操作。

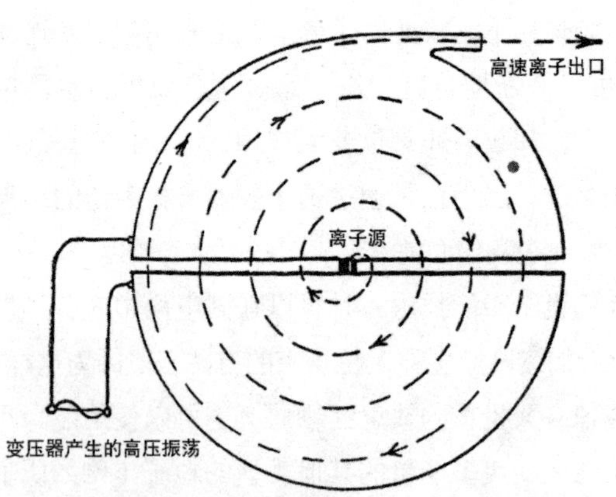

图 70 回旋加速器的工作原理

回旋加速器主要由两个半圆形金属盒组成。这两个金属盒都处于强磁场中（磁场方向垂直于纸面），而且连接着一个变压器，所以可以交替带有正负电。中心的离子源射出的离子在进入磁场后，会沿圆形轨迹运动，并在从一个盒子进入另一个盒子时，速度加快。运动速度越来越快的离子会画出一条螺旋状向外扩展的线，最终以极高的速度从出口处离开。

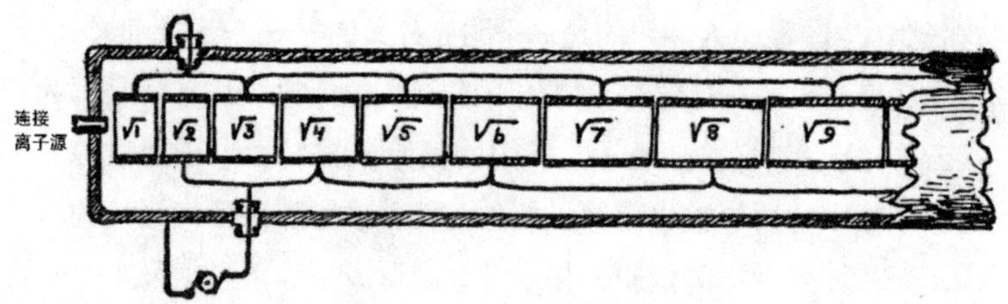

图 71　直线加速器的工作原理

这个装置主要由几个圆筒组成，这些圆筒的长度逐渐增大，并由变压器交替充以正负电。当离子从一个圆筒进入另一个圆筒时，在现有的电势差的作用下，会逐渐加速。所以，每进入一个圆筒，其能量都会增大一些。因为速度与能量的平方根成正比，所以只要能按整数的平方根的比例来设计圆筒的长度，那么离子就能与交变电场保持同相位。这就意味着，如果我们想让离子加速到任意速度，那只需不断增加这个装置的长度就行了。

利用上面这类电加速器，我们可以得到各种强大的粒子束。之后，再用这些粒子束对由不同材料构成的目标进行轰击，就可以实现一系列核嬗变。通过云室拍下的照片，我们很容易就可以对其进行研究。照片 3 和照片 4 就显示了核嬗变过程。

剑桥大学的布莱克特（P.M.S.Blackett）拍摄出了首张这种类型的照片。这张照片中显示的是一束天然的 α 粒子正从一个充满氮气的云室中穿过[①]。我们最先会注意到，所有轨迹的长度是确定的。这是因为在穿过气体时，粒子会慢慢失去自己的动能，直到最后停下来。很明显，轨迹的长度对应着两组具有不同能量的 α 粒子（钍的两种同位素 ThC 和 ThC' 的混合物作为粒子源），最后也形成了两种。我们还可以看到，一般情况下，α 粒子的轨迹都是直直的，只有在最后才出现了明显的偏折。之所以会这样，是因为粒子的初始能量到最后已所剩无几，所以很容易受到途中氮原子核的影响，在它的侧面碰撞下偏离原来的轨迹。不过，在

---

① 布莱克特拍下的照片（这张照片并未刊登在本书中）对应的核反应式为：${}_7N^{14}+{}_2He^4\longrightarrow{}_8O^{17}+{}_1H^1$。——原注

这张照片中，最引人注目的是一条明显分叉的——一支又细又长，一支又短又粗——特殊的 α 粒子的轨迹。之所以会这样，是因为在云室中，入射的 α 粒子与其中的氮原子核发生了正面碰撞。氮原子核中的质子被撞出原子核外，就形成了那条又细又长的轨迹，而被撞到旁边的氮原子核本身，则形成了那条又短又粗的轨迹。α 粒子在撞击完氮原子核后，并没有形成对应其反弹痕迹的第三条轨迹，由此可以判断，入射的 α 粒子必然已附着在了氮原子核上，随后者一起运动。

c. 图中无法看到的一个中子从左边射入击中氮核，使其分裂成一个硼核（向上的轨迹）和一个氦核（向下的轨迹）（${}_{7}N^{14}+{}_{0}n^{1}\rightarrow{}_{5}B^{11}+{}_{2}He^{4}$）。

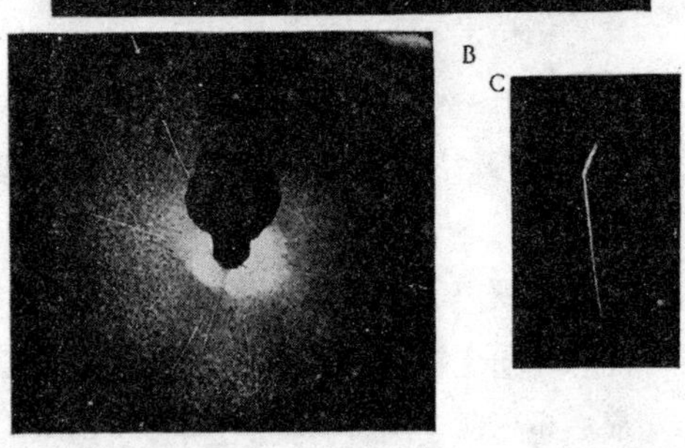

照片 3

人工加速粒子引发核嬗变。

在照片 3b 中，我们可以看到，一个质子经过人工加速撞击到硼核上的结果。高速质子束从加速器管口（图中央的黑影部分）出来后，会直接射击在硼片上，从而令原子核的碎片沿各方向穿过空气。在照片上，我们可以发现一个有意思的地方，那就是不管什么时候，碎片的轨迹好像都是三个一组（图上只显示了两组，另一组由箭头标明）。之所以会这样，是因为硼原子核在被质子击中后，会分裂成三个相等的部分。①

至于照片3a，显示的则是高速运动的氘核（一种重氢原子核，由一个质子和一个中子组成）与目标材料中另一个氘核相撞时的情景②。照片中有长和短两种轨迹，前者对应质子，后者对应三倍重的氢核，也就是氚核。

每一个原子核都是由中子和质子构成的，所以完整的云室照片不能光涉及质子，还应该能显示出中子的核反应。

然而，要想在云室照片中找到中子的轨迹，那基本上是不可能的。因为这匹“核物理学中的黑马”——不带电的中子，在穿过物质时，根本不会产生任何电离。可是，当你认真观察照片3c时，就算没有亲眼看到中子，也能察觉到它的存在。因为在这张显示了一个氮原子核分裂成一个氦核（向下轨迹）及一个硼核（向上轨迹）的照片中，那个氮核明显是被某个无法看见的粒子用力撞击了一下，而且这个粒子应该是从左边过来的。这就好像，即便你没有亲眼看到子弹射出，但当你看到枪口冒出轻烟，同时天空中有一只野鸭掉下来时，就会明白一切一样。这也的确是事实，我们为了拍摄这张照片特意在云室左侧壁上放置了一个高速中子源——镭和铍的混合物。③

要想看到中子从云室穿过时笔直的轨迹，我们只需将中子源的位置与氮原子分裂的地点连接起来就行了。

---

① 核反应式为：${}_5B^{11}+{}_1H^1 \rightarrow {}_2He^4+{}_2He^4+{}_2He^4$。——原注

② 核反应式为：${}_1H^2+{}_1H^2 \longrightarrow {}_1H^3+{}_1H^1$。——原注

③ 上述过程的核反应式为：一、中子的产生：${}_4Be^9+{}_2He^4$（镭发射的α粒子）$\longrightarrow {}_6C^{12}+{}_0n^1$；二、中子撞击氮原子核：${}_7N^{14}+{}_0n^1 \longrightarrow {}_5B^{11}+{}_2He^4$。——原注

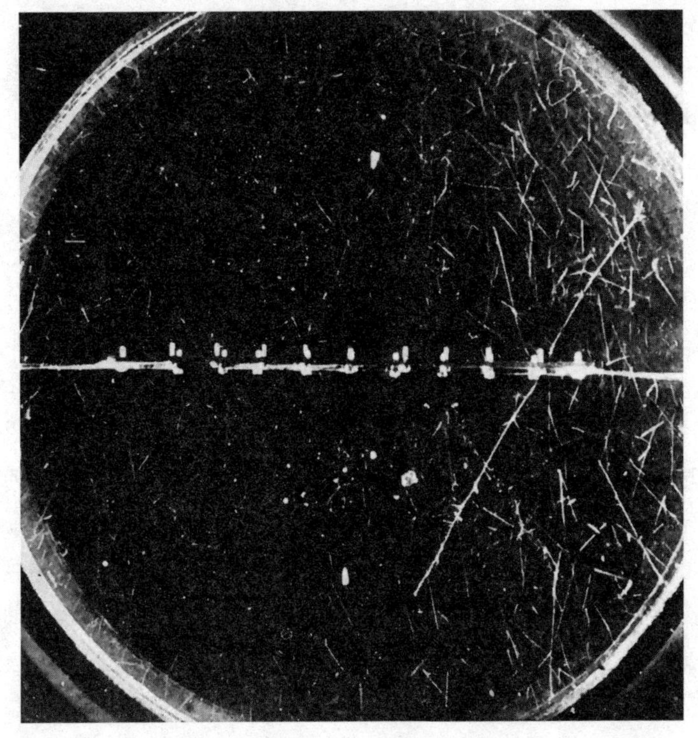

照片 4

铀核裂变云室照片。一个中子（图中看不到）击中云室中横放的薄铝箔上的一个铀核。图中的两条轨迹代表的是两个裂变碎片分别带着大约 1 亿电子伏特的能量飞离。

在照片 4 中，我们可以看到铀核是如何裂变的。这张照片是由三个人拍摄的，他们分别是鲍基尔德（Boggild）、布罗斯特罗姆（Brostrom）以及劳里森（Lauritsen）。从照片中我们可以看到，涂有铀层的薄铝箔被击中后，沿着相反的方向，会飞出两个裂变的碎片。当然，在这张照片中，我们是看不到引发裂变的中子的，也看不到裂变后产生的中子。

利用加速粒子轰击原子核的方法，人们实现了许许多多、各种各样的核嬗变，只要我们愿意，甚至可以一直讲下去。不过现在，我们的注意力应该落在一个更重要的问题上，即研究这种轰击的效率如何。在照片 3 和照片 4 中，我们看到的只是一个原子分裂时的情况。可事实上，如果我们想让 1 克硼全都转化为氦，需要击碎的硼原子数多达 55 000 000 000 000 000 000 000 个，这也是 1 克硼所有的原子数。到目前为止，就算是最厉害的加速器，每秒能产生的粒子数大概也只有 1 000 000 000 000 000 个。也就是说，就算每个粒子都能成功地将对应的一个硼核击碎，要想击碎 1 克硼的所有硼原子，这台加速器至少也得运行 5500 万秒，也就是大约两年的时间。

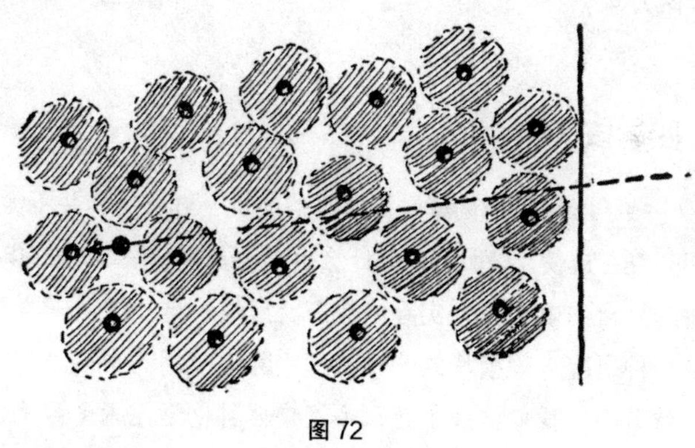

图 72

更何况，相比之下，加速器在实际应用中的效率要低得多。一般情况下，几千个粒子中往往只有一个能成功地将目标材料中的原子核击碎。效率为什么会这么低呢？这是因为当带电的粒子在原子中穿过时，原子核外的电子会减慢它的速度。那我们有没有可能让粒子直接瞄准原子核呢？答案是不可能。因为与目标原子核的面积相比，电子壳层的面积要大得多，每个粒子要想击中原子核，都必须穿过原子核外的那些电子壳层。在图 72 中，我们可以清楚地看到这种情况发生时的样子。图中的黑色圆点和阴影线分别代表了原子核及核外的电子壳层。原子核的直径约是原子直径的一万分之一，所以，两者受轰击面积的比就应该是 1∶100 000 000。而据我们所知，带电粒子每穿过一个原子的电子壳层，其能量大概就会减低万分之一。换句话说，带电粒子在穿过大约 1 万个原子后，就会失去所有动能，彻底停下来。通过这些数据，我们很容易就能看出，在初始能量被原子的电子壳层消耗完之前，1 万个粒子中大概只有 1 个能幸运地击中原子核。由于带电粒子击碎目标材料原子核的效率如此之低，所以就算是让一台最先进的加速器昼夜不停地运转，要想将 1 克硼完全转化为氦，至少也需要两万年。

四、核子学

“核子学”这个词就像许多类似的词一样，虽然并不太恰当，但却一直在被使用。那么究竟什么是“核子学”呢？正如“电子学”描述的是自由电子束在实际中的广泛应用一样，“核子学”就应该是一种研究大规模释放的核能在实际中应用的学科。在之前的那些章节中，我们已经了解，不管是哪种化学元素（银例外），其原子核内都蕴藏着巨大的能量，而要想将这些能量释放出来，轻元素可以进行核聚变，重元素可以进行核裂变。不仅如此，我们还了解到，可以用人工加速的粒子对原子核进行轰击，不过这种方法虽然对研究各种核嬗变的理论有重要作用，但本身效率极低，并不能派上什么实际用场。

为什么普通的带电粒子，如 α 粒子和质子等，在对原子核进行轰击时，效率会如此低下呢？究其根本，是因为它们所带有的电荷决定了它们在穿过原子时，会被电子壳层中带负电的电子消耗掉一些能量，而剩下的能量又不足以支撑它们接近目标材料的带电原子核。既然是这样，那如果我们用不带电的中子代替普通的带电粒子，对原子核进行轰击，是不是就能得到一个更好的结果呢？然而事实并非如此。因为在自然界中，由于能够轻易穿过原子核，所以中子是不以自由形态存在的。就算我们利用入射粒子，从某个原子核中强行地踢出一个中子来（比如用 α 粒子对铍原子进行轰击，使其产生中子），但用不了多久，这个中子也会被其他原子核捕获。更何况，要想对原子核进行轰击，我们需要的中子就不是一两个，而是强大的中子束。这就意味着，我们必须先用带电粒子，从某种元素的原子核里将中子一个一个地踢出来，然后再集合成中子束去轰击目标原子核。这样一来，不就和之前一样了吗，效率并没有任何提升。

不过，要想跳出这种恶性循环，也不是一点办法都没有。事实上，我们可以用中子来踢出中子，而且被踢出的每一个中子，都可以像兔子或具有感染性的细菌一样，产生越来越多的后代（见图 97）。用不了多久，仅一个中子产生的后代，就足够对一大块物质的每个原子核进行轰击了。

要想使中子像这样无限增殖，需要利用一种特殊的核反应。当人们掌握了这种核反应的方法后，核物理学就自此兴盛了起来，它离开了纯粹科学——对物质最隐秘性质进行研究的科学——这座安静的象牙塔，变成了新闻中的大标题，变成了政治家们激烈讨论的焦点，变成了军工事业上的一个重要方面。1938 年，奥托 · 哈恩[①]（Otto Hahn）和弗里茨 · 施特拉斯曼[②]（Fritz

① 奥托 · 哈恩（1879—1968），德国放射化学家和物理学家，1944 年诺贝尔化学奖得主。——译注

② 弗里茨 · 施特拉斯曼（1902—1980），德国物理学家和化学家。——译注

Strassman）发现，通过铀核裂变的过程，就可以得到核能，或者说是原子能。当时，但凡看过报纸的人，就没有不知道这一点的。不过，如果你因此以为裂变本身（指重原子核自行分裂成两部分，且两部分大小几乎相等）就可以令核反应继续下去，那就错了。事实上，裂变产生的这两部分碎片很难与其他原子核接近，因为它们自身就携带着大量电荷（每个碎片的电荷量大概都是原铀核电荷量的一半）。所以，当它们进入原子还未接近目标原子核时，它们的初始能量就会被原子核外的电子壳层消耗干净，而失去能量的它们自然不能再继续前进，并引起下一步的裂变。

裂变过程对发展出一种能够自我维系的核反应来说，十分重要。因为人们发现，每个裂变碎片在能量被消耗、速度即将减慢之前，都会释放出中子，以便于令核反应继续维持下去（如图73）。

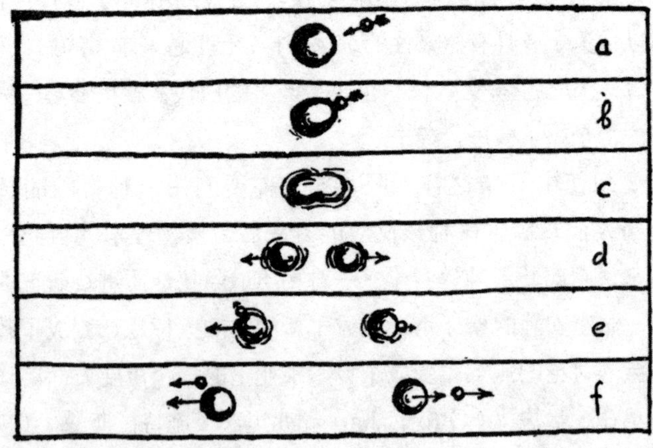

图 73
裂变从开始到结束的各个阶段。

裂变具有这种不同寻常的缓发效应是因为，最开始时，重原子核分裂出的两块碎片会处于一种十分强烈的振动状态中，就像断开的两节弹簧一般。虽然这种振动不会导致二次裂变（令每个碎片再分裂成两个碎片），但却很有可能将几个基本粒子抛射出来。这里还要强调一点，那就是我们所说的每个碎片都能释放出一个中子，只是一种对大量数据进行统计之后得出的平均值。事实上，每个碎片在不同的情况下能抛射出的中子数并不同，有时候可能射出两三个，有时候可能一个都没有。一个裂变碎片到底能抛射出几个中子，其实取决于它的振动强度，而它的振动能达到何种强度，又取决于裂变初期释放出的能量总数。就像我们知道的，在聚变中，释放的能量大小受原子核重量的影响，原子核越重，释放出的能量就越大。由此我们可以推断，在裂变中，每个碎片所产生的平均中子数受该元素在周期表中的原子序数影响，原子序数越大，产生的中子数越多。比如，金原子核裂变（由于需要的激发能过高，所以直到今天也没有实验成功）后，每个碎片所产生的中子数的平均值可能远不足一个；而铀原子核裂变后，平均每个碎片可产生一个中子（每次裂变后产生的中子数大约为两个）；至于其他更重的元素（例如钚），核裂变后平均每个碎片可产生的中子数应多于一个。

如果进入某种物质的中子有 100 个，那么这 100 个中子必须产生多于 100 的中子，才能符合上文所说的中子连续增殖的要求。至于怎样实现这一点，就要看在中子的作用下，这种原子核裂变的效率有多高，也要看在一次裂变中，平均能产生多少新中子。虽然与带电粒子相比，中子轰击原子核产生裂变的效率要高不少，但也达不到百分百成功。高速中子在进入原子核后，其实很可能只留给原子核一部分动能，然后带着剩余的离开。这时，留下的这部分动能就会分散消耗在几个原子核上，而没有足够的能量令任何一个原子核发生裂变。

按照原子核结构的基本理论，我们可以很肯定地说：中子产生裂变的效率受裂变物质原子量的影响，原子量越高，效率越高，所以位于元素周期表末端的那些元素，其在中子的轰击下产生裂变的效率将近百分之百。

现在，我们以具体数值来举两个例子，这两个例子中选取的元素不同，一个有利于中子增殖，另一个刚好相反：一、假设高速中子将要轰击某元素的原子核，引起其裂变的效率为 35%，每一次裂变平均产生 1.6 个中子[①]。此时如果有 100 个中子，那么就将引起 35 次裂变，同时产生 35×1.6=56 个新中子。中子数显然在逐代减少，新一代的中子数每次都会比上一代减少二分之一左右。二、假设这一次中子将要轰击的是一种更重元素的原子核，引起其裂变的效率提高到 65%，而每一次裂变平均可产生 2.2 个中子。此时如果依旧是 100 个中子，那么将引起 65 次裂变，同时产生 65×2.2=143 个新中子。显然，中子数在逐代增加，新一代的中子数每次都会比上一代增加一半左右。这样一来，用不了多久，中子数就可以多到足够对该样品中的每一个原子核进行轰击，并打破它们。我们称上述这一系列反应为分支链式反应，称可以发生这种反应的物质为裂变物质。

---

① 这些数值并非任何元素的实际数据，单纯是为了举例而给出的。——原注

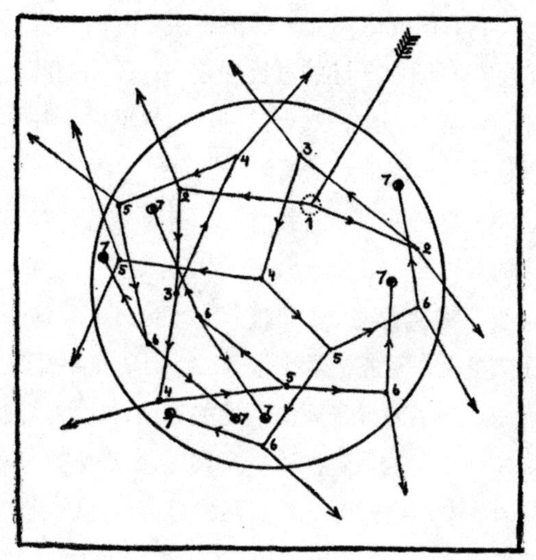

图 74

在一个球形裂变物质中，一个自由中子所引起的链式反应。虽然有许多中子从表面逸出，但其总数依旧在逐代增加，直到最后导致爆炸。

对于发生分支链式反应的必要条件，如果我们认真地做过实验观测，并深入地进行过理论研究，那么就可以得出这样一种结论：所有天然原子核中只有一种原子核可能发生这种反应，即铀的轻同位素铀 235。也就是说，天然裂变物质有且只有这一种。

然而在自然界中，铀 235 并不会以单独的、纯净的形态存在。事实上，它总是与较重的同位素铀 238 混在一起，而后者并非裂变物质。这无疑为我们引发天然铀的分支链式反应造成了阻碍，就好像水汽是我们点燃湿木头时的阻碍一样。不过另一方面，铀 235 之所以还能存在于自然界中，没有在某次链式反应中毁于一旦，正是因为与这种过于稳定的同位素混杂在了一起。如果我们打算对铀 235 的能量加以利用，那么要做的第一件事就是想办法将它与铀 238 分开。当然，如果我们可以想个办法，让更重的铀

238不能在我们的研究中捣乱，那不将两者分离也行。事实上，在我们研究如何释放原子能的过程中，一直采用的两种方法，而且做得都不错。在本书中，对于这种技术性问题，并不打算过多涉及，所以这里就只简单地说几句。①

要想将铀的两种同位素直接分开，并不是一件容易的事，这里涉及很大的技术难题。由于两者的化学性质并没有太大区别，所以仅凭一般的化学手段是不可能将它们分开的。这两种原子唯一的差异在质量上，双方质量相差1.3%。于是，我们就想到，利用一些依靠原子质量差异来解决问题的方法，比如扩散法、离心法、电磁场中离子束的偏转法等，来实现让这两者分离的目的。在图75a和75b中，我们可以看到两种分离方法的工作原理以及相关的简要说明。

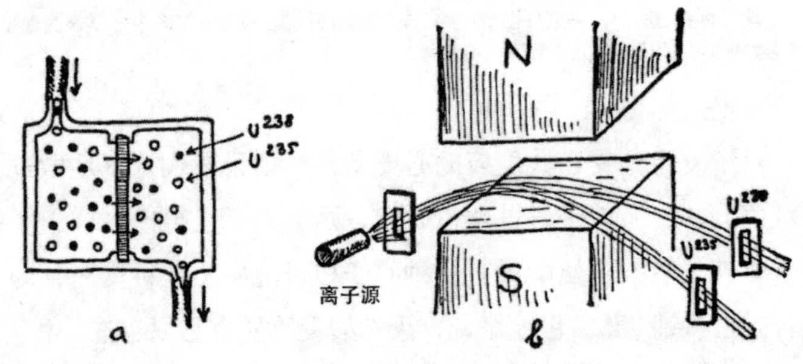

图75

a: 扩散法分离同位素。在仪器左半部的空间抽入含有两种同位素的气体。气体进入左侧后，透过中央隔板逐渐向仪器右侧空间扩散。与铀238相比，铀235质量更轻，所以扩散得就更快。所以在右侧空间中，铀235的含量要远远多于另一同位素。

b: 磁场偏转法分离同位素。原子束穿过强磁场时，质量较轻的同位素分子会出现更多的偏转。为了增加粒子束强度，实验室必须选取比较宽的缝隙，所以两种同位素会有部分重叠，最后得到的也只能是铀235与铀238的一部分。

---

① 在1947年由维京出版社（Viking Press）出版的《解释原子》（*Explaining the Atom*）一书中，可以找到更详细的内容。这本书的作者为塞利格·赫克特（Selig Hecht）。在“探险家”（*Explorer*）平装丛书中，可以找到尤金·拉宾诺维奇（Eugene Rabinowitch）博士的新版本。——原注

然而，无论是哪种方法都有一个缺点，即不能一步到位，必须重复多次才能得到富含轻同位素的物质。之所以会这样，是因为这两种同位素的质量虽有差异，但差异并不大。可不管怎么说，只要我们多重复几次，还是能得到较为纯净的铀 235 的。

相比之下，其实还有一种更高明的方法可以实现天然铀的链式反应，那就是不去强行分离两种同位素，而是利用所谓的减速剂，通过人工介入，将天然铀中重同位素的影响缩小，令其不会对天然铀的链式反应造成干扰。我们在理解这个方法之前必须先明白另一个问题，那就是为什么重同位素会对链式反应造成干扰，令其无法进行？这是因为它会吸收铀 235 在裂变过程中产生的大部分中子。所以，如果我们想要解决这个问题，只要保证中子在遇到铀 235 的原子核引起裂变之前不被铀 238 捕获就行了。可是，怎样才能做出这样的保证呢？要知道，与铀 235 的原子核相比，铀 238 的原子核可要多得多，差不多是对方的 140 倍。所以乍看之下，想让铀 238 少捕获中子，几乎是不可能的事。不过，另一个事实在这个问题上起了很大作用，那就是对铀的这两种同位素来说，中子运动的速度不同，其“捕获中子的能力”也不同。裂变的原子核所产生的中子都是高速运转的，对这类中子，铀 235 和铀 238 的捕获能力是一样的。也就是说，铀 235 每捕获 1 个中子，铀 238 就可以捕获 140 个中子。而对于运动速度中等的中子，与铀 235 相比，铀 238 的捕获能力要更强。不过不用担心，真正起重要作用的是，对于运动速度很慢的中子，捕获能力更强的是铀 235，而且这种强不是强得一点，是强很多。所以，如果我们可以让裂变产生的快中子在遇到下一个铀原子核（可能是铀 235，也可能是铀 238）之前，速度大幅度降低，那么即便铀 235 原子核的数量少于铀 238，也依然有可能比后者捕获更多的中子。

要想得到这样的减速装置，我们需要先准备一些材料（减速剂），这些材料要能够降低中子的速度，同时还不能具有捕获大量中子的能力。准备好这些材料后，再将天然铀的小颗粒掺进去，这个减速装置就完成了。重水、碳和铍盐，这就是最好的减速剂配方。在图76中，我们可以看到被掺进减速剂中的天然铀颗粒“堆”是如何工作的。①

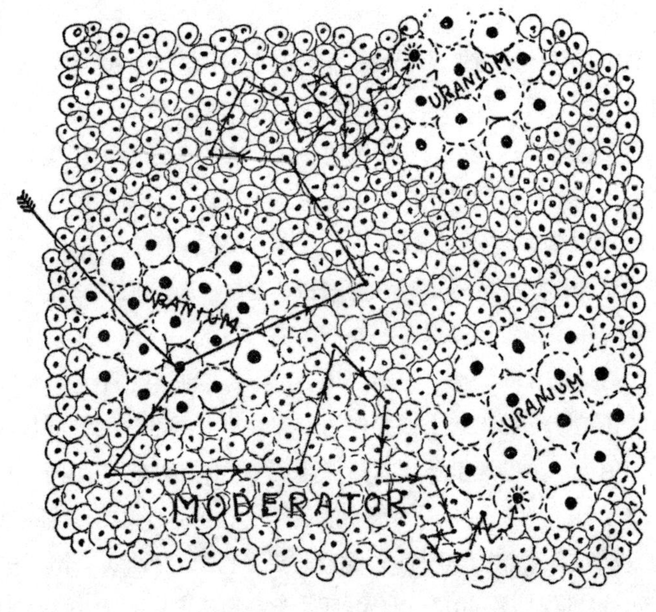

图 76

这张看起来像生物细胞图的图像反映的就是天然铀颗粒掺进减速剂后的情况。从图中我们可以看到，一堆堆铀原子（大原子）分布在减速剂（小原子）的各处。在左侧的一堆铀原子中，有一个原子发生裂变产生了两个中子，这两个中子进入减速剂后不断与原子核发生撞击，以至于速度越来越低。也就是说，这些中子在到达下一个铀原子堆时速度已经大幅度降低。因此，比铀 238 更能捕获慢中子的铀 235 的原子核就可以轻易将其捕获。

---

① 有关原子能的专业书籍中，可以找到关于铀堆的更详细内容。——原注

在上文中，我们曾说过，轻同位素铀235（在天然铀中仅占0.7%）是唯一的天然裂变元素。也就是说，只有铀235能够维持这种逐步递进的链式反应，并最终释放出大量核能。可是，这并不代表我们不能人工合成出一些元素来，这些元素虽然在大自然中并不存在，但却可以具有与铀235相同的性质。实际上，就算是那些平常不可裂变的原子核，也有可能变成可裂变的原子核。那该怎么做呢？其实很简单，只要先让某种裂变元素通过递进的链式反应产生大量中子，然后再对这些中子加以恰当的利用就可以了。

刚才我们提到过的“铀堆”——由天然铀颗粒与减速剂混合而成——其实就是这样一个例子。我们已经知道，减速剂的使用可以大大降低铀238捕获中子的能力，从而令铀235的原子核顺利发生链式反应。不过，能力降低并不代表没有能力，也就是说铀238依然会捕获一部分中子。这时，又会发生什么事情呢？

捕获中子后的铀238质量变重，自然会立刻变成同位素铀239。不过这个新核并不能维持太长时间，事实上，它接下来会先后射出两个电子变成一种新化学元素的原子核。这种新化学元素就是原子序数为94的人造元素钚（Pu-239）。与铀235相比，这种新元素更容易裂变。如果用另一种元素钍（Th-232）来代替铀238，那么在捕获中子并陆续射出两个电子后，这种天然放射性元素就会变成另一种人造裂变元素铀233。

因此，从理论上来说，自天然裂变元素铀235开始，只要不断进行循环链式反应，就可以把一切天然铀和钍变成裂变物质。这些裂变物质其实就是核能的来源，只不过是精炼型的。

可供人类用于未来和平发展或者自我毁灭的军事斗争的能量一共有多少呢？最后就让我们来大致算一算。计算的结果表明，如果将已知天然铀矿中的铀235全部转化为核能，全世界的工业一起使用的话，大概可以支撑数年之久。不过，既然我们已经知道了，铀 238 可以转化为一种比铀 235 更容易裂变的新元素钚，那考虑到这一点，刚才的“数年”可能就会延长为“数个世纪”。除此之外，我们还知道天然放射性元素钍可以转化为人造裂变元素铀 233，而在大自然中，钍的储存量是铀的 4 倍。这样算下来，我们现在所拥有的能量至少可以使用一两千年。显然，那些关于“未来原子能匮乏”的论调，不过是杞人忧天罢了！

更何况，就算这些核能资源都被用尽了，新的铀矿和钍矿也不存在，未来的人想要获得核能也不是一点办法都没有。事实上，从最普通的岩石中，我们就可以获得核能。甚至不只是岩石，一切普通物质内部都含有少量的铀和钍，就像含有其他化学元素一样。比如花岗岩，每吨花岗岩中铀和钍的含量分别是 4 克和 12 克。这个数值初看之下似乎微不足道，但让我们进一步算算。据我们所知，1 千克裂变物质所蕴含的核能，甚至可以与 2 万吨 TNT 炸药爆炸时释放的能量相媲美。或者，我们也可以点燃 2 万吨汽油，这些汽油燃烧时释放的能量也和它们差不多。因此，千万不要小看 1 吨花岗岩中的 16 克铀和钍，如果将这些看起来微不足道的东西进行转化，令其变成裂变物质，那么它们所蕴藏的能量甚至能与 320 吨普通燃料相媲美。虽然把铀和钍从岩石中分离出来的过程艰难又烦琐，但这样的回报足以抵消一切了，尤其是当我们处于无矿可用的困境中时。

现在，在核裂变过程中，铀等重元素的能量释放问题已经得到解决，于是，物理学家就将目光转向了与核裂变过程截然相反的另一过程——核聚变。什么是核聚变？就是两个轻元素的原子核聚合在一起，形成一个重原子核的过程。这一过程也同样会伴随着大量能量的产生。在第十一章中，我们会发现太阳的能量就由这一过程而来，在内部猛烈的热撞击下，普通的氢原子核聚合成较重的氦核。为了让这种所谓的热核反应能为人类服务，人们发现重氢，也就是氘是最适合引起聚变的材料。在最常见的水中，我们就能发现少量氘。氘核由一个质子和一个中子组成，当两个氘核相撞时，可能发生这样的反应：2 氘核$\longrightarrow {}_{2}He^{3}+$ 中子；也可能发生这样的反应：2 氘核$\longrightarrow {}_{1}H^{3}+$ 质子。不过，想让氘核发生这种嬗变的前提条件是，氘周围的温度必须高达几亿摄氏度。

氢弹就是首个实现核聚变的装置，在这个装置中，被用来引发氘聚变的能量来自于原子弹的爆炸。不过，对今天的我们来说，更重要的一个问题是，在以和平为目的的前提下，如何用人为的方法控制热核反应，为人类的发展提供巨大能量。其中最主要的困难是该怎样对极热气体进行限制。最好的办法就是，利用强磁场，阻止氘核与容器壁接触（一旦接触，容器必将熔化和蒸发），并将其约束在中心热区中。

第八章 无规则定律

一、不规则的热运动

将水倒入水杯中，然后认真观察它。这时你会看到，这杯液体均匀而纯净，丝毫看不出其内部有怎样的结构，也看不出它运动的迹象（故意摇晃杯子除外）。可是，我们都知道，这不过是一种表面现象。事实上，在被放大至几百万倍后，水的内部就会呈现出一种由大量紧紧挤在一起的分子组成的明显颗粒结构。

我们在相同的放大倍数下还可以看到，杯中的水并非毫无运动痕迹。事实上，它的分子就像一大群异常激动的人，始终在来回运动，推着挤着彼此，一刻也不肯消停。由于通过这种运动可以产生热量，所以我们将水分子的这种无规则运动称为“热运动”。当然，这一定义也适用于其他任何物质分子。虽然通过肉眼，我们没办法直接观察到分子本身和它的运动，但是却可以利用身体来感觉它，因为分子的运动会对身体的神经纤维产生刺激，从而令我们觉得“热”。热运动在那些小于人类的生命体上，比如水滴中的细菌，效果会更加明显。由于分子一直在运动，所以这些微小的生物会被不停地挤来挤去，一刻也不能消停（如图 77）。早在一百多年前，英国生物学家罗伯特·布朗（Robert Brown）在研究植物花粉时，就注意到了这个有意思的现象。因此，这种现象就以这位首次发现它的人的名字命名，称为“布朗运动”。

布朗运动十分常见，所以要想观察到它，并不是什么难事。比如，那些悬浮在不同液体之中的各种足够小的物质微粒，还有那些飘浮在空气中的烟尘等，从中都可以观察到布朗运动。

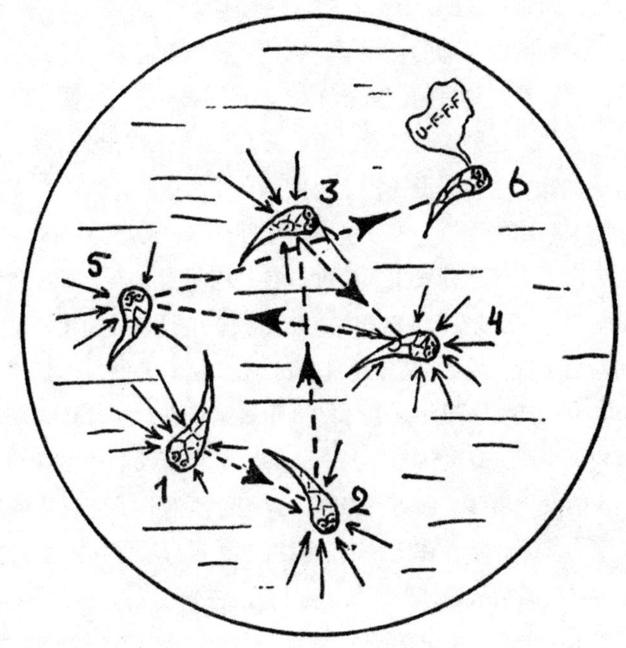

图 77

一个细菌因为四周分子的推搡先后换了六个地方（在物理学上这种说法没有问题，但在细菌学上却不够准确）。

当液体受热时，那些悬浮其中的小微粒的运动将更加猛烈；当液体温度下降时，小微粒的运动也会变缓。显然，这就是物质内部热运动的效应。所以，我们平常所说的温度，其实就是分子运动激烈程度的量度。人们对布朗运动与温度的关系进行研究后发现，物质的热运动在温度达到 -273℃，也就是 -459 ℉时，将彻底停止。此时，一切分子都处于绝对静止的状态中。由此可见，这大概就是最低的温度了。我们给它取了一个名字，叫绝对零度。想要越过绝对零度去讨论更低的温度，这无疑是荒唐可笑的，因为根本不可能存在比绝对静止还慢的运动!

不论何种物质的分子，在接近绝对零度时，能量都几乎为零。在分子之间的内聚力的作用下，它们会被凝聚起来，变成一块坚硬的固体。在这种凝结的状态下，分子们唯一能做的就是轻微地颤动。当然，这种颤动随着温度的升高会越来越剧烈，到了一定的阶段，就能令分子重获一定程度的自由。这时，分子们彼此滑动，原本凝结的物质失去硬度重新变回液体。分子之间内聚力的强度决定了溶解过程发生的温度。有些物质的分子之间内聚力十分微弱，比如氢或空气(氮和氧的混合物)，所以只需很低的温度，它们的凝结状态就会被热运动打破。比如对氢来说，温度必须达到 14K（-259℃）以下，它才能处于凝结状态；而对凝结为固体的氮和氧来说，温度达到 64K（-209℃）和 55K（-218℃）时，它们就能发生溶解。而另一方面，有些物质的分子之间具有较强的内聚力，因此就算在比较高的温度下，也可以保持固体状态。比如，对纯酒精来说，一直到 -114℃，它都可以保持固态；而对凝结的水（也就是冰）来说，当温度到达 0℃时，它才融化。

除此之外，还有一些物质就算在更高的温度下也能保持固态。比如铅和铁，它们只有在温度分别达到 +327℃和 +1535℃时才能熔解；而另一种稀有金属锇，它的熔解温度更是高达 +2700℃。处于固态中的物质，其分子虽然被紧紧限制在固定的位置上，但这并不代表热运动对它们已经毫无影响。其实按照热运动的基本定律，处于同一温度下的所有物质，其个体分子的能量都是相同的，并不受物体状态——固态、液态、气态——的影响。只不过，同样的能量对某些物质的分子来说，已经足够其从固定的位置上挣脱开；而对另一些物质的分子来说，却还远远不够，只能令其如一条被不够长的链子拴住的暴怒的狗一般，在一个地方不断地颤动。

要想观察到固体分子的这种热颤动或热振动，并不是一件难事，从上一章提到的X光照片中就能看到。我们其实已经注意到，需要很长的一段时间才能成功拍摄到晶格分子的照片，因此分子在曝光期间必须留在自己的固定位置上。如果分子在固定位置的周围不断颤动，那必然会影响到照片的清晰度，令照片变得模糊，不信可以看一下照片1中拍摄的分子。换句话说，我们必须将晶体尽力冷却，才能拍出足够清晰的照片来。而要想让晶体尽力冷却，我们可以将其浸在液态空气中。反过来，如果将晶体加热，那么拍摄的照片就会越来越模糊。甚至到了最后，我们的镜头中可能一个分子都没有了，这是因为当温度达到该物质的熔点时，分子就会从固定位置中完全脱离，转而在熔解后的液体中做无规则的运动。这样一来，我们自然拍不到它的影像了。

图78

在热运动的作用下，分子虽然可以从晶格中的固定位置上完全挣脱，但并不会分散开。也就是说，即便熔化为液体，分子们也依旧是凝聚在一起的。当然，要想把它们完全分开并非不可能，只要再进一步提升温度就可以了。当温度高到一定程度时，内聚力就无法再令它们保持一个整体，因此只要四周没有容器壁阻隔，分子们就会朝不同的方向分散开。物质也就这样从液体转化成了气体。不同的物质从液体转化为气体时，需要的温度也不同，就像不同物质固体的熔化温度也不同一样。总的来说，物质的内聚力越强，汽化时需要的温度就越高。除此之外，液体受到的压力对汽化过程也有很大影响，因为在外界压力的帮助下，分子会变得更难分开。所以，与打开壶口的水壶相比，密封水壶中的水沸腾的温度要更高。还有，如果是在高山山顶，由于大气压的降低，用不到100℃，水就会沸腾。顺口一提，如果我们将水沸腾时的温度测量出来，那通过计算就可以得知大气压的具体数值，从而就能确定所处位置的海拔。

不过，我们最好不要学习马克·吐温的做法。据说，他曾经直接往一锅正在烹煮的豌豆汤里放入一支无液气压计。这样做不仅对我们计算海拔高度毫无帮助，气压计上的铜氧化物还会毁了整锅汤的味道。

对一种物质来说，熔点与沸点是成正比的，熔点越高，沸点越高。例如，液态氢、液态氧、液态氮的沸点分别是 -253℃、-183℃和 -196℃；而熔点更高的酒精、铅和铁，沸点则分别是 +78℃、+162℃和 +3000℃；至于稀有金属锇，其沸点更是高达 +5300℃。[①]

晶体结构被破坏后的固体，其内部分子最开始时只是随意爬动，就像一群爬虫一样，等到后来，它们就会向四面八方飞散，宛如一群受到惊吓的小鸟。可即便如此，也不能说热运动已经无法再造成更大的破坏了。事实上，如果继续提高温度，就会直接威胁到分子本身的存在。因为分子之间的撞击随着温度升高会变

① 这些数值都是在标准大气压下测量出来的。——原注

得越来越激烈，有些分子被击碎后就成了独立的原子。我们将这种过程称为热解离，热解离能达到何种程度，完全由分子的相对强度决定。一些有机物的分子，在温度达到几百摄氏度时，就可能被击碎成独立的原子或原子团。而另一些像水分子这样比较坚硬的分子，要想彻底崩溃，温度至少要达到 1000℃以上。可是，分子在温度达到几千摄氏度时就不会再存在了，因为那时，无论是何种物质，都会变成纯化学元素的混合形气体。

太阳表面的情况就是如此，因为那里的温度能达到 6000℃。与太阳相比，红巨星的大气层温度要更低一些①，所以仍然能发现一些分子的踪迹。利用光谱分析法，我们已经证实了这一点。

在足够高的温度下，分子间剧烈的撞击不仅能击碎分子，令其变成单个的原子，还能剥掉原子的外层电子。这就是所谓的热电离。热电离会随着温度的持续升高而变得越来越明显，并在温度从几万摄氏度、几十万摄氏度升至几百万摄氏度时彻底完成。当然，在我们的实验室中是不可能取得这么高的温度的。事实上，即便是我们取得的最高温度，距离这样的极高温度也有很大很大的差距。可是，在恒星内部，尤其是太阳内部，这种高温却是十分常见的。当原子的电子壳层被全部剥掉，物质就成了一群赤裸的原子核与自由电子的混合物。这种混合物在空间中肆意奔走，随意乱撞。不过，就算变成这样，物质基本的化学性质也不会发生改变，因为它的原子核还在，并且没有受到任何损害。当温度降低时，原子核就会与自己的电子再次结合，重新变回一个完整的原子。

那我们是不是可以继续提升温度，令物质彻底热解离呢？到了那时，原子核也会被击碎，变成一个个核子（质子和中子）。

---

① 在本书第十一章中，有详细介绍。——原注

理论上来说是可以的，但这个温度至少要达到几十亿摄氏度。像这样高的温度，我们还从来没有发现过，就算是最热的恒星内部也达不到。不过，在几十亿年以前，我们的宇宙还没有这么古老时，或许曾出现过这样的温度。在本书的最后一章，我们将对这个令人激动的问题进行讨论。

综上所述，我们发现，在热运动的作用下，以量子力学定律为基础建立起来的物质结构会逐步瓦解，这座雄伟壮观的建筑最后会变成一堆肆意奔走、到处乱撞的粒子，而且这些粒子的运动毫无规则。

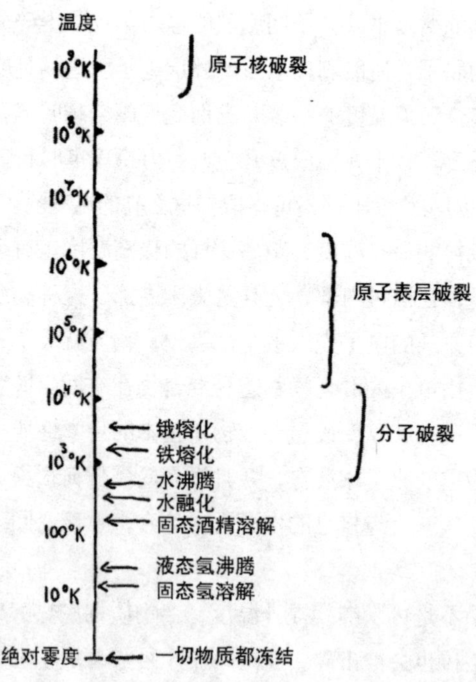

图 79

二、如何描述不规则运动?

热运动是没有任何规则的，所以无法对它进行任何物理描述，如果你是这样认为的，那就犯了一个大错。事实上，正因为是完全无规则的，所以热运动必须遵循一种被称为“无序定律”或“统计定律”的新定律。为了让大家彻底明白这句话的含义，现在，让我们先来解决一个非常有名的问题——“酒鬼走路”问题。

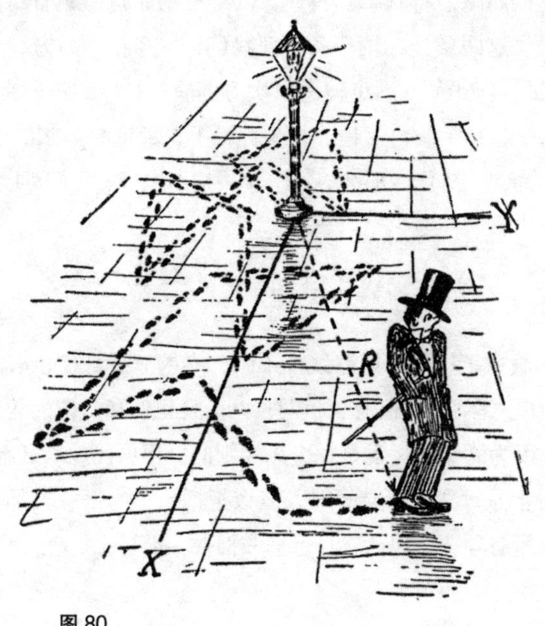

图 80

酒鬼走路。

假设，在城市某个广场中间的一根灯柱旁斜靠着一个酒鬼（至于他是什么时间跑到这里来的，怎么来的，只有天知道）。突然，他站直身体，打算随便逛一逛。他先向一个方向走了几步，然后换了个方向又走了几步。之后，他就按照这种方式——每走几步就随意换个方向再走几步——随意逛着（如图 80）。那么，当他像这样随意改变了100次方向后，他与灯柱间的距离是多少呢？这个问题乍一看似乎根本没办法回答，因为这个酒鬼每次改变方向都是随意的。然而，只要认真思考一下，我们就会发现，如果是问这个酒鬼转过100次方向后会停在哪儿，我们可能回答不出来，但如果是问他转过这么多次方向后最可能距离灯柱多远，我们是有办法解答的。接下来，就让我们从严谨的数学角度出发，看看这个问题该怎样计算。首先，以灯柱为原点，顺着路面画两条坐标轴。这两条坐标轴一条指向我们，一条指向右方，分别用X和Y来代表。假设，酒鬼转过N次方向后与灯柱的距离为R（在图80中，N=14）。再假设，在坐标轴上，酒鬼的第N段路线的投影分别为Xn和Yn，那么根据毕达哥拉斯定理，我们可以得出：

$$R^2=(X_1+X_2+X_3+\cdots+X_n)^2+(Y_1+Y_2+Y_3+\cdots+Y_n)^2。$$

由于酒鬼走过的每段路线都不同，有的靠近灯柱，有的远离灯柱，所以X和Y的值有正负两种。而且正值和负值的数量应该差不多，因为酒鬼的运动是完全无规则的。根据代数的基本规则，我们在对上方算式进行计算时，应该把括号中的每一项都与自己括号内的所有项——包括它自己——相乘。于是：

$$\begin{aligned}&(X_1+X_2+X_3+\cdots+X_n)^2\\&=(X_1+X_2+X_3+\cdots+X_n)\times(X_1+X_2+X_3+\cdots+X_n)\\&=X_1^2+X_1X_2+X^1X_3+\cdots+X_2^2+X_1X_2+\cdots+Xn^2\ 。\end{aligned}$$

仔细观察最后得出的这一长串数字，你会发现它包括了X的所有平方项（X_1^2，X_2^2，$\cdots X_n^2$）。同时，也包括了X_1X_2、X_2X_3这样的“混合积”。

我们在此之前使用的都是一些简单的数学，但是现在，我们将在其中加入统计学的观点了。酒鬼走路时，是没有任何规则可言的，所以他有可能靠近灯柱，也有可能远离灯柱，两者的概率相等。因此，X 的值是正是负概率也各占二分之一。这样一来，在那些“混合积”中，我们总能找到一些数值相等但符号相反的数对，这样的数对显然是可以相互抵消的。而且转弯的次数越多，也就是 N 的值越大，这种抵消发生的概率就越高。由于平方项永远是正的，所以最后会被留下来。于是，最后的结果就应该是：

$$X_1^2+X_2^2+\cdots+X_n^2=NX^2$$ 。

在这个式子中，X 代表的是在 X 轴上各段路线投影的平均长度。

至于第二个关于 Y 的括号，我们可以按照同样的方法将其化为 NY^2，其中 Y 代表的是 Y 轴上各段路线投影的平均值。这里必须强调一点，严格来说，我们刚才进行的这一系列运算并非数学运算，而且对统计规律——即随意运动所产生的“混合积”可以互相抵消——的一种应用。

现在，经过我们的计算，酒鬼距离灯柱可能有这么远：

$$R^2=N(X^2+Y^2)$$ 。

也可以写成：

$$R=\sqrt{N}\cdot\sqrt{X^2+Y^2}$$ 。

由于在两条坐标轴上各条路线的平均投影为 45°，所以，

$\sqrt{(X^2+Y^2)}$就等于平均路线长度(也是由毕达哥拉斯定理得到的)。我们用1来代表这个平均路线的长度后就可以得到：

$R=1\cdot\sqrt{N}$。

这个结果可以简单地描述为：在走了很多不规则路线，转了很多次弯后，酒鬼最可能距离灯柱有，每段路线长度的平均值乘以路线数目的平方根那么远。

也就是说，如果酒鬼每次只走1米，转弯（往任意方向）之后再走1米，当他走完100米时，他最可能距离灯柱10米远。如果他一直沿直线前进，没有随意转弯，那最后距离灯柱就应该是100米远。由此可见，走路时保持头脑清醒，是一件非常有好处的事。

在上面这个例子中，我们讨论的始终是每个场景下最可能的距离，而不是最精确的距离，所以说，我们是从统计学的观点出发来解决这个问题的，而非数学。当然，这个酒鬼的走路方式是有很多种的，他可能就是走的没有任何转弯的直线（虽然不大可能发生这种情况），也可能每次转弯的角度都很大，转两次就又回到了原点灯柱。可是，如果从这根灯柱出发的酒鬼不是一个，而是一群，并且他们都沿着各自的曲折路线行进、互不打扰，那么你会发现，他们在一段时间后会四散地分布在灯柱周围的某处。至于他们与灯柱之间的平均距离，仍然可以利用上述规律计算出来。在图81中，我们可以看到六个酒鬼在经过无规则行进后的分布情况。很明显，有越多的酒鬼，无规则行进中就有越多的转弯，上述规律就有越高的准确性。

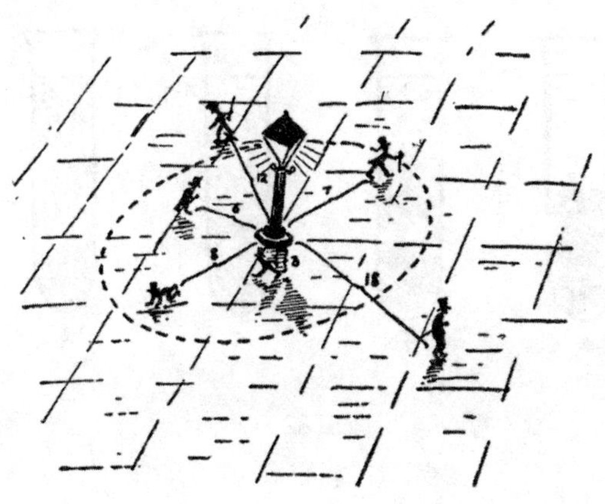

图 81

六个酒鬼在灯柱周围无规则行进后的分布情况。

现在，让我们用一些小物体，比如浮在液体表面的植物花粉或细菌，来代替酒鬼。这样一来，生物学家布朗通过显微镜看到的那种现象也会展现在你眼前。花粉和细菌虽然不会喝酒，但它们的运动路线同样是弯弯曲曲的，和那些被酒精弄得无法辨别方向的人没什么区别。为什么会这样呢？是因为在它们的四周，有正在进行热运动的分子，这些分子不停地将它们撞向各个方向，所以它们行进的轨迹才会如此曲折。其实在前文中，我们曾经提过这一点。

通过显微镜，当我们观察浮在水滴中的微粒的布朗运动时，可以把所有视线都放在一小堆微粒上，这一小堆微粒在某一时刻刚好聚集在了同一小片区域中（在“灯柱”附近）。这时，你会发现这一小堆微粒随着时间的流逝会慢慢分散开来，最后遍布你的整个视野。它们与原来位置的平均距离，按照我们之前在酒鬼例子中计算其距离的数学定律来看，同样与时间的平方根成正比。

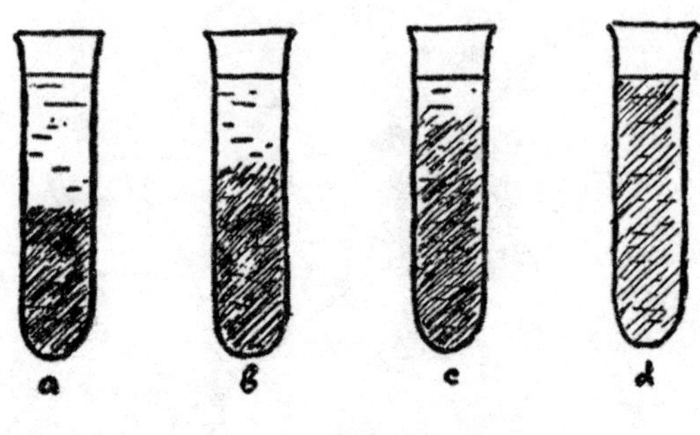

图 82

事实上，这条定律不仅适用于这些微粒，在水滴中各个分子身上同样适用。只是，我们是没办法看到个体分子的，更没办法在看到后将它们区分开。所以，我们必须选取两种可以凭借某种特征——比如颜色——区分开的分子，才能看出它们的这种运动来。现在让我们先取一个试管，然后往里面注入一半高锰酸钾水溶液。这种液体呈一种很好看的紫色，可以与之后注入的清水区分开。当我们在高锰酸钾溶液的上面注入清水时要注意一点，那就是尽量让两种液体泾渭分明，不要混合。之后我们会发现，紫色的液体会慢慢地向清水中渗透，如果时间足够长，最后所有液体都会变成均匀而统一的颜色（如图 82）。对大家来说，这种由高锰酸钾染料分子在水中的不规则热运动所引起的现象其实并不陌生，它通常被称为“扩散”。事实上，我们完全可以将每一个高锰酸钾分子都当成是被其他分子推来撞去的酒鬼。（与气体分子相比）水分子与水分子之间往往挨得极近，这就导致每个染料分子在两次连续的撞击之间，所拥有的平均自由程只有亿分之一英寸左右。而另一边，在室内温度下，分子的速度约为每秒十分之一英里。这就意味着，每隔一万亿分之一秒，分子就会发生一次撞击。因此可以推断，每个高锰酸钾染料分子在 1 秒钟之内，无论是发生的撞击数，还是转变方向的次数，都将达到一万亿次。在第 1 秒中，它行进的距离就是亿分之一英寸（平均自由程）与一万亿的平方根的乘积，也就是每秒百分之一英寸。这个数值就是染料分子扩散的平均速度。如果该分子能不受其他分子撞击的影响，始终沿着一个方向直线行进，那么 1 秒钟之后，它大概离原来的位置能有十分之一英里远。很明显，这个速度并不快。换句话说，高锰酸钾染料分子扩散的速度是非常慢的。100 秒后，它大概能扩散到 10（$\sqrt{100}=10$）倍远的地方；10 000 秒后，大概能扩散到 100（$\sqrt{10000}=100$）倍远的地方——也就是说，3 个小时左右大概可以扩散到 1 英寸外。扩散的过程确实是很漫长的。所以，当你往茶杯里加糖时，最好不要等糖分子自己扩散到各处，而是应拿起茶匙搅一搅。

让我们再来看一个例子，也是与扩散有关的。在分子物理学中，有一个极为重要的过程，即热在铁质通条中的传播过程。如果我们将通条的一头插进火炉中，那按照经验来说，通条的另一头可能要过相当长的一段时间才能热得握不住。你大概不知道，热在金属条中的传递，其实是靠电子的扩散来实现的。金属物体的内部都有大量的电子，铁通条是这样，其他金属物体也是这样。与玻璃之类的其他材料相比，金属的不同之处在于，一些位于外部电子壳层上的电子能够脱离原子在金属晶格内随处游荡，并参与无规则的热运动，就像普通的气体微粒一样。

当然，电子是不可能彻底从金属物质中逃出去的，因为当它想这么做时，金属物质的外表面就会向它施加一个作用力阻止它[1]。不过在金属内部，它可以随意运动。如果给金属丝加一个

① 如果对金属丝进行加热，当温度高到一定程度时，由于其内部电子的热运动加剧，就会导致一些电子从表面上射出。喜欢研究无线电的人应该都知道这一点。这种现象也已被应用于电子管方面。——原注

电压，那么顺着这个电压的方向，这些不受拘束的自由电子就会一起拥过去，从而形成电流。与之相反的是那些非金属物质，它们那些被紧紧束缚在原子上的电子根本没有机会轻易脱出，更不能随意运动。所以一般情况下，非金属物质都具有非常好的绝缘性。

当我们将铁通条的一头插进火炉中，这部分通条内部自由电子的热运动就会随着温度的升高而越来越剧烈。这时，电子在高速运动中就会携带着多余的热能往其他区域扩散。这一过程与染料分子在清水中扩散的过程十分相似，但不同的是，在那个例子中，是两种不同的分子（染料分子和水分子），而在这个例子中，只有一种电子，扩散的过程就是热电子气向冷电子气所在区域运动的过程。在这里，酒鬼走路的定律同样适用：在铁通条中，热能传播的距离与所用时间的平方根成正比。

我们最后再举一个扩散方面的例子，这个例子与前两个例子截然不同，具有更广大的意义。在后面的章节中，我们会了解到，太阳的能量源于自身，是它身体内部的化学元素发生嬗变时产生的。这些能量产生后，会以强辐射的形式被释放出来。这个释放的过程，其实就是“光微粒”，或者说光量子，从太阳内部向太阳表面运动的过程。这个过程是相当漫长的。之所以会这样，是因为光量子在往太阳表面运动时，并不能沿直线行进——事实上，如果它可以沿直线运动不发生偏移，那么按已知的光速每秒 300 000 千米和已知的太阳半径 700 000 千米来计算，仅需不到 3 秒的时间，它就可以来到太阳表面。光量子为何不能保持直线运动呢？这是因为，在它往太阳表面运动的过程中，太阳物质中的原子和电子会与其发生碰撞。在太阳内部，光量子的平均自由程大概是 1 厘米（比分子长多了！），而太阳的半径换算成厘米后为 70 000 000 000 厘米。所以，光量子要想到达太阳表面，就得

像酒鬼那样转 $(7\times10^{10})^2$，也就是 5×10^{21} 个弯。而每走一步，它需要花费的时间为 $\frac{1}{3\times10^{10}}$ 秒，也就是 3×10^{-11} 秒。这样一来，要想完成整个旅程，就需要 $3\times10^{-11}\times5\times10^{21}=1.5\times10^{11}$ 秒，也就是大概五千年！毫无疑问，这个例子再次证明了扩散是一个极为缓慢的过程。光需要花费五千年的时间才能从太阳中心到达太阳表面，可它只需要花费 8 分钟的时间，就能从太阳表面穿过宇宙到达地球。当然，前提是沿直线前进，其间没有任何偏离。

三、概率计算

我们在上面讨论了好几个关于扩散的例子，这几个例子反映的都是概率的统计定律在分子运动上的简单应用。接下来，我们要进一步对概率问题进行讨论。这次要讨论的是一个无比重要的定律——熵定律。在这个世界上，小到一滴液体，大到由无数星辰组成的宇宙，所有物体的热行为都要受这个定律的操控。不过为了更好地理解这个定律，在此之前，我们先要了解一下该怎样计算不同事件——可能是一个简单事件，也可能是一个复杂事件——的概率。

抛硬币，这是一个最简单的概率计算问题。众所周知，在扔硬币的时候，正面向上和反面向上的概率是相同的（当然，前提是没有作弊）。用我们的话说，就是正面朝上和反面朝上各有一半的机会。如果用一个算式来表示这两种可能性，那就应该是 $\frac{1}{2}+\frac{1}{2}=1$。在概率论中，整数 1 就代表着肯定。其实，你在抛硬币的时候已经可以确定，它要么是正面朝上，要么是反面朝上。当然，也可能出现意外情况，比如硬币滚到沙发下面找不到了，不过这并不在我们的考虑范围之内。

现在拿出一枚硬币，连续抛两次，或者拿出两枚硬币，同时抛出去（这两种情况本质上并没有区别），那么我们很容易就能看出，最后可能会出现4种不同的结果，就像图83所显示的那样。

图 83

抛出两枚硬币后，可能会产生的 4 种不同组合。

第一种结果是两枚硬币都是正面朝上，最后一种结果是两枚硬币都是反面朝上，中间的两种结果其实并没有什么区别，都是一枚硬币正面朝上，一枚硬币反面朝上。至于先出现的正面，还是先出现的反面（或者哪个是正面，哪个是反面），并不用在意。因此，我们可以说，获得两个正面的概率和获得两个反面的概率相同，都是$\frac{1}{4}$，而获得一正一反的概率则是$\frac{1}{4}+\frac{1}{4}=\frac{1}{2}$。很明显，$\frac{1}{4}+\frac{1}{4}+\frac{1}{2}=1$，这就代表每抛一次硬币，我们必然能得到这三种结果中的一种。

现在，我们再来看另一种情况，将一枚硬币连续抛3次，会有多少种可能的结果？答案是8种。详细情况见下表：

第一次抛	正	正	正	正	反	反	反	反
第二次抛	正	正	反	反	正	正	反	反
第三次抛	正	反	正	反	正	反	正	反
	Ⅰ	Ⅱ	Ⅱ	Ⅲ	Ⅱ	Ⅱ	Ⅲ	Ⅳ

通过这张表格，我们可以看出，抛出三个正面和抛出三个反面的概率相同，都是$\frac{1}{8}$。其余情况则可总结为两种，一种是两个正面一个反面，另一种是两个反面一个正面，这两种的概率均为$\frac{3}{8}$。

这张代表着可能的不同结果的表格增长得很快，下面我们就再来看看，如果将同一枚硬币连续抛 4 次，会得到多少种可能的结果？答案是 16 种，具体情况如下：

第一次抛	正	正	正	正	正	正	正	正	反	反	反	反	反	反	反	反
第二次抛	正	正	正	正	反	反	反	反	正	正	正	正	反	反	反	反
第三次抛	正	正	反	反	正	正	反	反	正	正	反	反	正	正	反	反
第四次抛	正	反	正	反	正	反	正	反	正	反	正	反	正	反	正	反
	Ⅰ	Ⅱ	Ⅱ	Ⅲ	Ⅱ	Ⅲ	Ⅲ	Ⅳ	Ⅱ	Ⅲ	Ⅲ	Ⅳ	Ⅲ	Ⅳ	Ⅳ	Ⅴ

此时，抛出四个正面和四个反面的概率依旧相等，都是$\frac{1}{16}$。其余情况可以总结为 3 种：一种是三个正面一个反面，此时的概率为$\frac{4}{16}$，也就是$\frac{1}{4}$；另一种是三个反面一个正面，此时的概率和上一种情况相同，也是$\frac{1}{4}$；第三种是正面和反面数目相等，此时的概率为$\frac{6}{16}$，也就是$\frac{3}{8}$。

按照这种方式，我们可以一直列下去，但随着抛硬币的次数不断增多，这张表会越写越长，长到我们根本写不完。比如，当我们抛了 10 次硬币时，可能的结果将会达到

2×2×2×2×2×2×2×2×2×2=1024 种。难道我们要用表格把这 1024 种可能性都列出来吗？不，当然不用。事实上，通过前面那两张简单的表格，我们就可以发现一些并不复杂的概率法则。而当我们遇到更复杂的情况时，完全可以利用这些法则去解决。

我们率先发现的一点是：抛两次硬币时，抛出两个正面的概率等于第一次抛出正面的概率乘以第二次抛出正面的概率，也就是：

$\frac{1}{4}=\frac{1}{2}\times\frac{1}{2}$。

而连续抛出三个正面和四个正面的概率同样如此，都是每一次抛出正面的概率的乘积。因此，抛出三个正面的概率为：

$\frac{1}{8}=\frac{1}{2}\times\frac{1}{2}\times\frac{1}{2}$。

抛出四个正面的概率为：

$\frac{1}{16}=\frac{1}{2}\times\frac{1}{2}\times\frac{1}{2}\times\frac{1}{2}$。

所以，如果你想知道连续抛 10 次硬币，每次都正面的概率是多少，只需连续乘 10 次$\frac{1}{2}$，最后求得的答案是 0.000 98。这个结果告诉我们，其实很少能出现这样的情况，你需要抛 1000 次硬币，才有可能出现一次！上述这些就是“概率乘法”定理。它告诉我们：如果你想同时得到几种不同的东西，那么你可以先看看得到每种东西的概率有多大，然后将它们相乘，就是你同时得到这几种东西的总概率。如果你想得到的东西有很多，而且每一种得到的可能性都很小，那么你能获得所有东西的概率就更微乎其微了！

除此之外，还有一条“概率加法”定理，它告诉我们：如果有好几种东西，但你只想要其中的一种（随便哪个），那么你只要先看看得到每种东西的概率有多大，然后再将它们相加，就是你想得到一种东西时的概率。

要想说明这个定理十分简单，只需再看看那个抛两次硬币的例子。假设，你想要的结果是一正一反，那么你就有两种选择：一种是先正面后反面，一种是先反面后正面。这两种选择的概率相同，都是$\frac{1}{4}$。所以，如果你只想得到其中的一种，那么概率就是$\frac{1}{4}+\frac{1}{4}=\frac{1}{2}$。综上所述，如果我们将各项单独的概率相乘，求出的就是“这个也要，那个也要，每个都要……”的概率；如果我们将各项单独的概率相加，求出的就是“或者这个，或者那个，或者其他哪个……”的概率。

第一种情况，所有东西都想要，结果想要的越多，得到的概率就越小；第二种情况，只选取其中的一种，结果可供选择的东西越多，得到的概率就越大。

概率定律的准确性会随着试验的增多而变高。就拿抛硬币这个例子来说，从图 84 中，我们可以看到，当我们抛 2 次、3 次、4 次、10 次、100 次硬币时，得到的正反面相对次数的概率。从图中我们还可以看到，概率曲线随着抛硬币次数的增多而变尖。与此同时，正反两面各占二分之一时，显示出的最大值也就越突出。

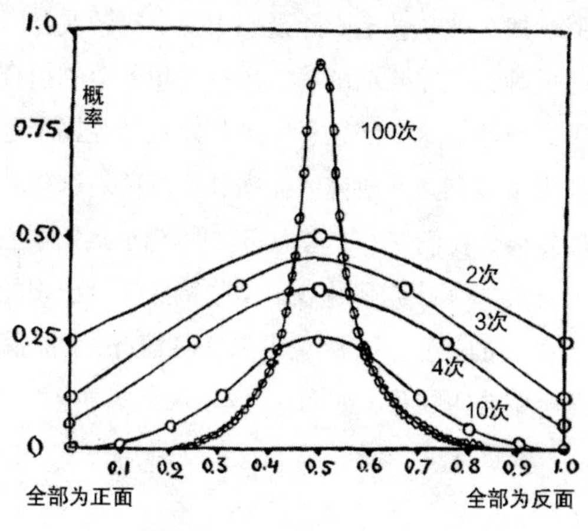

图 84

获得正反两面的相对次数。

所以，不管是抛2次硬币，还是抛3次或4次硬币，我们仍然有很大机会每次都得到正面或反面。可是，如果抛硬币的次数增长到10，这种机会就会大大减少，每次都是正面或反面的概率甚至很难达到90%。如果抛硬币的次数进一步增大到100或1000，那概率曲线就将变得愈发尖利，看起来就像一根针一样。此时，一半对一半的分布形式上几乎不可能再出现一点点偏移。

通过上述内容，我们已经学到了一些概率计算的简单规则。现在，就让我们将这些规则应用到一个非常有名的扑克牌游戏中，看看五张牌可以有多少种不同的组合，每种组合的相对概率又是多少。

首先，我们对这个游戏做一个简单的说明：每人抓五张牌，最后谁能得到最好的一种组合，谁就是赢家。在这种简单的规则下，可能有很多意外的情况，比如为了得到一手好牌，会不会有人把几张牌换掉；或者发动心理战，为了让对方相信你有一手好牌而故意吓唬他，从而迫使别人自动认输等——事实上，这种游戏玩的就是这样一种假造声势、借以骗人的心理战略，丹麦著名物理学家尼尔斯·玻尔甚至因此设想出一个新游戏，即参与者根本不必真的抓牌，只需开动脑筋，用自己想象中的组合去蒙骗对方就可以了。当然，这个问题思考到此处就已经属于心理学的领域，早已超出了我们正在研究的概率计算范畴。这些意外会令计算变得更加复杂，我们先不去考虑它。现在，让我们言归正传。

我们来计算一下扑克牌游戏中某些特殊组合出现的概率，实际练习一下概率的计算。在游戏中有一种情况，5张牌是同一个花色的，这种组合叫同花（如图85）。

图 85

同花（黑桃）。

第一张牌是什么花色都行，需要计算的是后面 4 张牌跟第一张牌是同一花色的概率。牌的总数是 52 张，每个花色有 13 张，[①] 当抽出第一张之后，这个花色的牌就只剩下 12 张。所以第二张牌是这一花色的概率就是$\frac{12}{51}$，同样的道理，接下来的第三、四、五张牌出现这个花色的概率分别是$\frac{11}{50}$、$\frac{10}{49}$、$\frac{9}{48}$。要计算五张牌属于同一花色的概率，就要把前面得到的四个概率相乘，也就是概率乘法规则：$\frac{12}{51}\times\frac{11}{50}\times\frac{10}{49}\times\frac{9}{48}=\frac{11880}{5997600}\approx\frac{1}{500}$。

不过有一点要注意，并不是每 500 次就肯定能得到一次同花。有时候你一次都抽不到，有时候可能会抽到两次。这里计算的只是同花出现的概率，可能你第一次就能抽出个同花来，但也有可能你抽 500 多次，一次同花也没有。概率所描述的只是你在 500 次中抽中一次同花的可能性。用同样的方法我们也可以计算得出，在 3000 万次游戏中，我们抽到 5 张 A 牌的次数可能有 10 次（包括使用“万能牌”）。

---

① 这里对玩家使用“万能牌”代替其他牌的情况不计算在内。——原注

还有一种出现概率更低的组合，叫作“福满堂”（full hand 或者 full house），这种组合也更加宝贵。这种牌包括一个“对子”和一个“豹子”（2 张牌是同一个点数，另外 3 张牌是同样的另一个点数，如图 86 中的 2 张 5 和 3 张 Q）。

图 86

福满堂。

在这种组合中，前两张不同的牌可以是任何点数，不过在后面的 3 张牌中，其中两张要与前两张之一的点数相同，第三张要与前两张中的另一张点数相同。剩下的牌中，符合点数的只有 6 张（比如你已经抽到的牌是一张 5 和一张 Q，那么剩下的符合要求的牌就是 3 张 5 和 3 张 Q）。因此当你抽完前两张，抽第三张牌符合点数要求的概率就是$\frac{6}{50}$。这时总共还剩下 49 张牌，符合点数的牌还剩 5 张，那么第四张牌满足要求的概率是 $\frac{5}{49}$ 。第五张牌满足要求的概率就是$\frac{4}{48}$。所以最后得到这种组合的概率就是：$\frac{6}{50}\times\frac{5}{49}\times\frac{4}{48}=\frac{120}{117600}$。这个概率大概是出现同花概率的一半。

“顺子”（5 张牌点数连续）等其他组合牌的概率，可以用相同的方法算出，也可以算出包括“万能牌”和换牌所带来的概率变化。

我们可以发现，扑克牌中一组牌的好坏，与其在数学上出现的概率是相对应的。我没有办法确定这种对应是来自于某位数学家的计算，还是来自于世界范围内几百万赌徒以身家财产为代价在赌场里得出的经验。如果确实是由这些赌徒确立的，那么这就是一个很好的对复杂事件概率的统计研究。

在“生日重合”问题上，概率计算会带来一个让人相当意外的结果。你可以回想一下，自己有没有在同一天收到两份生日宴会邀请。或许你会认为这种情况出现的概率很小，因为会邀请你参加生日宴的朋友或许不超过 24 位，而他们的生日可能会在一年 365 天中的任何一天。如此多的日期，你这 24 位朋友当中有在同一天过生日的应该概率会比较小。不过事实上，你的这种直觉是错误的，或许你不相信，在 24 个人当中出现相同生日的概率是非常高的，甚至比不同生日的概率还要高。

你可以列一张 24 人左右的名单，把他们的生日都标出来，或者从《美国名人录》这样的工具书上随便找 24 个人，把他们的生日列出来，然后进行比对。前面我们已经对抛硬币和扑克牌的问题进行了概率计算，同样的方法也可以用在生日重合的问题上。

我们可以先计算一下 24 个人的生日完全不重合的概率。第一个人的生日是哪天无所谓，随便一天都行。第二个人同样可以出生在一年中的任何一天，因此他与第一个人生日重合的概率为，$\frac{1}{365}$，不重合的概率是$\frac{364}{365}$。现在一年当中已经有两天被用掉了，那么第三个人的生日与前两个人不重合的概率是$\frac{363}{365}$。后面的人与前面的人生日不重合的概率依次是$\frac{362}{365}$、$\frac{361}{365}$、$\frac{360}{365}$……最后一个人与前面所有人生日都不重合的概率为$\frac{365-23}{365}$，也就是$\frac{342}{365}$。

我们要求的是 24 个人中生日出现一次重合的概率，现在我们先算一下所有人生日都不重合的概率，也就是把前面得到的每个概率相乘：$\frac{364}{365} \times \frac{363}{365} \times \frac{362}{365} \times \cdots\cdots \times \frac{342}{365}$。

如果你懂高等数学的话，就可以比较容易地算出这个式子的结果，如果不懂的话，那就要用一些比较费力的方法了，[①] 不过也不会太耗时间的。计算出来的最后结果是约等于 0.46，这个结果说明，在 24 个人当中，生日完全不重合的概率只有 46%，比一半还低，有 54% 的概率会出现两个或多个人生日重合的情况。因此如果你的朋友人数超过 25 个，但是却从来没有在一天中收到两份生日宴邀请，那么很有可能就是你的朋友们没有举办生日宴会，或者他们并没有邀请你。

当我们对复杂事件的概率进行判断时，直觉往往很容易出错，在生日重合这个问题上就有很明显的体现。我之前向很多人提过这个问题，其中不少是有名的科学家，但是绝大多数人都认为这种重合的概率极低，甚至为此下了 2∶1 到 15∶1 的赌注，其中只有一个人例外，给出了不同的回答。如果这个人当时接受了那些赌注，如今他已经是个富翁了。

有一点需要注意，一件事情发生的概率高并不代表一定会发生，我们根据概率规则计算出那些发生概率高的事情，也只能说明这些事情很有可能发生，除非我们通过几千次、几百万次甚至几十亿次来进行验证。当验证的次数只有很少几次的时候，概率其实并不是十分有效的。

下面我们来看一个通过统计分析来破译一段密码的例子。在爱伦·坡（Edgar Allan Poe）的小说《金甲虫》（*The Gold Bug*）中，描写了这样一件事：一位名叫勒格朗（Legrand）的先生在南卡罗来纳州的一处偏僻的海滩散步时，捡到了一张半埋在湿润沙

---

① 条件允许的话可以使用计算尺或对数表。——原注

子里的羊皮纸。他把羊皮纸带回自己位于海边的小屋，然后用火烤干，结果羊皮纸上出现了一些有趣的墨迹。在正常状态下，这些墨迹是不显现的，只有达到一定温度的时候，这些墨迹才会变成红色清晰地显现出来。勒格朗先生发现其中有一个头骨符号，证明这些墨迹出自一个海盗之手；有一个山羊头图像，说明这个海盗就是有名的基德（Kidd）船长，另外还有几行印刷的字符，看上去像是指向某个藏宝地点（如图 87）。

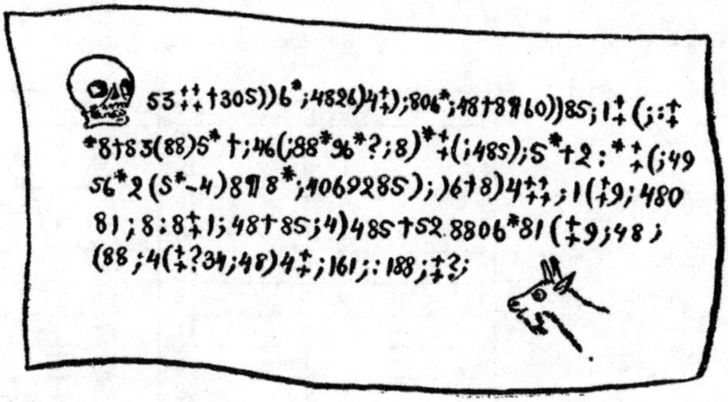

图 87

基德船长留下的信息。

按照爱伦·坡的说法，17 世纪的海盗很熟悉分号、引号等印刷符号和*、†、¶等符号，我们暂且采纳这种说法。

勒格朗先生很想得到这个宝藏，因此想尽办法破译这段密码表达的内容。他最后采用的办法是将其对应于英文字母出现的频率。在任何一部英文作品中，不管是莎士比亚的十四行诗，还是华莱士（Edgar Wallace）的侦探小说，其中各个字母出现的频率是不一样的，出现最频繁的字母是“e”，接下来依次是：a，o，i，d，h，n，r，s，t，u，y，c，f，g，l，m，w，b，k，p，q，x，z。

勒格朗先生统计了基德船长这段信息中各符号出现的频率，

发现数字 8 出现的频率最高。“哈，”他说，“8 代表的字母很可能就是 e 了。”

他的想法很正确，不过这只是一种可能，并不能确定是事实。因为下面这段密码完全可以一个字母“e”都没有：“You will find a lot of gold and coins in an iron box in woods two thousand yards south from an old hut on Bird island’s north tip.”（在鸟岛北头的旧棚屋南边两千码的树林里有一个铁盒子，你可以在里面发现很多黄金和硬币。）不过幸运的是，勒格朗先生得到了概率论的青睐。

在第一步踏上正确的道路之后，勒格朗先生又用同样的方法把各个字母按照出现频率排序。下面的表格中列出了基德船长的密码中各个符号出现的频率。

符号“8”出现了33次		e	e
;	26	a	t
4	19	o	h
‡	16	i	o
(	16	d	r
*	13	h	n
5	12	n	a
6	11	r	i
†	8	s	d
1	8	t	
0	6	u	
g	5	y	
2	5	c	
i	4		
3	4	g	g
?	3	l	u
¶	2	m	
-	1	w	
.	1	b	

表格的第二栏列出的是字母在英文表达中出现频率的由高到低排序，我们可以认为，第一栏中的符号代表的就是第二栏中对应的字母。但是如果按照这样的排列顺序，基德船长的这段文字开头就是：ngiiugynddrhaoefr……

这不过是一段无意义的字符！

为什么会这样？是狡猾的基德使用了什么特别的词语吗？是

这些词中的字母频率规则跟通常的规则不一样吗？当然不是这样的，其实原因就是这段密文太短，导致样本不足，不能很好地体现概率规则。如果基德船长真的用一种十分复杂的方法埋藏宝藏，并且用长达几页甚至一本书的篇幅来指引宝藏的埋藏地点，那勒格朗先生就能很容易地利用概率论来破译密码。

一般情况下，样本次数越多，就越能准确地体现概率规则。比如你投掷 100 次硬币，正面朝上的次数就会十分接近 50 次，但是如果只投掷 4 次，那么正面朝上的次数就可能是 3 次也可能是 1 次。

因为样本数量不足，勒格朗先生没办法用统计方法进行破译，所以只好分析具体每个单词的结构。他注意到，在这段密文中，出现了很多次“88”的组合（5 次），而在英文单词中，经常会出现两个 e 的情况，比如 meet、fleet、speed、seen、been、agree 等，所以他假定出现频率最高的数字“8”代表的还是字母 e。如果真的是这样，那么“8”必定会经常作为单词“the”的一部分出现。我们可以发现，在这段密码中，出现了 7 次“；48”这个组合，如果前面的假设正确，就可以肯定符号“；”代表的是字母 t，“4”代表的是字母 h。

读者如果有兴趣的话，可以去爱伦·坡的小说中寻找破译这段密文的更多细节。最后破译出来的内容是这样的：“A good glass in the boshop' s hostel in the devil' s seat.Forty-one degrees and thirteen minutes northeast by north.Main branch seventh limb east side.Shoot from the eye of the death' s head.A beeline from the tree through the shot fifty feet out.”（在主教旅馆的魔像座下面有一个好玻璃杯。北偏东 41 度 13 分。主干东侧的第七根树枝。从骷髅头的眼睛里开一枪。顺着开枪的方向往那棵树走 50 英尺。）

在前面表格的最后一栏，列出了勒格朗先生破译的各符号代表的正确字母。从中可以看出来，这些字母与按照概率规则排列的字母对应程度并不很高。这里面的原因就是样本太少，导致概率规则不能显现出来。不过我们从中也可以看到，这些字母已经有了按照概率规则进行排列的趋势，要是样本内容继续增多的话，这个规则就会变得越来越明显。

美国国旗和火柴的问题，应该是唯一一个通过大量实验来检验概率论的例子。这个问题是这样的：拿一面美国国旗，上面有红白条纹，如果没有国旗的话，也可以用一张画有等距平行线的纸代替；然后还需要一盒火柴，只要是比那些红白条纹宽度短的火柴就可以；另外还需要希腊字母 π，它在英文中对应的是字母“p”，也可以用来表示圆周长和直径的比值，你可能知道它表示的数值是 3.1415926535…（我们知道后面的更多位数，但是没必要写出来了）。接下来我们把国旗平铺在桌子上，拿一根火柴随意扔到国旗上面（图 88），这根火柴可能完全位于一条条纹内部，也有可能会跨越两条条纹。那么出现这两种情况的概率各是多少呢？

图 88

如果要计算其概率，先要确定各种情况的次数。可是火柴落在旗子上的可能性有无数种，那要如何去数呢？关于这个问题我们要好好考虑一下。在图 89 中，火柴在旗子上的位置可以用火柴中点和最近的条纹线之间的距离，加上火柴和条纹之间的夹角来表示。图上画出了三种比较典型的火柴位置。我们可以假设火柴的长度跟条纹的宽度相等，都是2英寸，这样计算起来方便一些。当火柴的中点跟条纹线比较接近，而且夹角比较大（如图中 a 所示），那火柴将会跟条纹线相交。如果夹角比较小（如图中 b 所示），或者距离比较大（如图中 c 所示），那么火柴将完全位于一个条纹之内。更确切地说，如果火柴的垂直投影比条纹宽度的一半大，那么火柴将会跟条纹线相交（如 a 所示），如果小于，那么两者将不会相交（如 b 所示）。

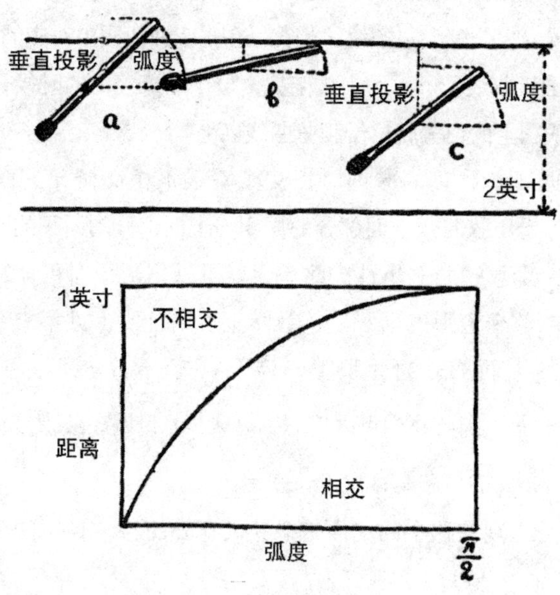

图 89

把这些情况综合起来，就可以用图89下半部分的坐标轴表示。横轴表示的是火柴与水平的夹角（单位为弧度），纵轴表示的是半根火柴的垂直投影长度，这个长度在三角理论中被定义为确定角度的正弦。当角度等于零的时候，说明火柴处于水平位置，那么正弦也相应地等于零。当角度等于$\frac{\pi}{2}$，[①]也就是直角的时候，火柴处于竖直状态，与自身的投影重合，这个时候正弦就等于1。对于中间的角度，其正弦可以由正弦曲线表示。（图89中给出的角度只有0到$\frac{\pi}{2}$，因此图中的曲线只是完整正弦曲线的四分之一。）

根据这张图我们可以很容易地估算出火柴与条纹线相交或者不相交的概率。在图89所举的三个例子中，我们可以看到，当火柴的中点和条纹线的距离小于所对应的投影，也就是小于其正弦的时候，火柴就会跟条纹线相交。在正弦曲线图中对应的位置，就是在正弦曲线以下。而当火柴完全位于条纹之内的时候，其在正弦曲线图上的位置就位于正弦曲线以上。

根据概率计算的原则，相交概率跟不相交概率之间的比值，就等于正弦曲线下面部分的面积与上面部分的面积的比值。如果要分别算得两个事件的概率，就可以用两个面积分别除以其所在的整个矩形的面积。从数学上可以证明（见第二章），正弦曲线下面部分的面积正好等于1，而整个矩形的面积为$\frac{\pi}{2}\times 1=\frac{\pi}{2}$。因此我们可以得出，火柴（长度跟条纹宽度相等）跟条纹线相交的概率是：$1/(\frac{\pi}{2})=\frac{2}{\pi}$。

π会出现在这个问题中是很让人意外的。18世纪的时候，

---

① 半径为1的圆，其周长与直径的比值为π，其数值便是2π，那么圆周的四分之一就是$\frac{2\pi}{4}$，也就是$\frac{\pi}{2}$。——原注

科学家布丰（Buffon）最早发现了这件事，所以这个问题被命名为布丰问题。

意大利数学家拉兹瑞尼（Lazzerini）不辞辛劳地用实验来验证这个问题。他总共投掷了3408根火柴，发现有2169根火柴跟条纹线相交。然后通过计算，他得出 π 的值可以表示为$\frac{2\times3408}{2169}$，也就是3.1415929，可以看出，直到小数点后第7位，才与 π 的准确值出现了差异。

这自然能够很好地体现出概率论是可以产生作用的，不过和投掷几千次硬币，然后用总次数除以正面朝上的次数最后得出“2”的结论。在投掷硬币这个问题中，最后你会得到2.000000…这个结果，其误差肯定和拉兹瑞尼得到的 π 的误差同样小。

四、“神奇”的熵

通过前面那些在日常生活中计算概率的例子，我们可以发现，如果样本太小，得出的结果很可能会与预期不符。当样本数量增多之后，与预期相符的程度就会增加。就算是最小块的物质，也包含了无数的分子或原子，这种情况就最适合用概率论来描述。对于六七个酒鬼每人走二十步的情况，概率论只能给出一个相近的描述，但是对于每秒钟会发生几十亿次碰撞的几十亿个染料分子，用概率论就可以十分严谨地描述其扩散规律。比如我们可以这样描述：在试管中，染料溶解在全部水中的概率比只溶解在一半水中的概率大，所以原本只溶解在一半水中的染料，会趋向于均匀溶解在全部水中。

同样还可以想到，当你坐在房间里读这本书的时候，空气是均匀分布在这个房间里的。你肯定不会认为，房间某个位置的空气会比其他地方多，从而让你在椅子上感到呼吸困难。然而我们在物理上无法完全排除这种情况出现的可能性，只不过其概率特别小。

我们可以设想一种情况来理解这个问题。比如假设房间被某个竖直的平面平均分成两份，那这两份中的空气分子应该会怎么分布呢？这跟前面的掷硬币问题其实是同样的问题。如果我们随机选择一个空气分子，那它位于房间两侧的概率是相等的，这种情况就相当于硬币正面朝上和反面朝上的概率是相等的。在不考虑其他分子位置的情况下，我们可以发现，第二个、第三个和其他所有空气分子位于房间两侧的概率都是相等的。① 在图 84 中我们已经看到，投掷多次硬币后最有可能出现的情况就是正面朝上和反面朝上对半分布，这跟空气分子在房间两侧的分布是一样的。而且我们还可以看出，投掷硬币的次数越多（对应到这个问题，就是气体分子的数量越多），分布结果就越接近对半。当数量相当大的时候，这种可能的结果就变成了确定的结果。在一间正常大小的房间里，大概分布着 10^{27} 个空气分子，② 那么它们同时聚集在一半房间的概率就是：

$$(\frac{1}{2})^{10^{27}} \approx 10^{-3\times10^{26}},$$

也就是 1 比 $10^{3\times10^{26}}$。

而空气分子的运动速度是每秒 0.5 千米，那么从房间的一边转移到另一边，只需要 0.01 秒，因此每一秒钟，它们在房间的位置变动会发生 100 次。大概需要过 $10^{299\,999\,999\,999\,999\,999\,999\,998}$ 秒，这些空气分子才会完全位于房间的某一侧。而整个宇宙的年龄，

---

① 气体分子的分布其实并不紧密，虽然在一定空间内有大量的空气分子，但是新的分子可以很容易地进入。——原注

② 我们假定这间屋子为 10 英尺宽、15 英尺长、9 英尺高，那么体积就是 1350 立方英尺或者 5×10^{7} 立方厘米，其中的空气含量为 5×10^{4} 克。空气分子的平均质量是 $30\times1.66\times10^{-24}\approx5\times10^{-23}$ 克，可以得出空气分子的数量为 $\frac{5\times10^{4}}{5\times10^{-23}}=10^{27}$。——原注

到现在也只有 10^{17} 秒。所以你可以放心读书了，根本不用想你突然无法呼吸的情况。

我们还可以再举一个例子。比如在桌子上放着一杯水，里面的水分子正以非常快的速度，向各个方向做着不规则热运动，不过由于分子之间存在吸引力，所以并不会散逸。现在我们基于概率规则来想象一种情况：杯子里的上半部分水分子全部向上运动，下半部分的水分子全部向下运动。[①] 这时两部分水之间的引力并不足以抵抗“完全一致的分离倾向”，所以最终我们将看到一件很离奇的事情：上半杯水将会像子弹一样飞向天花板。

我们还可以想象另一种情况，就是水分子热运动的能量全部集中到了上半部分。这时我们会发现，杯子上半部分的水剧烈沸腾起来，而下半部分的水则完全结冰。为什么你从来没有见到过这种情况呢？这并不是因为这种事情不可能发生，而是因为只有极低的概率发生。如果你愿意计算一下本来随机的分子运动突然变成上面的运动情况的概率，那么你会发现，这跟空气分子全部聚集在一个位置的概率一样，是一个极其小的数字。而一部分水分子因为碰撞失去大部分动能，另一部分水分子得到这些能量的概率同样是小到极点的。我们平时所见到的，正是速度分布概率最大的情况。

我们可以给出一个初始状态，这时分子并未处于最大可能的分布，比如我们从房间的一个角落开始释放某种气体，或者往凉水中倒一些热水。接下来发生了一系列物理变化，将会让分子分布从最初概率低的状态变为概率最高的状态。气体将会均匀地弥漫到整个房间，上面的热水会把热量传递给下面的凉水，最终使

---

① 由于动量守恒定律，所有分子不可能同时向同一个方向运动，所以只能是对半的反向运动。——原注

得整杯水达到相同的温度。我们可以由此得出结论：所有依靠分子无规则运动而进行的物理变化，都会往概率变大的方向进行，当达到概率最高的状态时，整个系统会达到平衡，不再发生变化。

在关于空气的例子中，我们会发现分子分布概率的数字往往非常小，小到很难表达出来（例如空气聚集在一半房间的概率是 $10^{-3\times10^{26}}$）。为了更方便表达，我们取这些数字的对数，将其定义为熵，这个概念在所有跟无规则热运动相关的问题中都很重要。这里我们可以把前面的物理变化改成这样描述：在一个系统中，所有自动发生的物理变化，都会往熵增加的方向发展，当熵达到可能的最大值时，整个系统将处于平衡状态。

这就是有名的熵定律，也称热力学第二定律（第一定律是能量守恒定律）。所以你看，这并没有什么离奇的。

从前面的这些例子可以看出来，当分子的位置和速度处于完全随机分布的状态时，熵处于最大值，任何使分子运动变得有序的做法都会导致熵的减小，所以熵定律又可以称为无序加剧定律。通过热量转化为机械运动这个问题，我们还可以推导出一种更加实用的方式来表达熵定律。前面说过，热的本质是分子的无规则机械运动，而把热能转化成机械能，也就是通过某种手段来使得所有分子都向同一个方向运动。而在半杯水向上飞的例子中我们已经发现，这种情况发生的概率是极低的，甚至可以认为绝不会发生。所以机械能可以完全转化为热能（比如通过摩擦的方式），而热能无法完全转化为机械能。这也就说明，第二类永动机[①]是无法实现的，因为这类永动机的原理是在常温下吸取物体热量，用这个热量来做功，同时物体温度将会降低。比如建造一艘轮船，

---

① 第一类永动机的原理是不需要任何能量供给就可以对外做功，违反的是能量守恒定律。——原注

它可以不用烧煤，而是把海水吸进船舱，从海水中吸取热量，用这部分热量来使锅炉产生蒸气，失去热量的海水就变成冰块被扔回海里。显然，这种做法是行不通的。

那普通的蒸气机又是如何把热能转化为机械能，同时又不违反熵定律的呢？其原理就是，蒸气机中的燃料所产生的热量，只有一部分转化成了机械能，其余的部分被冷却设备吸收，或者变成废气排放到了大气中。这时在这个系统中出现了两种完全相反的熵变化：1. 一部分热能转化成了活塞的机械能，熵变小了；2. 一部分热能从锅炉转移到了冷却设备，熵变大了。根据熵定律，只要系统的总熵增加就可以，那么只要让第二种情况大于第一种情况，就可以满足熵增的要求。

我们可以举个例子来方便理解，比如在一个 6 英尺高的架子上，放着一个 5 磅重的物体，它无法在没有外界因素影响的情况下自动飞向天花板，这样才符合能量守恒定律。但是它可以让自己的一部分冲向地面，利用这部分能量来使另一部分飞向天花板。

同样的道理，我们可以通过使系统中一部分熵增加的方式，来让另一部分熵减小。比如对于一个所有分子都在做无序运动的系统，我们可以通过让其中一部分分子运动变得更加无序，来使另一部分分子运动变得有序。而在实际的热机运用中，我们并不在乎某一部分分子运动是否变得更加无序。

五、统计涨落

在前面一节中，我们已经明确了一点，熵定律和相关推论都是以数量足够多的分子为前提的，这时基于概率论的预测才会变成几乎绝对的事实。但是如果预测对象只包括少数的分子，这种预测就不会很准确了。

比如当我们的观察对象从整个房间的空气，变为边长为百分之一微米[①]的正方体内的气体，结果就会很不一样。这个立方体的体积是 10^{-18} 立方厘米，里面包含的分子数量只有：$\frac{10^{-18}\times10^{-3}}{3\times10^{-23}}=30$ 个。而这些分子聚集到其中半部分的概率为 $(\frac{1}{2})^{30}=10^{-10}$。

而且因为这个立方体的体积太小，里面的分子位置变化速率将达到每秒钟 5×10^{10} 次（分子间的距离为 10^{-6} 厘米，每个分子的运动速度为每秒 0.5 千米），所以大约每秒钟都会有一次半个立方体处于空白状态的情况。可以看出，在一个体积如此小的立方体中，一部分分子集中在某半边的情况会更容易发生。比如一边有 20 个分子、另一边有 10 个分子（一边比另一边多 10 个分子）的情况，出现的概率会是：$(\frac{1}{2})^{10}\times5\times10^{10}=10^{-3}\times5\times10^{10}=5\times10^{7}$。也就是每秒钟会发生 5000 万次这种情况。

在如此小的范围内，空气分子的分布是称不上均匀的。如果放大足够的倍率，我们可以发现气体分子会在某个时刻集中在某个点，然后分散，接着又集中在另一个点。我们把这种现象称为密度涨落。在很多物理现象中，它都有重要的作用。比如由于大气层并不均匀，因此阳光射入大气层后，其中的蓝光会被散射，导致我们看到的天空是蓝色的，太阳也会因此变得偏红，尤其是在日落的时候，由于阳光这时要穿越的大气层更厚，所以也就变得更红。要是没有密度涨落现象的话，天空将变为黑色，我们在白天也能看到星星。

在一般的液体中，也存在着密度涨落和压力涨落的现象，只是没有那么明显。关于布朗运动的原因，我们也可以认为是水中

---

① 1 微米等于 0.0001 厘米，用希腊字母 μ 表示。——原注

粒子在各个方向受到的压力一直在快速变化，所以始终处于被迫运动的状态中。密度涨落现象会随着液体温度接近沸点而变得越来越明显，这也是为什么接近沸腾的液体会泛乳白色。

接下来的问题，就是熵定律是否能够用于这些受统计涨落支配的微小尺度的物体。当一个细菌终其一生都在分子的推动下做无规则运动，它肯定不会赞同热能无法转化为机械能的说法。不过我们这里应该说得明确一些，就是在这个范围内，熵定律并非不正确，而是失去了它的意义。在细菌这个尺度上，热运动和机械运动其实已经变成了一回事，它就像处在拥挤的人群中一样被周围的分子推着来回运动，而熵定律所表达的，是无法完全将分子的热运动转化成宏观物体的机械运动。如果我们自身是细菌，那在我们身上连接一个飞轮就能成功制造一台第二类永动机，只不过那时候我们就没办法使用这台永动机了。所以我们也没有必要惋惜自已不是细菌。

那么，生命体是否违反了熵定律呢？以植物为例，植物在生长的时候会从空气中吸收二氧化碳分子，从土壤中吸收水分，然后将这两者合成为构成植物机体的复杂的有机分子。从简单的分子转化成复杂的分子，这就代表熵变小了。而在木材燃烧这个过程中，木头中的分子分解成二氧化碳和水，熵是增加的。难道植物的生长真的违反了熵定律吗？是否真的如以前的哲学家所说，在植物内部有某种神秘的力量促使它成长？

其实这里面并没有违反熵增定律的事情存在，因为植物生长除了需要二氧化碳、水和一些盐类以外，还需要阳光。阳光中的能量被植物吸收储存起来，在燃烧的时候又被释放，但是与此同时，阳光中还有“负熵”（低熵），在阳光被吸收时，负熵也被吸收了。在植物进行光合作用的时候，其中会包含两个变化：1.植物把阳光的光能转化成复杂有机分子的化学能；2.植物的熵被阳光的负熵中和降低，使简单分子能够转化成复杂分子。如果用“有序”或者“无序”来表达，就是阳光到达地球被植物吸收之后，其内部秩序就被转化成了植物内部分子的秩序，使得简单分子变得更加复杂和有序。植物从阳光那里得到负熵（秩序），用无机物构建自己的有机体，动物则通过吃植物（或者其他动物）而间接得到负熵，因而可以说动物是负熵的间接使用者。

第九章 生命的奥秘

一、我们是由细胞构成的

在谈及物质结构的问题时，我们的探讨始终回避着一类物质，这类物质虽然数量很少，但却至关重要。它们是有生命的，因而不同于世间的任何其他物质。有生命的物质和无生命的物质之间是有重要差别的，二者间的差别在哪儿呢？我们曾用基本物理定律对无生命物质属性做出了诠释，若以同样的定律去诠释生命现象，可信度大吗？

很多时候，我们说起生命现象时想到的是一些体型庞大、结构复杂、具有生命力的物体，比如一棵树、一匹马、一个人。但是，若从这样复杂的有机体入手，意图弄清楚生物的基本性质，那就如同在研究无机物的结构时从汽车那类复杂的机械入手一样，结果必然是白费工夫。

很明显，这种做法会有一定难度。构成汽车的零件有几千个，而且它们的形状、材料和物理状态千差万别。在这些零件中，有呈固态的，也有呈液态和气态的，呈固态的如钢底盘、铜导线和玻璃风挡，呈液态的如散热器里的水，油箱里的汽油以及气缸油，呈气态的如从汽化器进入气缸中的混合气体。因此，在研究汽车这种结构复杂的物体时，首要任务是按照物理性质将其所有零件划分成几类，进而发现，构成汽车的是以下几类物质：金属（如钢、铜和铬等）、玻璃状物（如玻璃和塑料）和性质相同的液体（如水和汽油等）。

接着，通过多种物理研究手段，我们发现，构成铜零件的是小颗粒晶体，构成每颗晶体的是层层分布的铜原子，它们的排布是刚性的，有规则的；散热器里的水聚集着大量涣散的水分子，构成单个水分子的是一个氧原子和两个氢分子；经汽化器阀门到气缸中的混合气体是由运动速度很快的氧分子、氮分子和呈气态的汽油分子混合而成的，而汽油分子呢，则是由碳原子和氢原子构成的。

对于人体这种结构复杂的生命体，我们在研究它时，首要步骤也同样是将其所有组成部分分成独立的器官，如脑、心脏和胃等。在此之后，再把这些器官细分为人们常说的“组织”。

复杂生物就是由各种组织构成的，这就等同于机械装置是由物理学上的同质物体构成的。从这个角度上来看，研究各种组织的性质来了解解剖学和生物学，这与根据各种物质的力学、磁学、电学等物理性质来了解机械运转的工程学有些相似之处。

所以，仅了解各种组织是怎样构成复杂生物体的还不够，还要了解生命体的各种组织是怎样由原子构成的，这样我们才能对生命的奥秘做出诠释。

生物学上性质相同的活组织与物理学上性质相同的普通物质，这二者是相似的吗？如果认为是的话，那就太错了。实际上，将某一种组织置于显微镜下，只需简单分析就会发现，任何组织（不管是皮肤组织、肌肉组织还是脑组织）都是由许多个体单元组成的，整个组织的性质也多少取决于这些单元的性质。生命物质的这些基础单元一般被称为“细胞”或“生物原子”（也就是不能进一步分解的物质），这是因为，某种组织要想将自身的生物学性质延续下去，至少需具备一个细胞。

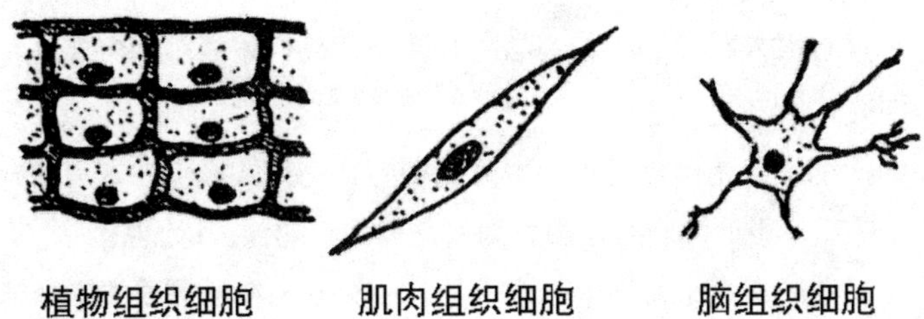

图 90

各种类型的细胞。

举例来说，如果将肌肉组织的细胞切掉一半，那么肌肉本身具有的收缩等机能就会随之丧失。同理，如果将镁原子切掉一半，那么它就不是镁，而是煤了[①]。

构成组织的细胞都是极小的（大小仅为 0.01 毫米[②]，这是个平均数）。一般的动植物所含的细胞数量必定是极其庞大的。以人为例，一个成年人体内的细胞个数可达几百万亿之多！

体积比较小的生物，其体内所含的细胞数量就相对较少，就拿苍蝇和蚂蚁来说吧，它们体内的细胞个数顶多就是几亿。此外，单细胞生物这个庞大的群类，如阿米巴、真菌（例如会诱发“癣”病的真菌）以及各种细菌，它们都是由单独一个细胞构成的，想要看到它们得借助高倍显微镜才行。对在复杂生命体中起各种作用的活细胞进行探索，这是生物学领域中最令人兴奋的研究。

---

① 关于原子结构的问题，我们曾进行过探讨，读者们应该还记得，镁原子（它在元素周期表中排在第 12 位，原子量 24）的原子核是由 12 个质子、12 个中子以及围绕在原子核外的 12 个电子组成的。如若将镁原子整齐地切分成两部分，那么新产生的 2 个原子便都是由 6 个质子、6 个中子和外部的 6 个电子构成，这就相当于它变成了 2 个碳原子。——原注

② 有的细胞体积非常大，如鸡蛋黄就是一个细胞。尽管如此，鸡蛋黄中所含的生命物质体积还是很小的，那些所占体积很大的黄色物质只是用来提供养分，帮助小鸡的胚胎发育的。——原注

只有深入研究活细胞的结构和性质，我们才能对生命现象有全面的认识。

活细胞与无机物或者无生命的细胞，比如做桌子的木头和做鞋子的皮革里的细胞有差别，到底是因为它的什么特性呢？

活细胞有三个特别的基本性质：一，它自身所需要的养分能从身边的环境中获取到；二，它可以将利于生长发育的物质按自身需求进行转化；三，当自身的体积大到一定程度时，它会进行分裂，分裂出来的两个细胞性质与原来相同，大小都只有原来的一半（并且能够继续生长发育）。凡是由单个细胞所构成的更为复杂的生物体，其细胞都具备以下功能："获取能量""生长"和"繁殖"。

细心的读者或许对此持否定态度，认为在一般的无机物当中，上述三种性质也存在。举例来说，将很小的一粒食盐加入超饱和食盐溶液中[①]，从食盐溶液中析出的食盐分子就会一层层地出现在晶体表面。再继续试想一下，如果这些聚集在晶体表面的食盐分子逐渐增加，达到一定程度时，受重力等原因影响，该晶体便会开裂，一分为二，所得到的两个"小晶体"会继续重复之前的增大过程。那么我们将上述过程视为"生命现象"不可以吗？

在这里，我们一定要事先声明一点，然后再解答这类问题，那就是：若我们只是视生命为一种复杂些的一般物理化学现象，就不能对界定生命与非生命这一点抱有希望。同理，我们依据统计学定律对许多气体分子的表现进行叙述时（参见第八章），也

---

① 超饱和食盐溶液是将大量食盐加入热水中，再让其自然冷却至常温即可。伴随着温度的降低，食盐的溶解度渐渐变小，这时候，水中的食盐分子就会超出那些水的溶解量。不过尽管如此，超出溶解量的那部分食盐分子还是会继续停留在溶液当中，直至外界再加入一粒食盐。这粒后添加进去的食盐就像一种阻滞剂，为已经过饱和的溶液提供了原始的驱动力，促使其将超出溶解度的食盐分子推赶出来。——原注

无法界定这种叙述到底多有效。其实我们都知道，当一个房间里满是空气时，这些空气不会在某个边角处骤然聚拢——虽然并非完全不可能，但可能性实在太小了。不过，要是一个房间里只有两三个分子的话，那骤然聚拢的情况就很常见了——这一点我们也知道。

那么在上述两种情况中，分子数量的边界到底是多少？是1000个，100万个，还是10亿个呢？

同理，对于基本的生命过程这个问题，我们在解决时也不能期望食盐在水溶液中的结晶这种并不复杂的分子现象与活细胞的生长分裂这二者间会有清晰的边界。虽然与前一种情况相比，后一种情况要复杂许多，但从本质上来说，二者并无差别。

不过对于上面这个例子，我们可以说，由于促使晶体生长的“食物”是在没有任何形态变化的情况下被吸收进体内的，因而并不能将晶体在溶液中生长这一过程视为生命现象。溶解在水中的食盐分子在晶体表面汇集的现象仅为一般的、机械的物质增多过程，并非生物化学上的吸收。晶体偶然间碎裂开来，变成大小不一的小晶体，这只是单纯因重力所致，而活细胞的分裂是因为内部作用力造成的，并且它的一分为二是连续不断、完全均等的，这两个过程基本没有共同点。

再举一个例子，它与生物学过程更为相像：将一个酒精分子（C_2H_5OH）加入二氧化碳水溶液，将会开启一个合成过程，并且该过程可以不借助外力持续进行下去。在这一过程中，水分子和二氧化碳分子一一结合，产生一个个酒精分子。[①] 将一滴威士

① 我们假设存在这样一个化学反应方程式：

$$3H_20+2CO_2+C_2H_5OH=2[C_2H_5OH]+3O_2$$

依据这个方程式，一个酒精分子就能新生出另外一个酒精分子来。——原注

忌加入苏打水中就可以令苏打水彻底变成威士忌，果真如此，酒精就可以被视为活物质了！

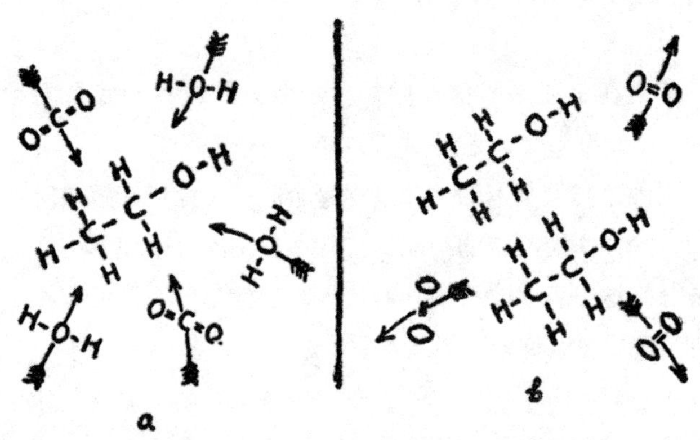

图 91

一个酒精分子把水分子和二氧化碳分子合成为另一个酒精分子的过程图。假如这种“自动合成”能够成立，那我们就一定得将酒精视为活物质。

虽然这个例子看起来有些不现实，但类似的例子确实存在，我们会在后面的内容中见到一种复杂的化学物质——病毒，它的分子构成非常复杂（内含几十万个原子），可以将四周别的分子另行组合成新的结构单元，并且和病毒分子的结构单元很相似。对于病毒，我们应这样看待：它既是一般的化学分子，又是一种生物体，所以它象征着生命物质与非生命物质间的“缺失环节”。

不过现在，我们得返回之前的问题，即一般细胞的生长和繁殖问题上来，细胞的结构虽然很复杂，但在生命体中，它毕竟还是结构最简单的。

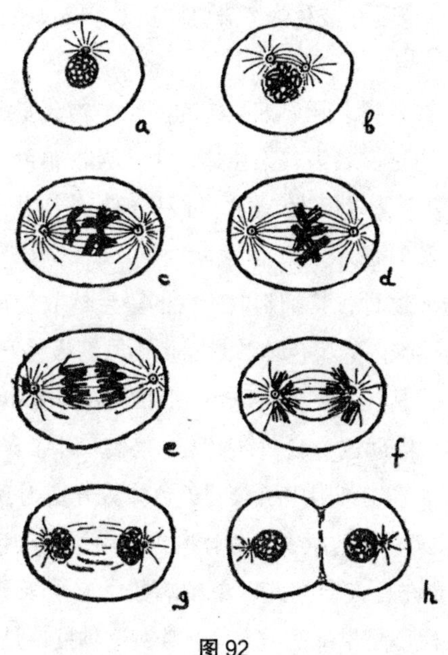

图 92

通过一台高品质的显微镜，我们可以看到，典型的细胞是半透明的，呈胶状，其化学结构特别复杂。通常情况下，我们管这种物质叫原生质。原生质外面有一层结构，在动物细胞中是很薄、很柔软的细胞膜，而在植物细胞中则是很厚、很坚韧的细胞壁，这就是植物很硬的原因所在（参见图 90）。所有细胞中都有一个细胞核，它体积很小，呈球状，由染色质构成，染色质看起来像一张结构精致细密的网（参见图 92）。这里有一点需要强调，那就是，用显微镜直接去观察活细胞的结构是行不通的，因为构成细胞的原生质各处一般都有同等的透光性。我们一定要给细胞物质染色，才能看清细胞的结构，这是因为，原生质的各个部位对染色物质的吸收程度是不一样的。由于构成细胞核网状结构的物质极易被染色，因而在浅色背景的映衬之下，我们能够很清楚地观察到它。[①] 这也是它被称为“染色质”（“吸收颜色的物质”）的原因。

在细胞即将分裂之际，细胞核的网状结构会变得与以往大不相同，这时候的它们名为“染色体”（“吸收颜色的物体”），一般情况下，染色体以组为单位，外观呈丝状或棒状（图 92b、c）。如照片 5 的 A 和 B 所示。[②]

只要是同一物种，其细胞内所含的染色体数就都一样。通常情况下，生物细胞内的染色体数是随生物的高级程度递增的。

果蝇很小，其拉丁名为：Drosophila melanogaster，这是个值得骄傲的名字，借助这个名字，生物学家们解开了许多生命之谜。果蝇、豌豆和玉米的细胞中所含的染色体数分别为 8 条、14 条和 20 条。生物学家和其他所有人的体内细胞中所含染色体数相同，均为 46 条。或许有人会据此以单纯的数学方法来计算，从而认为人类的高级程度是果蝇的近 6 倍，其实这种推论是站不住脚的，因为小龙虾的染色体数为 200 条，如果单纯以此来看，它要比人类高级 4 倍多。

任何生物细胞内的染色体数目均为偶数，这一点很关键。其实所有活细胞（不包括接下来要探讨的一种特殊情况）都拥有两套染色体，并且它们是一模一样的（参见照片 5A），一套从父亲那里得来，另一套从母亲那里得来。这两套承继自父亲和母亲的

---

① 同理，用蜡油在纸上写字也是看不到字的。要想看到纸上的字，需要用黑色的铅笔将纸涂黑，由于石墨不会在有蜡油的部分留下黑色痕迹，因而在黑色背景的映衬下，我们就可以很明显地看到字了。——原注

② 有一点需要特别指出，给活细胞染色会致使其生长发育终止，从而死亡。因此，图 92 中显示的那个持续的细胞分裂过程是将处于各个发育阶段的不同细胞染色的结果，它们并不是同一个细胞。但二者在原理上没什么差异。——原注

染色体中均携带着复杂的遗传性状，这些遗传性状以生命为载体，代代相传。

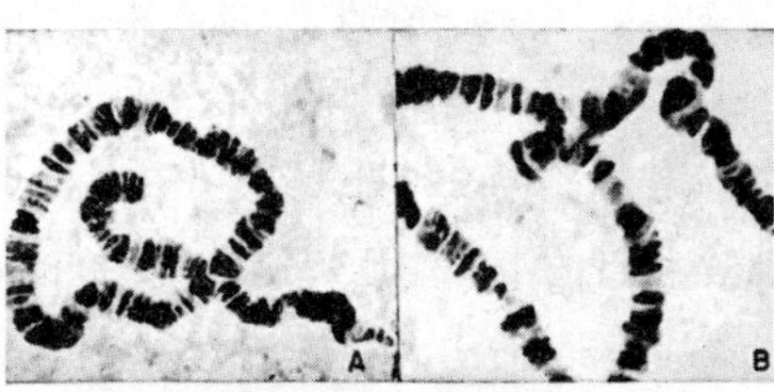

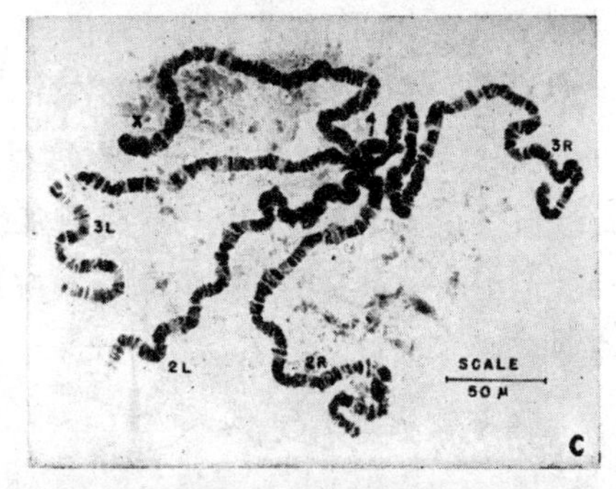

照片 5

A 和 B. 果蝇唾液腺染色体显微照片，从中可以看到倒置和相互易位现象。c. 雌性果蝇幼体染色体显微照片。图中标记为 X 的是一对紧挨的 X 染色体，标记为 2L 和 2R 的是第二对染色体，标记为 3L 和 3R 的是第三对染色体，标记为 4 的是第四对染色体。

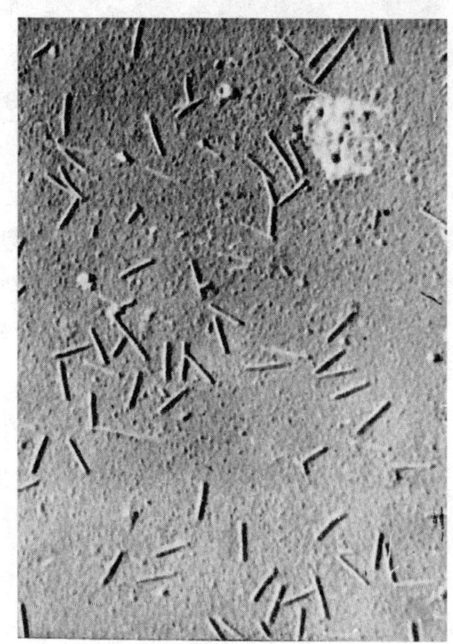

照片 6

这些是活分子吗？用电子显微镜放大 34 800 倍之后的烟草花叶病病毒微粒照片。

染色体是细胞分裂的源头，每条染色体沿长度方向整齐地一分为二，所得的两条比较细的丝状物是一模一样的，这时候，该细胞看上去仍是一个整体（参见图 92d）。大概在这束本来交缠在一起的染色体即将分裂之际，位于细胞核外边界附近的、两个距离很近的中心体开始分别向细胞的两端移动，彼此间拉开距离（参见图 92a、b 和 c）。这时候，已经开始分离的中心体与细胞核内的染色体间好像也有细线连接着。当染色体一分为二后，受细线收紧的影响，分为两半的物质开始分别移向各自附近的中心体（参见图 92e 和 f）。这一过程接近尾声时，细胞膜壁（开始在中心线边沿处向内凹陷（参见图 92h），每半个细胞的四周都开始生出一层薄薄的细胞膜壁），使二者彻底分离，形成两个各自独立的新细胞。

如果能从外界获取足够营养，新生的两个子细胞就会长到跟母细胞一般大小（也就是体积增大一倍），过上一阵子，这些子细胞也会开始分裂，重复同样的分裂过程。

我们是通过直接观察的方法来叙述细胞分裂各个阶段的。由于对触发整个过程的物理化学力的本质了解得还太少，我们的科学研究在诠释现象的过程中能做到的也只有这么多了。

从整体上看，细胞还是显得过于复杂，直接对其进行物理分析是行不通的，我们一定要先明确染色体的本质，才能去解决这个问题，而明确染色体的本质相对来说要容易点，在下一节中我们将对此进行探讨。

但我们第一个要考虑的问题是：在包含大量细胞的复杂生物体中，细胞分裂是怎样触发繁殖过程的？到了这一步，我们或许就能问“先有蛋还是先有鸡”的问题了。其实不管是以快要孵出小鸡（或别的动物）的蛋为起始点，还是以能生出蛋来的鸡为起始点，对这类循环过程的叙述来说并没什么两样。

下面，我们就以刚被孵出来的小鸡为起始点。在孵化期时，小鸡体内的细胞进行连续分裂，身体长得很快。成熟动物体内的细胞达上万亿个，这些细胞都是同一个受精卵经细胞分裂所得，读者们对此应该还有印象，因而或许会顺理成章地认为，这是经过许多次分裂过程才实现的。但若回想第一章中施宾达诱导国王，使国王不得不赐给他按几何级数增长的 64 堆麦粒，或是以重新排列 64 个金片需要的年数确定还有多少年到世界末日，我们就会发现，其实无须经过太多次细胞分裂就能得到数量庞大的细胞。我们假设一个细胞变为成年人需要进行的细胞分裂次数为 x，又因为每进行一次细胞分裂，人体内的细胞数量都会成倍增加（因为每一个细胞都是一分为二），因此，我们可通过以下方程式得出一个卵细胞变为成年人所需经过的分裂次数：

$$2^x=10^{14}$$

求解后得出 $x=47$。

由此可知，成年人体内的任何一个细胞都大约是一开始那个卵细胞的第五十代子孙。[①]

动物还是幼崽时，细胞的分裂是很快的，但成熟之后，体内的细胞就基本上处于“休眠”状态了，只是出于“调养”或弥补消耗的目的，才间或进行分裂。

接下来，我们要讲另一种细胞分裂类型，这种细胞分裂与众不同，且至关重要，它可产生“配子”，又称“生殖细胞”，从而激发生殖现象。

所有雌雄同体的生物从一开始就为以后的生殖阶段做准备

---

① 这个计算与原子弹爆炸的计算（参见第七章）相似，我们可以将二者进行一下对比。要想求得 1 千克铀（包含的原子数为 2.5×10^{24} 个）中的各个原子均发生裂变所需的分裂次数，也可列出相似的方程式，即：$2^x=2.5\times10^{24}$，解出方程式可得 $x=61$。——原注

了，为此，一些细胞被“储备”在专用的生殖器官内，当身体处于生长阶段时，相比其他细胞，这些储备细胞进行普通分裂次数要少很多，因而在生殖阶段，它们仍能保持旺盛的生命力，没有被全部消耗掉。另外，从分裂方式上看，生殖细胞也与一般体细胞不同，它的分裂方式更为简单。构成细胞核的染色体在普通细胞中的分裂是一分为二的，但生殖细胞在进行分裂时，两条染色体是直接分开的（参见图 93a、b 和 c），所得的子细胞只是从之前那套染色体中得到一半。

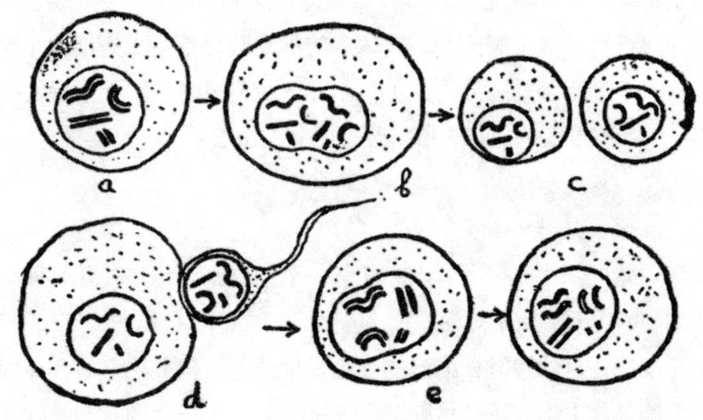

图 93

产生配子的过程（a、b、c）与卵细胞的受精过程（d、e、f）。在第一个阶段（减数分裂），之前储备起来的生殖细胞中用来配对的染色体直接分裂成两个“半细胞”，这种分裂并未做事先准备；在第二阶段（配子结合），雄性的精子进入雌性的卵细胞，完成染色体配对。从此时起，这个受精卵开始为正常的细胞分裂做准备，具体分裂过程如图 92 所示。

上述细胞“染色体丢失”的过程，我们称之为“减数分裂”，而一般的细胞分裂过程，我们称之为“有丝分裂”。经减数分裂得到的两种细胞，一种叫“精细胞”，另一种叫“卵细胞”，也可以叫它们雄配子和雌配子。

细心的读者或许就会问：一开始的生殖细胞已经一分为二了，

并且新生出来的两个子细胞一模一样，那是怎么产生雌性和雄性两种配子的呢？关于这个问题，我们可在之前提及的那种特例中找到答案：在两套差不多没什么差异的染色体中，有一对与众不同的染色体，这对染色体在雌性身上毫无差异，但在雄性身上却不一样。我们将这对与众不同的染色体称为性染色体，并分别用 X 和 Y 这两个符号来代表。雌性生物的细胞中，两条性染色体都为 X，但在雄性生物的细胞中，则一条为 X，另一条为 Y。[①] 若将 X 染色体换成 Y 染色体，生物的性别就变了，所以 X 和 Y 染色体是雌性和雄性在本质上的不同之处。

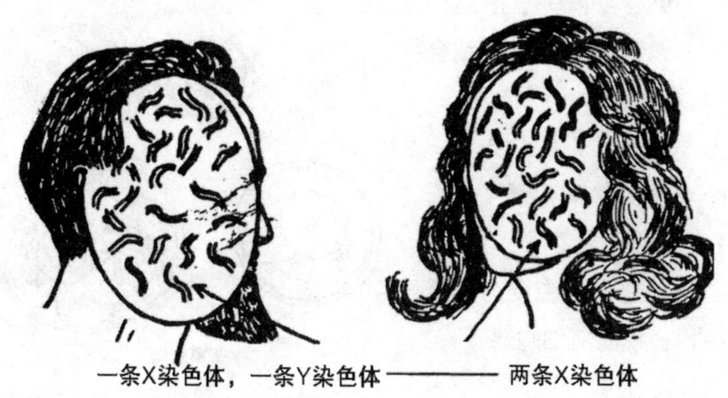

图 94

男性和女性的不同之处。在女性体内的细胞中，23 对染色体中的任意一对都相同，均为 X 染色体，但在男性体内的细胞中，有一对染色体是不对称的，它由一个 X 染色体和一个 Y 染色体构成。

只要是雌性生物，其生殖细胞中就会包含一套完整的 X 染色体，因此，在经历减数分裂过程时，由一个完整细胞变为两个“半

---

① 所有哺乳动物，包括人类在内，其体内的性染色体均是如此。但鸟类和禽类生物在这方面却截然相反，比如公鸡的两条性染色体是相同的，母鸡的两条性染色体却完全不同。——原注

细胞”时，每个“半细胞”或配子均能分得一条X染色体。但若换成是雄性生物，其生殖细胞中的性染色体一条是X，一条是Y，因而在分裂之时，两个配子当中一个分得的是X染色体，另一个分得的是Y染色体。

受精时，雄配子（即精细胞）与雌配子（即卵细胞）配对，生成的细胞可能是含有两条X染色体的细胞，也可能是含有一条X染色体和一条Y染色体的细胞，两种情况概率均等。若为前者，将发育成女婴，若为后者，则将发育成男婴。

这个问题很关键，但我们将在下一节内容中探讨它。眼下，我们仍要接着叙述生殖这一过程。

精细胞与卵细胞结合的过程叫作“配子结合”，这一过程结束后，会有一个新的完整细胞诞生，通过图92所示的“有丝分裂”，这个细胞变为两个一模一样的新细胞。随后，两个新细胞会进入一个短期休眠的过程，然后再各自进行分裂，变为四个细胞，四个细胞又各自重复之前的分裂过程。在所有的分裂过程中，新产生的细胞都会将原来受精卵中的所有染色体复制下来，并且这种复制是非常准确的，新细胞的染色体一半

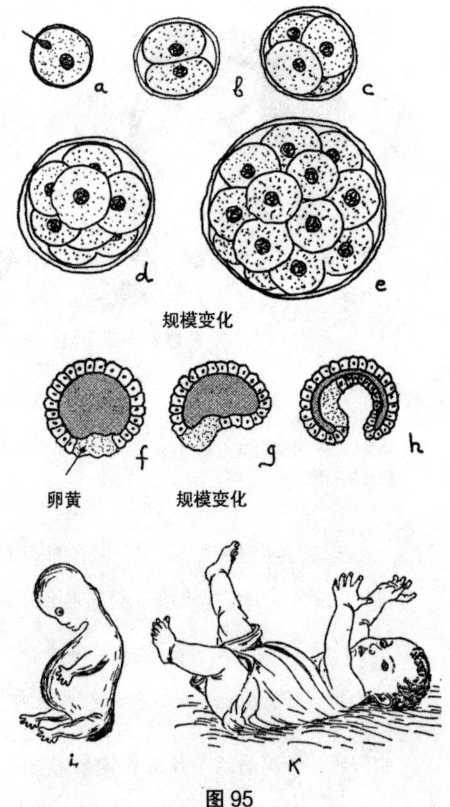

图95

从父亲身上得到，另一半从母亲身上得到。图 95 展示的就是受精卵一步步生长发育，直至成熟的全部过程。

我们来看图 95a，这是精子正在进入一个处于休眠期的卵细胞的示意图。受两个配子结合的影响，一个完整的细胞开始发生新的变化。这个细胞由 1 变 2，2 变 4，接着变为 8、16……一直这样发展下去（参见图 95b、c、d、e）。当细胞的数量多到一定程度时，为了更好地从四周的环境中获取养分，这些细胞会全部排列在表层。这一阶段名为“囊胚”期，这时候的生物体看起来就像一个小泡（f），小泡的中心是空的。接下来，伴随着腔壁向内部凹陷，生物体开始进入另一个阶段，这一阶段名为“原肠胚”期（h）。处于原肠胚期的生物体看起来很像一个小口袋，袋子的袋口有两个作用：一是从外界摄取食物，二是排出无用的代谢物。对于珊瑚虫这类低等动物来说，发育过程便到此为止了，但对高等生物来说，发育还会在此基础上继续进行，其中一部分细胞发育成骨骼，其他细胞则分别发育成消化、呼吸和神经系统。历经所有胚胎发育阶段后（i），生物体总算变成一个年幼的完整个体了（k），这时候，我们也能从外观上辨别出该生物属于哪个物种了。

通过上述内容可知，在发育阶段初期，一些细胞就为以后的繁殖而被储备了起来。当生物体达到成熟阶段时，上述细胞经减数分裂得到配子，配子再重复同样的过程。生命的代代相传就是这样进行下去的。

二、遗传与基因

在生殖过程中，来自父母的两个配子结合，孕育出的新生命在物种属性上不会发生改变，而且会极为忠实地（尽管可能在精确度上略有欠缺）体现其父母和祖父母的性状，如同被复制出来的一样。

我们可以很肯定地说，一对爱尔兰塞特猎犬生出的幼崽，其形貌不可能跟大象或兔子一样，不会像大象那样庞大，也不会像兔子那样小。它应该是这个样子：四条腿，一条长长的尾巴，头两边各有一只耳朵和一只眼睛。还有其他比较明确的就是，它的耳朵会很柔软，且自然下垂，身上的毛很长，呈金棕色，多半对捕猎很感兴趣。我们还可以通过一些细微之处追根溯源，了解它的父母或祖辈的情况，此外，它也会显现出一些具有自身特点的性状来。

这些在塞特猎犬身上体现出来的优良性状是通过怎样的方法或途径进入微观世界的配子中去的呢？

通过前面的内容我们知道，任何一个新生命都可以从父母身上得到刚好一半的染色体。有一点是显而易见的，即同一物种的主要性状必定源自父母双方的染色体，至于次要性状，由于个体差异，或许只从父母其中一方得来。动植物的性状随着岁月推移和世代更替多半会发生改变（物种进化就是一个证明），但在某段时间内，只有那些次要性状的微小变化会被发觉。

新遗传学的主要研究对象就是这些次要性状和它们的代代相传。虽然这门学科才刚刚起步，但到目前为止，我们已经能够阐述生命最深处的秘密了，这些内容是令人振奋的。举例来说，我们已经发现，遗传规律和大部分生物学现象是不一样的，它非常简单，简单得如同数学中的算式一般，由此可见，我们所探究的是一种基本的生命现象。

比如，大家都知道的色盲是人类的一种先天疾病。其中，无法分辨绿色和红色是这种疾病最常见的症状。色盲的致病原因是什么呢？想要搞清楚这个问题，我们一定要先搞清楚人眼能分辨颜色的原理，因此我们要对视网膜的复杂构成和性质进行研究，还要了解不同波长的光能引起什么样的光化学反应，诸如此类的知识。

色盲的遗传机理是什么呢？与诠释色盲这种疾病相比，这个问题表面上看来要更麻烦一些。不过令人意外的是，这个问题解释起来并没有预想的那么难。通过实际观察，我们发现：第一，在患有色盲的人群中，男性要比女性多得多；第二，如果父亲是色盲，母亲不是，那么他们并不会生出色盲后代；第三，如果父亲不是色盲，母亲是，那么他们生出的后代当中，男孩是色盲，女孩不是。由此可见，跟色盲遗传相关的因素是性别。只要假设其中一条染色体出了问题是导致色盲的根源所在，而且这条有问题的染色体会遗传给每一个后代，我们就能据此推断，色盲的致病因素就在性染色体 X 上。

上述假设可以帮助我们彻底搞清楚色盲的遗传法则。我们之前说过，雌性生物体内有两条 X 染色体，雄性生物体内只有一条 X 染色体（另外那条是 Y 染色体）。若男性体内的 X 染色体上携带色盲基因，这名男性就是色盲；但若换作是女性，只有当其体内的两条 X 染色体上都携带色盲基因时，她才会是色盲，这是因为对女性而言，想拥有分辨颜色的能力，只需有一条 X 染色体是正常的就够了。若存在于 X 染色体上的色盲基因，其出现的概率是千分之一的话，那对男性来说，色盲的出现概率就是千分之一。同样的道理，若想知道女性体内两条 X 染色体上均有色盲基因的概率，我们就可以依据概率乘法定理（参见第八章）列出以下算式：

$$\frac{1}{1000}\times\frac{1}{1000}=\frac{1}{1000000}。$$

由此可知，1000000 位女性中才有可能出现一个色盲。

接下来，我们再看看丈夫是色盲而妻子正常的情况，生出的后代是怎样的（参见图 96a）。若生出的是男孩，那这个男孩不会是色盲，因为他的 X 染色体是从正常的母亲身上得到的，不会从父亲身上得到。

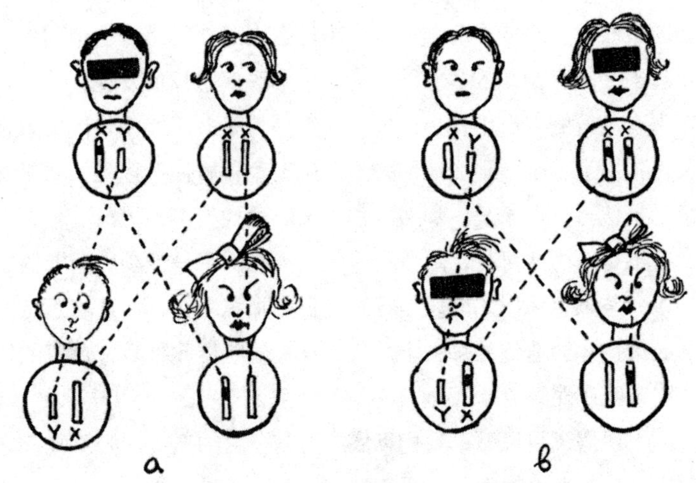

图 96

色盲的遗传。

若生出的是女孩，那这个女孩不会是色盲，但她的后代(男孩)有可能是，因为她的两条 X 染色体一条是从正常的母亲身上得到的，另一条是从色盲父亲身上得到的，只要有一条正常的 X 染色体，她就不会是色盲。

相反，若丈夫不是色盲而妻子是色盲的话（参见图 96b），那么由于他们儿子身上仅有的 X 染色体是从色盲母亲身上得到的，因此他必定是色盲；若后代是女儿，则不会是色盲，因为她的两条 X 染色体一条从正常的父亲身上得到，另一条从色盲母亲身上得到。但与之前所说的情况相同，她生出的男孩将有可能是色盲。很容易判断，对不对？

色盲属于隐性遗传，所谓隐性遗传，是指两条染色体都发生变化，才能使受控制的性状在后代身上显现出来。在传给下一代的过程中，它们有可能隐藏起来，继而出现隔代遗传的情况。这种遗传会造成某种可悲的后果，举例来说，品貌优良的两条德国牧羊犬孕育出的幼崽，偶尔会长得一点都不像它的父母。

与上述情况相对的是“显性遗传”，只要两条染色体当中的一条发生改变，这种改变就会从外观上显现出来。关于这种情况，我们不再列举遗传学当中的实例，而是通过想象出一种生来就长着一对“米老鼠耳朵”的怪异兔子来进行阐述。假设“米老鼠耳朵”这种怪异难看（对兔子而言）的性状是显性遗传，只要一条染色体发生改变，兔子就会长出一对那样的耳朵来，那我们就可以推断，新生兔子的耳朵会出现图 97 中的情况，但这种假设有个前提，就是不管是起初的那只怪异兔子，还是它生出的后代，交配的对象都必须是正常的兔子。我们在图上以一条黑带为记，把能令兔子长出“米老鼠耳朵”的异常染色体标出来。

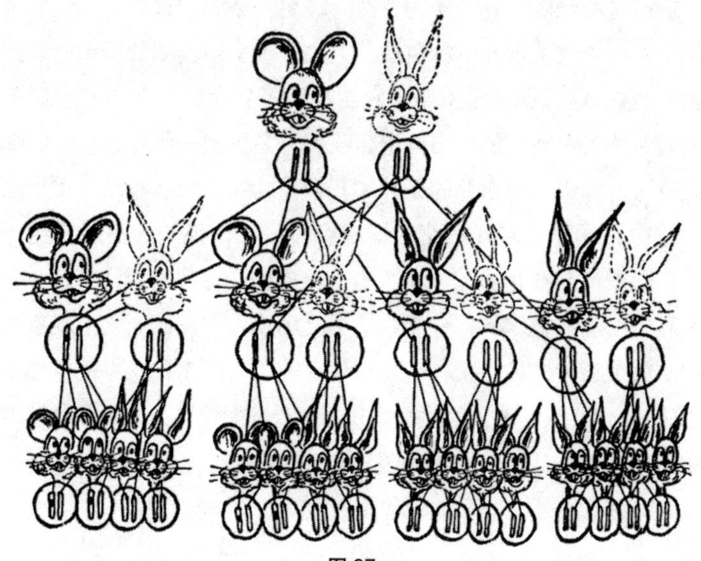

图 97

遗传性状除了有显性和隐性这样界限分明的以外，还有一种是“居中”的。以花圃中红色和白色的茉莉花为例，当风或昆虫将红茉莉花的花粉（相当于植物的精细胞）传播到另一朵红茉莉花的雌蕊上，雌蕊茎根交界处的胚珠（相当于植物的卵细胞）与之完成授粉，最终结出红茉莉花种子。当上述过程中的花换成白色的，那么得到的就是白茉莉花种子。不过，当白茉莉花与红茉莉花相互授粉时，得到的就是粉茉莉花种子。不过我们应该看得出来，对茉莉花这个物种来说，开粉花这种性状并不是稳定的。如果让粉茉莉花互相授粉，那么开出的花可能是粉色，也可能是白色或红色，前者出现的概率为 50%，后两者出现的概率都是 25%。

要想诠释这种情况，我们只需做个假设即可：茉莉开白花还是开红花的性状是由该植物细胞中的一条染色体上的信息所控制的。要想得到单一颜色的花，那么与该性状相关的两条染色体就一定得是相同的。若一条为“红”，另一条为“白”，那么二者相争，将导致茉莉开出粉色的花。关于上文中提到的概率问题，我们可以通过图 98 看出来，该图显示了新生茉莉花中“控制花朵颜色的染色体”的分布情况。我们只需画出一张与之相似的图来就可以知道，开白花的茉莉和开粉花的茉莉相互授粉，得到的后代中，开粉花和开白花的概率各占一半，绝不会出现开红花的；同理，开红花的和开粉花的相互授粉，得到的后代中，开粉花和开红花的概率各占一半，绝不会出现开白花的。以上现象遵循的就是遗传定律。第一个发现该定律的人是格雷戈尔·孟德尔（Gregor Mendel），他生活在 19 世纪，性情和善，信奉摩拉维亚派。孟德尔是在布隆修道院里种豌豆时发现的。

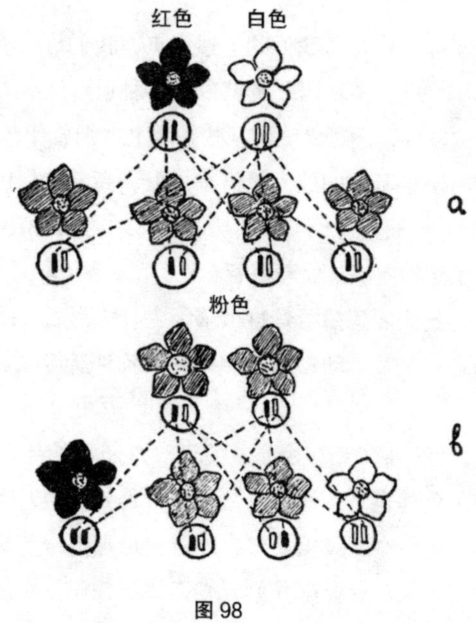

图 98

我们此前一直认为，子代承继而来的各种性状与它承继自父母处的不同染色体有关。然而，生物的性状数不胜数，染色体的数量却有限（苍蝇细胞中所含的染色体为 8 条，人类细胞中所含的染色体为 46 条），因此我们只能假设，每条染色体上都携带着许多种性状，并且这些性状在细细的、呈丝状的染色体上像长链那样排布着。照片 5A 显示的是果蝇唾液腺的染色体，这幅照片会在我们的脑海中形成一种难以磨灭的印记，使我们产生这样的观点：在一条很长的染色体上，携带生物各种性状的难以计数的暗带呈横向排布。在这些暗带中，有能决定果蝇是什么颜色的，也有能决定果蝇的翅膀是什么性状的，还有能决定它长有 6 条腿、体长为 0.25 英寸左右的，使它的外观看起来像果蝇，而非蜈蚣或者小鸡。

遗传学知识肯定了我们的上述观点。我们可以将排布在染色体上的小单元——“基因”所携带的各种遗传性状表述出来，甚至在大多数时候，还可以确定某些基因上携带着什么性状。

即便将观察基因的放大镜倍数无限调高，我们也无法通过外观辨别它们——这点自不必说，因而可以肯定，基因的不同功用一定于分子结构内部某处潜藏着。

所以，我们要想搞清楚每个基因为什么活着，就必须认真对待这个问题：在某个动物或植物体内，各种遗传性状是怎样世代延续的？

我们已经知道，新生命是从父母双方处各得到半数染色体的，而父母的染色体也是从他们的父母处各得到半数，因此，我们或许会认为，新生命从其祖父母、外祖父母那里得到的遗传性状只是每边一个人的。然而据我们所知，情况并非全然是这样。在某些时候，祖父母和外祖父母的某些性状会同时在其孙辈身上显现出来。

这是不是否定了上面所说的染色体传递规律？并没有，只是这个规律有点太简单了。我们得将以下情况纳入考虑范围才行：在通常情况下，被储备起来的生殖细胞打算进行减数分裂，在生出两个配子的过程中，成对的染色体会因彼此交缠而互换其各自的组成成分。图99a 和 b 显示的就是上述情况。在互换过程中，从父母

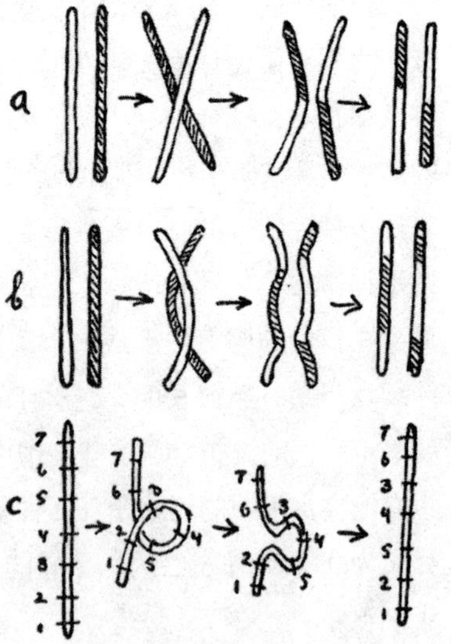

图 99

处得来的基因混杂在一起，从而导致了混合遗传。此外，还有可能出现一条染色体围成一圈的情况（参见图 99c），随后，染色体会发生各种形式的断裂，使基因的排列顺序发生变化（参见图 99c 和照片 5B）。

发生在两条染色体间或单个染色体内部的基因重组，对本来距离较远的基因的相对位置的影响可能会较大，紧挨着的基因受到的影响相对较小，这一点显而易见。这就像切牌那样，虽然会将两张紧挨着的牌分开，但一副牌被切开后，上下两堆牌的相对位置也变了（还有可能使本来在最上面和最下面的牌挨在一起）。

所以，在染色体交换过程中，若发现两种可以确定的遗传性状常常同时出现或者同时消失，那么就可以肯定，它们相对应的基因必定挨得很近；反之，在同一过程中总也不同时出现的性状，携带它们的基因在染色体上的距离一定是较远的。

沿上述思路继续摸索，美国遗传学家托马斯·亨特·摩尔根（Thoma Hunt Morgan）与他的学派成员最终确定了果蝇染色体中所有基因的排布顺序。与此同时，该项研究还明确了决定果蝇各种性状的基因在四条染色体上的分布，详情如图 100 所示。

像图 100 这样的性状图表，同样适用于人类等更为高级的动物，但由于更高级的动物的性状更为复杂，做出这样的图表需要耗费更多精力。

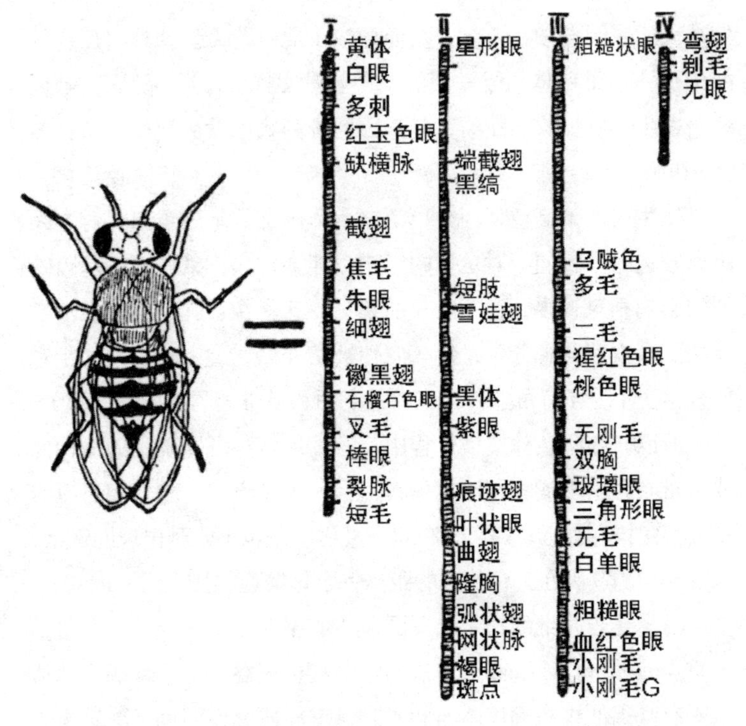

图 100

三、“活分子”——基因

研究过复杂的生物结构后，我们要开始触及生命的基本单元了。实际上，我们已经发现，成套的基因是生命体的整个发育过程和成熟后几乎所有性状的主导，它潜藏在细胞之内。我们甚至可以认为，所有动植物的生长都与其基因紧密相关。简单概括地说，基因与生命体的关系就好比原子核与大块无机物的关系，一切物质的物理化学特性都可以概括为，用电荷数来对原子核进行描述的基本性质。举例来说，在有 6 个基本电荷的原子核四周围绕着6个电子，这使得该原子的排列趋向于正六面体结构，这种物质就是人们所说的金刚石，它是一种具有极强硬度和极高折射率的晶体。再举一个例子，当原子核中的电荷数分别为29、16和8时，它便会形成一些紧密相连的原子，使得该物质的外观呈淡蓝色晶体状，也就是人们常说的硫酸铜。当然了，生命体的结构远比晶体要复杂，即便是结构最复杂的晶体，其结构的复杂程度也无法与最简单的生命体结构相比，不过，说到典型的宏观组织现象这个问题，它的决定性因素还是只有一个，那就是组织在细微之处的活动。

对生命体的所有性状（从玫瑰花散发出的香气到大象的长鼻子）起决定性作用的组织中心是多大一片区域呢？我们只需做一道简单的除法题就能得出答案，即用一条普通染色体的体积除以它所含的基因数。通过显微镜观察发现，普通染色体的直径约为0.001毫米，据此可知，其体积约为10^{-14}立方厘米。然而，通过繁育实验发现，一条染色体可控制好几千种遗传性状，该数据可以直接获取，它就是果蝇染色体上的暗带（可以认为是许多个基因）数，这里所说的染色体，是指那条很长的大染色体[①]，在那上面暗带呈横向排列（照片5）。要想得出单个基因的体积是多少，可用染色体总体积除以基因数，该得数应该不会超过10^{-17}立方厘米。已知原子的体积平均数约为10^{-23}立方厘米[$\approx(2\times10^{-8})^3$]，因而可得，单个基因中包含大约100万个原子，这一点可以完全确定。

用同样的方法，我们还可以大致算出人体当中所有基因的总重量。前文说过，成年人体内的细胞总数量约为10^{14}个，其中每个细胞里的染色体数目都是46条，所以人体当中染色体的总体

---

① 由于一般的染色体体积过小，所以不能通过显微镜来对其进行拆分，得到单个基因。——原注

积约为 $10^{14}\times46\times10^{-14}\approx50$ 立方厘米，因而可知，其重量要小于 2 盎司（因为人体密度近似于水的密度）。就是分量如此之小的一点点“组织”在自身四周形成了动植物体这道结构复杂的“外包装”，这些外包装的重量可达自身重量的几千倍。生物生长的任何过程和任何特征，乃至绝大多数行为，都受这些物质操控，并且这种操控就发生在生物体内部。

我们再来说说基因本身，它到底是什么呢？我们能不能将其视为一种结构复杂的“动物”，并将其进一步分解，使之化为更小一点的生物学单元呢？答案是不能。对生命体来说，基因就是最基础的组成单元了。基因携带着一切可以辨别某种物质是不是生物的性状，而且那些性状同时跟遵循普通化学定律、结构复杂的分子（例如蛋白质分子）有一定关系，这一点是毋庸置疑的。

换一种说法就是，基因里面或许存在着有机物和无机物间缺少的那一环，也就是本章一开始提到的“活分子”。

基因可以将生物的某种性状遗传至几千代以后，而且这种遗传基本不会出现偏移，显而易见，它具有可持续的特性，再者，基因内所包含的原子数目不太多。依据上述事实，我们确实有理由将基因视为一种构造精巧的东西，在它的内部，任何原子或原子团所在的位置都是事先指定好的。如果是不同的基因，那么它们性质上的不同之处便会通过受其控制的生命体的不同外观性状表现出来，因此我们也可以这样说，基因在性质上的不同是其结构中的原子序列改变造成的。

关于这一点，我们可以用一个简单的例子来进行说明。在两次世界大战中影响重大的炸药 TNT（即三硝基甲苯），构成其分子的是 7 个碳原子、5 个氢原子、3 个氮原子和 6 个氧原子，以上原子的排列方式有以下三种：$N{\overset{\nearrow O}{\underset{\searrow O}{}}}$ 原子团和碳环的连接方式不同，是以上三种排列出现差异的根源所在，这三种物质的名称一

般为 α TNT、β TNT 和 γ TNT。上述三种物质均可在化学实验室中合成，而且它们都很容易爆炸，只是在密度、溶解度、熔点和爆炸力的强弱上，三者略有差异。若想将其中一种 TNT 变成另外一种，只要移动$\mathrm{N}\genfrac{}{}{0pt}{}{\mathrm{O}}{\mathrm{O}}$原子团的连接点即可，而这一步通过一般的化学方法就能实现。在化学领域中，这种例子很多见，随着分子的增大，其变种（也就是同分异构体）也相应增多。

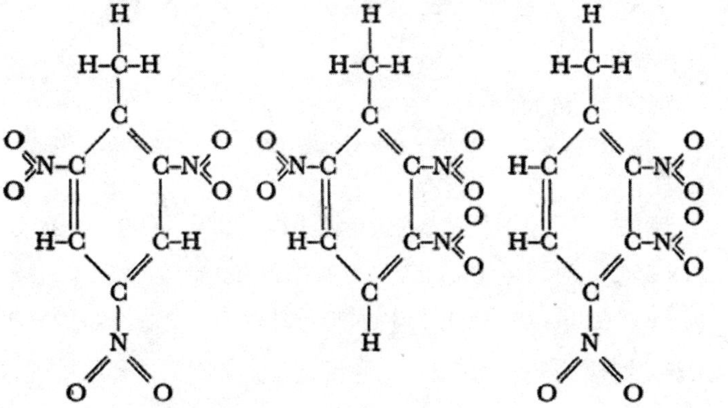

α　　β　　γ

如果将基因视为一个由百万个原子组成的庞大的分子，那么每个原子团在这个分子各处安放的可能性就更为繁多了。

我们可以这样去看待基因：它就像是一条由周期性重复的原子团构成的长长的链子，还有一些别的原子团依附在这条链子上，这些依附着的原子团就像手镯的坠饰。最近，随着生物化学研究取得了一定的成果，我们已经可以将遗传“手镯”的图样精准地画出来了。这条遗传“手镯”被命名为核糖核酸，由碳、氮、磷、氧和氢等原子组合而成。如图 101 所示，这是决定新生婴儿眼睛颜色的遗传“手镯”的一部分（其中的氮原子和氢原子被省略掉了），颇有些超现实主义的意味。根据图中的四个坠饰，我们可以断定，这个婴儿有一对灰色的眼睛。若把这些坠饰的位置调换一下，那么它的排布方式将近乎有无穷多种。

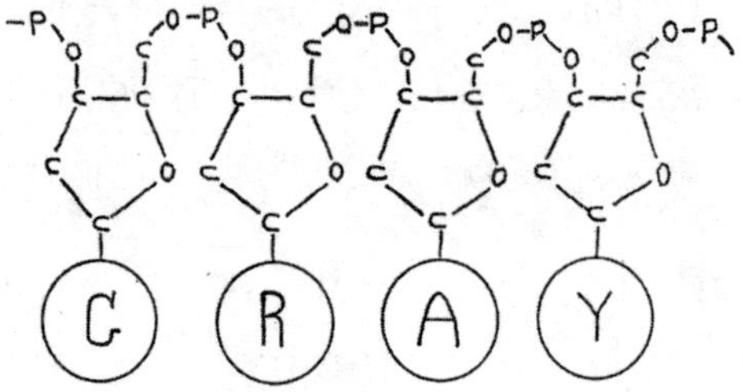

图 101

一段遗传“手镯”（核糖核酸分子示意图），该片段可决定眼睛的颜色。

比如一条有 10 个坠饰的遗传“手镯”就可以产生 1×2×3×4×5×6×7×8×9×10=3 628 800 种排列方式。

要是有些一模一样的坠饰，那么其排列方式就会相应减少。要是以上坠饰只有 5 种（每一种都是 2 个）的话，那么排列方式就只有 113400 种了。但是，如果坠饰的数量增加的话，就会导致排列方式数量的剧增。举例来说，如果坠饰的数量达到 25 种，并且每种有 5 个，这时候，该遗传“手镯”的排列方式数量就会有大概 62 330 000 000 000 种之多了。

可见，在有机分子的每一个“悬钩”上，坠饰的不同排布可导致排列组合数目的巨大差异，而且通过这一点，生命形态的各种变化也可得到诠释，不仅如此，那些我们想象出的动植物的形态，即便是形态非常怪诞的，也同样可得到诠释了。

需要重点指出的是，这些沿丝状的基因分子分布、对生物形状起决定作用的坠饰的排列方式会发生自主变化，由此导致生命体在宏观上发生改变。大多数情况下，普通的热运动是导致上述变化的原因。热运动可令分子扭转变形，彼此交缠，就像被强风吹动的树枝那样。在温度上升到一定程度时，这种分子振动会变得非常强烈，足以将自身击为碎片，这一过程就是人们所说的“热离解”（参见第八章）。不过，就算在温度很低和分子能够保持原状的情况下，分子的内部结构因热运动而发生变化的可能性依然存在。举例来说，我们可以试想一下，分子发生扭转变形时，可能导致挂在其中一个“悬钩”上的坠饰靠近另一个“悬钩”，于是这个坠饰便有可能从原来的“悬钩”上掉下来，挂在与之接近的另一个“悬钩”上。

这是一种学名叫作同分异构的变化[①]。在一般的化学研究中，该变化在结构较为简单的分子中是很寻常的，并且它也遵循“每当温度上升 10℃，反应速率便随之增高约一倍”这一化学动力学定律。

由于基因分子的结构过于复杂，因此，就算给有机化学家们很长一段时间，他们也不一定能将与之相关的问题完全弄明白。现阶段，关于基因分子的同分异构变化问题，人们还不能直接通过化学分析的方法来证明。但是在研究这个问题时，有一种现象就某种程度上而言要比艰难的化学分析方法可取得多：在将要结合成新生命的雄配子和雌配子当中，如果其中一个基因出现这样的同分异构变化，那么在接下来的基因断裂和细胞分裂过程中，这种变化将会被如实复制，与此同时，其产生的后代在宏观特征上会表现出明显改变。

1902 年，荷兰生物学家德弗里斯（Hugo de Vries）有这样一项发现：在生物体中，自主遗传均是以跳跃，也称突变的形式出

---

① 我们此前已经说过，所谓“同分异构”，指的是由相同的原子构成的分子，只是其中原子的排列方式并不相同。——原注

现的，并且这种跳跃并无连续性。

关于这一点，我们可以举一个例子进行说明。这个例子我们之前提到过，即果蝇的繁育实验。野外的果蝇为灰身长翅。把花园里的任意一只果蝇抓来看，差不多均是如此。然而，在实验室里人工培育出来的果蝇中会意外出现一只发生了“畸变”的果蝇——它为黑身短翅。

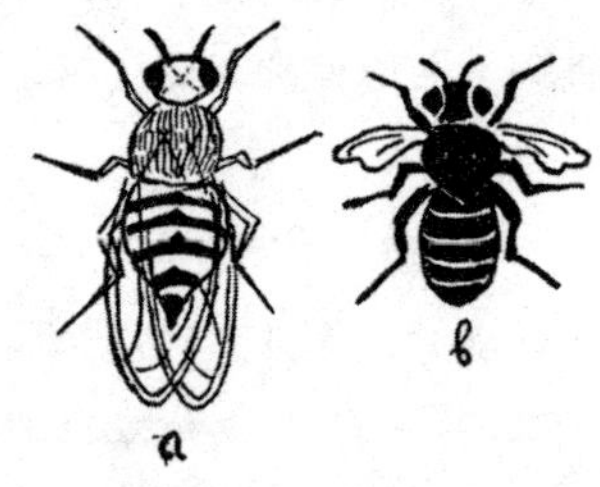

图 102　果蝇的自发突变

a. 正常型：灰身长翅；b. 突变型：黑身短翅。

在这种性状极其特殊的黑身短翅果蝇和性状如常的前辈间，无论是在哪个变异阶段，都没有出现过灰度不同、翅膀长度不一致的别的果蝇——这才是重点所在。通常情况下，所有新生果蝇（或许数量能达到几百个）的灰度和翅膀长度都一样，像那种性状迥然不同的果蝇可能只出现一只（或几只）。不是完全没有改变，就是变化很大（也就是突变）——迄今为止，这样的案例已经出现几百个了。举例来说，色盲这种性状，它并非全然源于遗传因素。有的孩子生下来就是色盲，但他的先辈中却一个色盲都没有——这种情况必定存在。不管是果蝇的短翅，还是人类的色盲，二者均遵守“不全则无”这项定律。关于色盲这个问题，它并非是一个人分辨颜色的能力有强弱之差，而是能不能辨别得出颜色。

读者们若知道查尔斯·达尔文（Charles Darwin）这个人，

就应该了解，物种演化[①]源于新一代生物在性状上发生的改变，另外还遵循物竞天择、适者生存的自然法则。正因为这样，本书的各位读者才能从一种构造简单的软体生物进化至今天。数十亿年前，自然界的王者还只是一种软体动物，结构也并不复杂，但今天，列位已经是智慧程度相当高的，甚至能看懂这本很难的书的生物了。

在此之前，我们已经对基因分子的同分异构变化进行了阐述，基于这些阐述，我们便可以透彻地了解遗传性状的跳跃式变异。从实际情况来看，在基因分子中，与生物形状有关的坠饰的位置一旦发生变化，这种变化就不会中断。坠饰不是停留在原处，就是悬挂到新位置上，致使生物体的性状发生非连续性的改变。

有观点认为，“突变”源自基因分子的同分异构变化，有一个事实，即生物的突变率需仰赖培养动植物的环境温度，它可以为上述观点提供强有力的支撑。

关于突变率受到温度影响这个问题，季莫费耶夫（Timofé ëff）和齐默（Zimmer）做过一些实验，结果表明，（忽略媒介等因素导致的复杂情况时）它与一般的分子反应一样，都遵循物理化学的基础定律。在这项重大发现的推动下，马克斯·德尔布吕克（Max Delbrück，实验遗传学家，之前是一位理论物理学家）提出了这样一个划时代的观点：生物突变现象与分子同分异构变化的纯粹物理化学变化过程效果相同。

基因理论的物理基础，尤其是X射线之类的辐射导致突变这些研究贡献的关键证据，将促使我们继续深入探究这些问题。不过，现有的研究成果已经具有足够的说服力了，可以肯定的是，

---

① 突变现象的发现只是略微修正了达尔文的经典理论。达尔文预测，物种演化源于一种接连不断的细微变化，但事实表明，这种变化是非连续性的跳跃式的。——原注

在现阶段，这方面的科学研究已经排除了对生命之谜做出纯粹物理学诠释的障碍。

在这一章的内容即将结束前，我们还要说说另一种生物学单元——病毒。病毒好像是一种自由基因，在它之外，我们并未发现任何细胞存在。就在前不久，生物学家们还坚持认为各种细菌是构造最简单的生命体。细菌是一种单细胞微生物，它的生长和繁育过程都在动植物的组织内部进行，偶尔会导致疾病的发生。关于细菌导致疾病的问题，我们可以以伤寒和猩红热这两个例子来进行说明。导致伤寒的是一种很特别的杆状细菌，它的长度约3微米，直径约0.5微米；导致猩红热的球状细菌，直径约2微米。然而，在一般的显微镜下，人们无法看到正常大小的、导致人类患流感或烟草类植物患花叶病的细菌。不过，这些特殊的、并非细菌导致的疾病，其传染方式与一般的疾病并无不同，而且被传染后，疾病会在很短的时间内散布到机体各处，因此，我们便顺理成章地认为，类似疾病与一种假设出来的生命载体有关联，于是将其命名为病毒。

微生物学家们直到近期才首次观察到病毒的组织结构，这有赖于在紫外线光的基础之上建立起来的超显微技术，尤其是电子显微镜（该设备所使用的光线并非一般光线，而是电子束，这很大程度上提高了放大倍率）的发明。

通过观察发现，所有病毒都是许多微粒聚集在一起形成的。同一种类型的病毒微粒大小完全一致，并且与一般的细菌相比，病毒微粒看起来要小很多（参见图103）。举例来说，流感病毒微粒呈球状，其直径仅为0.1微米，而烟草花叶病毒微粒呈细长的棍棒状，长度为0.28微米，直径为0.015微米。

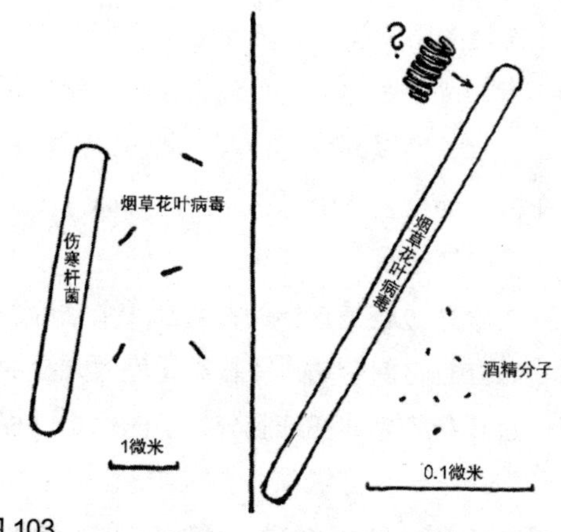

图 103

细菌、病毒和分子的对比。

如照片 6 所示，这是一张通过电子显微镜观察到的病毒微粒照片，图上的微粒为烟草花叶病毒，这种病毒微粒是迄今为止人类发现的最小的生命单元。读者们应该还有印象，原子的直径约为 0.0003 微米，我们可以据此推算出烟草花叶病毒微粒的最宽处约有 50 个原子，最长处约有 1000 个原子排列在一

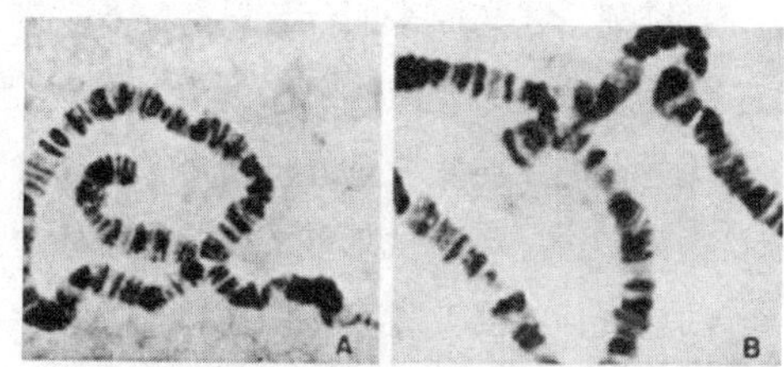

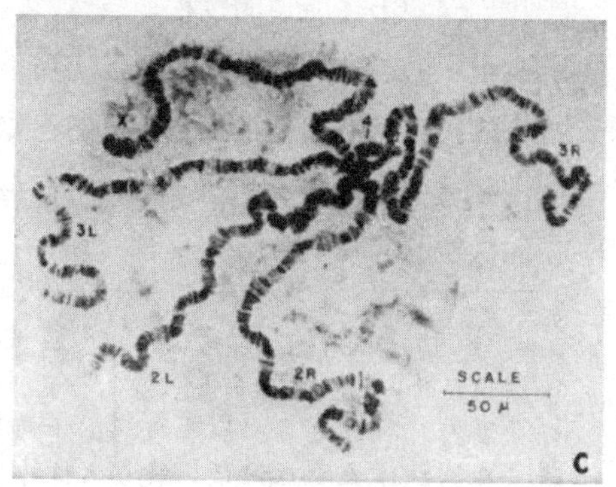

照片 6

起，构成这个微粒的原子数目最多为几百万个[①]。

这个数字看起来很眼熟，一见到它，我们就会联想到单个基因当中的原子数目，所以，我们可以猜测病毒微粒是一种“自由基因”——在很长的染色体中，它并没有合而为一，同时周围也没有被数目众多的细胞原生质包裹。

病毒微粒的繁殖过程是这样的：它沿一个轴分裂，变成两个新的病毒微粒，并且这两个病毒微粒都是完整无缺的。从实际情况来看，这一过程与染色体在细胞分裂中的倍增过程好像没有任何差别。

显而易见，这是一个比较完整的繁殖过程（参见图 91，设想中的酒精繁殖过程）：各个原子团沿着结构复杂的分子排列，它们从四周的媒介中吸引到与之类似的原子团，同时重新排列，而且排列方式与原来的分子保持一致。排列结束后，成熟的新分子开始进行分裂，从原来的分子上脱离。这些原始生物好像并未经历所谓的“成长”过程，而是像一条分支那样，建立在原有的生物体旁边。可以试想一下婴儿在母体之外生长并与母体保持关联的状况，待婴儿发育成熟后，他（她）就离开了母体——这有助于我们理解上述所说的过程。当然，这种繁殖过程必定只能在一种有组织的、特殊的媒介中才能实现。实际上，病毒微粒是相当挑剔的，它们的繁殖过程只在别的生物中，并且是有生命力的生物原生质中才能进行，这一点是它们与细菌这种本身就具有原生质的微粒的区别所在。

---

① 通过观察图 103 可以发现，病毒微粒很可能是由螺旋状的分子链构成的，而且其内部是“空心”的，因此，构成它的原子数目或许并没有几百万之多。如果烟草花叶病毒确实如此，所有原子全都覆盖在圆柱体表面上的话，病毒微粒的原子数目将大大缩减，变为几十万个。对于单个基因中的原子数目问题的研究，也可以用这种方法。——原注

突变是所有病毒的另一个共性。突变后，新的个体会将自身所获得的新性状遗传下去，这一过程遵循的是我们熟悉的遗传学定律。对于同种病毒，生物学家们已经可以辨别出它的几种不同的遗传形式，不仅如此，他们还可以对该病毒的“族群发展”进行跟踪研究。这样一来，若有新的流感开始扩散，人们就可以用较为肯定的语气说，这种流感是由某种流感病毒经突变而来的新病毒引起的，以人体现有的免疫体系还不足以抵御它。

应该将病毒微粒当成是有生命的单体，关于这一点，我们已经进行过多次论证了，而且那些论证都相当有说服力。我们也可以肯定地说，应该把病毒微粒当成是遵循一切物理定律和化学定律的化学分子，在这一点上，我们也同样能做出有相当说服力的论证。在对病毒进行纯粹的化学研究后，我们发现，可以将病毒看成是定义确切的化合物，它们可以被视为结构复杂(但并非活的)的化合物，另外，它们也能发生多种类型的置换反应。照目前的情况看来，要不了多久，生物化学家就可以写出任意一种病毒的化学分子式来，就像写出酒精、甘油和糖这些物质的化学分子式那样。另外还有一点尤为值得重视，那就是：同一种类型的病毒微粒的大小都是毫无差别的。

一旦丧失了养分的供给，病毒微粒便会像普通晶体那样分布排列，关于这一点，我们可以通过一个例子进行证明：有一种被称为“番茄丛矮”的病毒，它能形成大块结晶，结晶体呈十二面体结构，非常漂亮。你可以将它放在展示柜中，跟长石和石盐放在一块儿，但如果让它回到栽种番茄的土地中去，它就变成一群有生命的单体了。

不久前，来自加利福尼亚大学病毒研究所的海因茨·弗伦克尔－康拉特(Heinz Frenkel-Conrat)与罗布利·威廉姆斯(Robley Williams)有一项重大突破，他们完成了将无机物合成生物体的首个关键程序。二人顺利地将烟草花叶病毒微粒分解为两种有机物分子，这两种分子虽然结构极其复杂，但都不是活的。很早以前人们就知道，烟草花叶病毒是杆状的，它由一束长而直的分子（也就是核糖核酸）和蛋白质分子组成，蛋白分子环绕在核糖核酸外，就像线圈围绕着电磁铁一样。弗伦克尔－康拉特和威廉姆斯利用多种化学试剂，最终将这些病毒微粒击碎，并在没有任何损坏的情况下分离出了核糖核酸分子和蛋白质分子。他们将得到的两种水溶液分别倒进两支试管中。通过电子显微镜观察上述两支试管发现，里面除了两种物质的分子以外再无其他，并没有迹象显示它们是有生命的。

当将两种水溶液混合在一起，核糖核酸分子便开始以束状抱团，并且每一团中都有 24 个分子，而蛋白质分子呢，则将核糖核酸分子包裹起来，形成与实验之初一模一样的病毒微粒。将这些经分离又混合在一起的病毒微粒用在烟草的叶片上时，这些微粒就像从未被分离过一样，依然会引发花叶病。试管中的两种物质是有生命的病毒被击碎而成，这一点无须赘述，但是现在，生物化学家已经知道怎么运用普通化学成分合成核糖核酸和蛋白质分子了，这才是重点。迄今为止（1960 年），只有这两种物质中的一些较短的分子可以被合成出来，但今后，像病毒里的那些长分子也会通过成分简单的物质合成出来，这一点是可以肯定的。只要将这些物质混合，就可以得到人工合成的病毒微粒。

第四部分

宏观世界

第十章　越来越广阔的视野

一、地球及其近邻

我们现在把视线从分子、原子和原子核这样的尺度收回到我们所熟悉的尺度，并朝着相反的方向，开始我们新的旅程。在这次旅程中，我们将飞向太阳、星星、遥远的星云以及宇宙深处。科学在这个方向的发展情况，将会和在微观世界中一样，让我们离熟悉的物体越来越远，但是视野也会越来越广阔。

当人类文明初期，人们认为宇宙是非常小的，大地就像个大盘子一样，漂浮在无尽的海水上面，而位于大地上方的天空，则是神明们居住的地方。当时的地理学所知的所有陆地，包括地中海沿岸和附近的部分欧洲和非洲，还有小部分亚洲，都包括在这个巨大的盘子当中。北方高大的山脉是大地的界限，到了晚上，太阳就在山脉后面的“世界海洋”的海面上休息。图 104 可以很准确地反映出古人眼中的世界是什么样的。不过在公元前 3 世纪，有人对这种人们普遍认可的简单世界图像提出质疑，这个人就是著名的希腊哲学家（当时人们都这样称呼科学家）亚里士多德（Aristotle）。

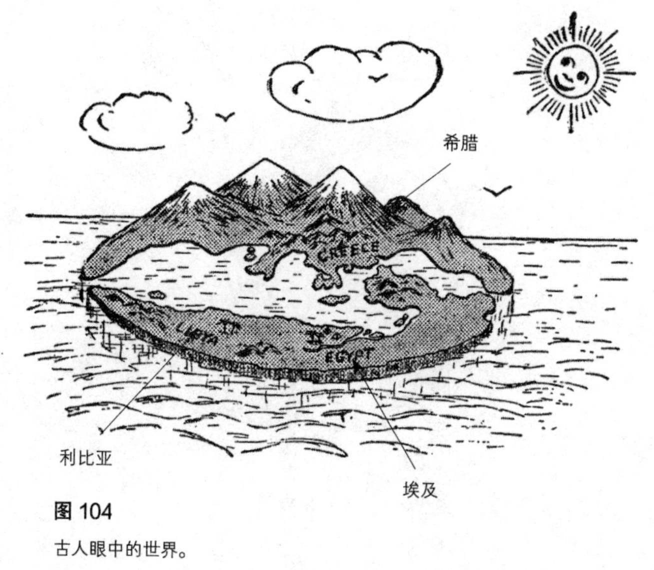

图 104

古人眼中的世界。

在《论天》这部书中，亚里士多德提出了自己的看法，他认为大地是球形的，表面是陆地和水，四周都是气体。他提出了很多可以支撑自己观点的证据，在我们看来，这些证据如今都是极为普通和熟悉的。他提出，当船在地平线上消失的时候，总是先隐没船身，而在水面上还可以看到桅杆，这说明海面是弯曲的，并非像镜面般平坦。他还称，月食的形成，是由于地球的影子映在了月亮表面，这个影子是圆形的，因此大地也一定是圆的。不过那时的人们都不怎么相信他。如果他说的是正确的，那么在地球另一端（也就是对跖点）生活的人，是如何保持头朝下走路，却不掉下去的呢？为什么那边的水不会流向那边的天空呢（图105）？这些问题人们始终想不明白。

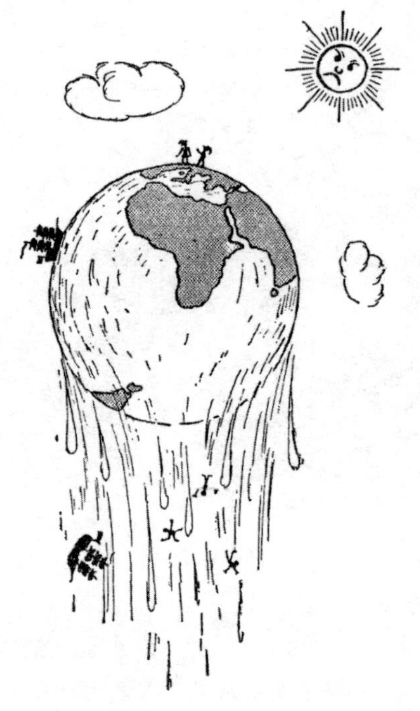

图 105

反驳大地是球形的论据。

你看，那时的人们并没有认识到是地球的吸引力导致了物体的掉落。在他们看来，“上”和“下”是一种绝对的空间概念，并不会因所处位置的不同而不同。正如现在人们还难以理解爱因斯坦相对论的很多观点一样，那时的人们也难以理解绕半个地球就可以将“上”和“下”对换这个想法。那时人们所理解的物体下落并不是地球的吸引力造成的，而是一种所有物体都具有的向下运动的“自然属性”。所以如果你胆敢站在地球的下一半，那你一定会掉到天空里去的。要改变旧观念实在太困难，这样的反驳也实在太有力，因此直到亚里士多德去世近两千年的 15 世纪，仍然有人通过地球对面的人头冲下站着这样的画，来嘲笑那些坚持大地是球形的人。即便是伟大的卡里斯托弗·哥伦布（Christopher Columbus）在前往寻找通往印度的“反方向的道路”时，也不能确定自己的计划是可行的，而且最后他因为美洲大陆的阻挡没能达成目标。后来直到费迪南德·麦哲伦（Ferdinand Magellan）进行了著名的环球航行，人们才真正相信大地是球形的。

当人们第一次认识到大地是个巨大的球体，肯定会问，这个球体到底多大？当时已知的世界占这个球体的面积又是多少？而古希腊的哲学家们是没办法进行环球航行的，他们又是怎样测量地球尺寸的呢？

公元前 3 世纪的著名科学家厄拉多塞（Eratosthenes）最早发明了一个办法。他生活在埃及的亚历山大里亚，那里是希腊的殖民地，在距离亚历山大里亚以南 5000 斯塔蒂亚远的尼罗河上游地区，有一座名叫赛伊尼的城市。那里的居民告诉厄拉多塞，在夏至那天的正午，太阳正好位于人们头顶，所以直立的物体都没有影子。而在亚历山大里亚从没出现过这种情况，对于这一点厄拉多塞是清楚的。在夏至那天，亚历山大里亚的天顶（也就是头顶正上方）与太阳光之间有 7°的夹角，大概是整个圆的五十分之一。如果假设大地是球形的，那么就可以利用图 106 来清晰地解释这种情况。当太阳光直射赛伊尼的时候，因为两座城市之间的地面有一定的弯曲，所以太阳光与北边的亚历山大里亚必定会形成一定的角度。而且如图所示，地心与这两座城市连线之

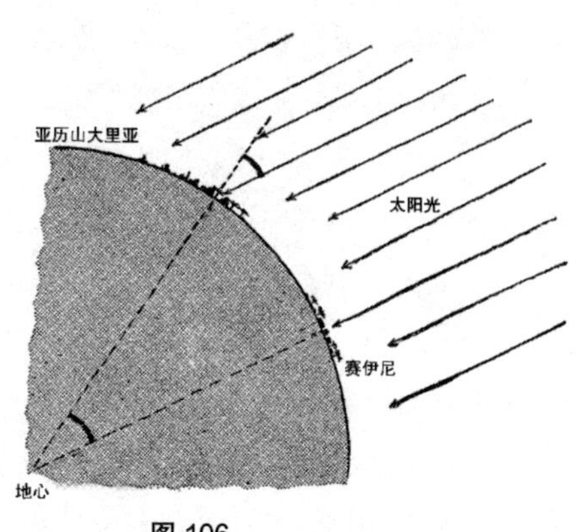

图 106

间的夹角，必定等于太阳光与地心到亚历山大里亚的连线（也就是亚历山大里亚的天顶方向）之间的夹角。

因为这个夹角约等于整个圆的五十分之一，所以两座城市之间距离的50倍，就应该等于地球的周长，也就是250 000斯塔蒂亚。1 斯塔蒂亚约等于 0.1 英里，所以得出地球的周长约是 25 000 英里或者 0.1 或者说 40 000 千米，这跟现代测得的结果是非常接近的。不过对地球进行第一次测算的重要性并不体现在结果是否精确上，而在于让人们认识到地球是如此巨大。嚯，地球的总面积比当时已知的陆地面积肯定还要大上好几百倍！这是事实吗？在已知地域之外又有什么？

要说天文距离，我们就要先说一下视差位移，或简称视差。有些人乍一听这个词会觉得难以理解，但视差其实是非常简单而实用的。穿针引线可以很好地解释视差原理。当你闭着一只眼睛穿针，会发现很难把线穿进针眼里，你手里的线要么还没到针眼就停住了，要么到了针眼后面很远的地方。针和线之间的距离只靠一只眼睛是没办法判断的。当你把两只眼睛都睁开，就可以轻易地把线穿进针眼里，最起码简单易学。当你用两只眼睛观察物体，两只眼的视线会自动聚焦在这个物体上，你的两只眼球会随着物体的靠近而越来越近。你完全可以通过调节眼球的肌肉产生的感觉来得知距离的多少。

要是分别用左右眼先后看，你就会发现物体（针）与远处的背景（比如房间里的窗户）之间的距离是会变化的。这种效应就被称为“视差位移”，大家肯定对这一现象很熟悉，如果不熟悉的话，自己试验一下就知道了。图 107 可以很明显地体现出左眼和右眼分别看到的针和窗户的不同。视差位移会随着物体距离变远而变小，可以利用这个原理来进行测距。通过肌肉感知距离，当然不如用弧度测量视差位移来得精确。我们双眼间的距离只有

3 英寸，所以对于几英尺以外的距离很难估算准确。当物体变得十分遥远的时候，我们双眼的视线就变得近乎平行，视差位移的效应就不明显了，因此要想利用视差位移来判断更大尺度的距离，我们就需要把两只眼睛的距离变得更大一些，从而让视差位移的效应更加明显一些。不要担心，不用做外科手术就能实现这一点，只要几面镜子就可以了。

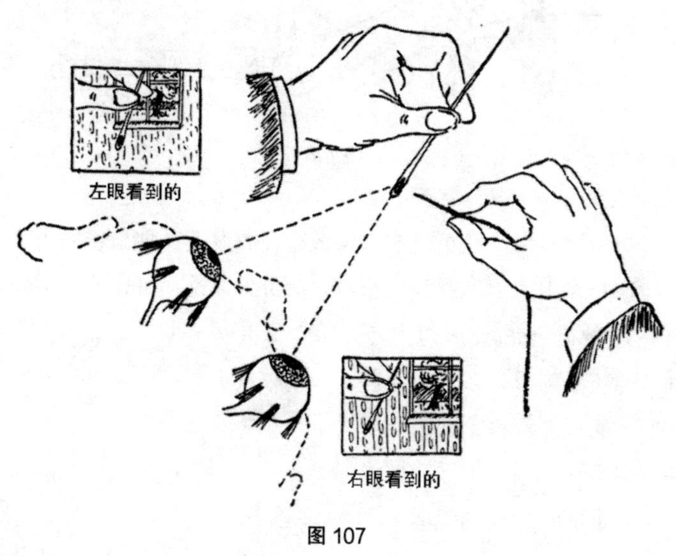

图 107

图 108 中画的是（雷达出现之前）海军用来测量敌舰距离的装置。装置的主要部分是一根长筒，在两只眼睛的位置（A，A'）各放有一面镜子，长筒的两头（B，B'）也各放有一面镜子。这样两只眼睛就可以一只看到 B 这一边，另一只看到 B' 这一边。这样通过增加双眼之间的距离或者说增大光学基线，就能让测量距离变得更远一些。不过水手们肯定不会单纯依靠眼球肌肉来判断距离，在这种测距仪上有很特别的装置和刻度盘来精确地标明视差位移。

图 108

使用这种海军测距仪的时候，即便敌舰还在地平线以下，也是能够起作用的。不过如果想用它测量天体是不可以的，即便是月亮这种最近的天体也办不到。要想看到月亮在恒星背景上产生的视差位移，那么至少需要几百英里长的光学基线（也就是两眼之间的距离）。不过我们有另一个办法，可以让我们一只眼睛从华盛顿看，另一只眼睛从纽约看，而不需要制造一套光学仪器，这个办法就是在这两座城市同时拍摄一张月亮在群星背景中的照片，然后把两张照片放在普通的立体镜里，就可以看到月亮漂在恒星背景前面。通过这种

图 109

从地球上两个不同的地方同时拍摄月亮和群星照片（图 109）的方法，天文学家们测得地球直径两端所观测到的月亮的视差是 1°24′5″，由此可以算出，地球和月亮之间的距离相当于 30.14 个地球直径，也就是 384 403 千米或者说 238 857 英里。

利用这个距离和观测到的角直径，可以算出月亮的直径大概是地球直径的四分之一。它的总面积相当于非洲大陆，只有地球面积的十六分之一。

地球和太阳之间的距离也可以用相似的方法测得。不过太阳比月亮要远很多，需要用更耗时的方法测量。天文学家们测得的日地距离是 149 450 000 千米（92 870 000 英里），也就是地月距离的 385 倍。这也就是为什么太阳如此巨大，其直径是地球直径的 109 倍，但是看上去却和月亮差不多大小。如果太阳是一个大南瓜的话，那么地球就是一粒豌豆，月亮就是一粒罂粟籽，纽约的帝国大厦就像是我们通过显微镜看到的最小的细菌。这里要提一个值得记住的人，在古希腊，有一个进步哲学家，名叫阿那克萨戈拉（Anaxagoras），他因为提出太阳是一个像希腊一样大的火球而遭到放逐，并且差点被处死。

用相同的方法，天文学家们测算出了太阳系中各个行星和太阳之间的距离。1930 年发现的冥王星[①]是距离太阳最远的行星，它跟太阳之间的距离是日地距离的 40 倍，准确地说，是 3 668 000 000 英里。

---

① 2006 年，第 26 届国际天文联合会通过决议，将冥王星从行星中除名，划为矮行星。——译注

二、银河系

如果再往太空前进一些，就从行星来到了恒星，视差测距法在这个尺度上是一样可以用的。不过即便是距离我们最近的恒星，也远到难以用在地球最远的两端（地球两侧）进行观测的方法来测量距离，因为用这种方法是难以发现恒星背景下的视差位移效应的。不过我们可以改良一下这个方法，让它可以测量更远的距离。我们可以用地球尺寸来测量地球绕太阳的轨道大小，那么可不可以用这个轨道来测量地球和恒星之间的距离？也就是说从地球轨道的两端对恒星进行观测，是否能观察到某些恒星的相对位移呢？用这种方法需要经过半年的时间来进行两次观测，不过这又有何不可呢？

1838 年，德国天文学家贝塞尔（Bessel）开始利用这种办法对恒星进行观测，在相隔半年的两个晚上，观察恒星的相对位置。虽然他已经使用地球轨道为基线进行观测，但是最开始由于他选择的恒星距离太远，并未观测到比较明显的视差位移。不过里面有一颗恒星的位置确实相较于半年前有些偏移（图 110），在天文学目录中，这颗恒星被称为“天鹅座 61”（也就是天鹅座的第 61 颗暗星）。

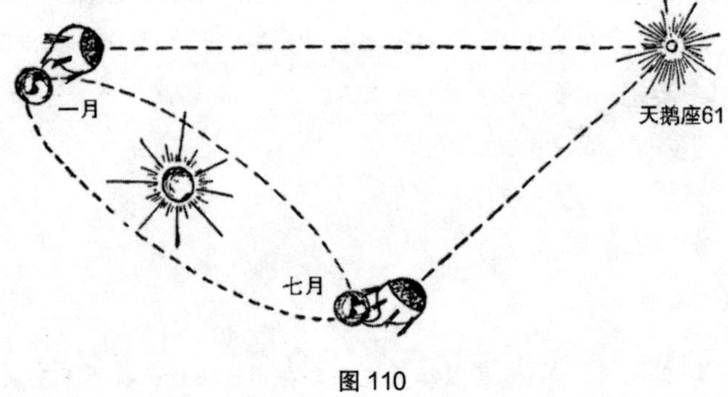

图 110

又过半年之后，这颗恒星回到了原来的位置，这样就可以确定了，之前观察到的确实是视差位移。因此我们可以将贝塞尔称为用尺子从太阳系迈进宇宙深处的第一人。

这半年中所观察到的天鹅座 61 的视差位移其实只有 0.6 角秒[①]，相当于你从 500 英里以外观察一个人时（假设你能看这么远），双眼视线所成的夹角。当然，天文学仪器比人眼要精密得多，所以这样小的角度也可以精确测量出来。因为地球轨道直径是已知的，根据所观测到的视差位移，贝塞尔算出天鹅座 61 距离地球 103 000 000 000 000 千米，相当于日地距离的 690 000 倍。这样的尺度是人们很难想象的。还是用之前的比方，如果假设太阳是一个南瓜，地球是一粒豌豆，两者相距 200 英尺，那么这颗恒星与南瓜的距离就是 30 000 英里。

在天文学上，通常会用光以每秒 300 000 千米的速度经过一定距离的时间来表示这段距离。比如光绕地球一圈需要七分之一秒，从地球到月球需要 1 秒多，从地球到太阳需要大约 8 分钟，但是从地球看到距离最近的恒星天鹅座 61 发出的光，却需要大概 11 年。也就是说，如果哪天天鹅座因为宇宙灾难熄灭了，或者发生了爆炸（这对恒星来说是很常见的），那么爆炸产生的光线需要经过 11 年的时间才能到达地球，到那时我们才能知道这颗恒星已经消失了。

贝塞尔根据所测得的天鹅座 61 与地球的距离，发现这颗夜空中闪着微光的星星其实亮度只比太阳略小，大小与太阳只相差 30%。之前哥白尼曾提出一个颠覆性的理论：太阳只是广阔宇宙中无数星体的其中一颗。现在贝塞尔的观测第一次直接证明了哥白尼的观点。

---

① 更精确地说，应该是 0.600″ ± 0.06″。——原注

在贝塞尔取得这项成果之后，又相继有很多恒星视差被人们观察到。人们又发现了几颗距离地球比天鹅座 61 近一些的恒星，最近的就是半人马座 α（半人马座里面最亮的那颗），距离地球大约 4.3 光年。这颗恒星在亮度和大小上都和太阳很接近。而其他的多数恒星，距离实在太远，即便以地球轨道为基线，也难以观察到视差位移效应。

在群星当中，不同的恒星在亮度和大小方面会相差悬殊。比如又亮又大的参宿四(距离地球300光年)，亮度是太阳的3600倍，大小是太阳的 400 倍。再比如黯淡的矮星范马南星（距离地球 13 光年），亮度比太阳暗 10 000 倍左右，体积甚至比地球还小（直径是地球的 75%）。

接下来我们要讨论一下，目前总共有多少颗恒星，这是一个很重要问题。包括读者在内的大多数人，应该都认为星星是数不清的。不过就跟社会上多数的流言一样，这个说法是不正确的，起码可以确定，光我们肉眼能见的星星，南北半球加起来只有六七千颗。因为无论如何都只有一半的星星出现在地平线上方，而且由于大气吸收光线的问题，地平线附近的星星可见度会降低，这就导致即便在晴朗的无月之夜，我们用肉眼只能看到大约 2000 颗星星。假设你数星星的速度是每秒钟一颗，那么你数完天上星星的时间也不会超过半个小时。

当你使用双筒望远镜来观察，所看到的星星就能再多出 5 万颗左右，如果用的是 2.5 英寸口径的望远镜，那么你就能再多看到大约 100 万颗星星。而使用有名的加利福尼亚威尔逊天文台的 100 英寸口径望远镜，则可以看到约 5 亿颗星星。要是仍然以每秒钟一颗的速度来数，那么即便从早到晚不停歇，要数完这些星星也需要一个世纪的时间。不过肯定不会有人一颗一颗地数望远镜里观察到的星星，人们采用的方法是把天空划分成不同的区域，得到若干区域中星星数量的平均值，然后应用到整个星空，求得总的星星数目。

在一百多年前，英国著名天文学家威廉·赫歇尔（Wilhelm Herschel）自己制作了一台大型望远镜，用它来观察星空时，发现肉眼能见到的星星大多位于横亘在天空中的银河系这条光带之内。由此天文学家们发现，银河系并不是一团普通的星云，而是由众多黯淡的恒星组成的，其中大多数恒星都因为太过遥远而无法用肉眼看清。

由于望远镜技术越来越强大，我们看到的银河系中的恒星数目也逐渐增多，但是银河系的主体仍然混在模糊的背景之中无法看清。不过不要因此就认为银河中的星星比宇宙其他地方的星星密度更大，其实之所以出现这种现象，是因为星星在这个方向上的分布更深远，而不是在这个区域中更集中。在我们的视力（借助望远镜）所及的最远处，可以看到在银河系伸展方向上一直有星星分布，但是在其他方向上，星星的分布就比较少，在视野中那里一片空旷。我们的视线穿过银河系，就好像在穿过浓密的树林，茂密的树枝交叉在一起，织成一片混沌的背景。而在其他方向上，我们就像透过头顶的树叶看向天空，看到的是一片一片空旷的蓝天。

我们可以由此发现，银河系的形状实际上像个盘子一样，是一个很广阔的平面，而在这个平面的垂直方向，相对来说范围并不那么远。太阳不过就像银河当中的一粒沙子而已。

经过各代天文学家的精心研究，我们得知银河系是一个透镜的形状，直径大约为100 000光年，厚度大概有5000~10 000光年，其中包含大约400亿颗恒星。另外我们还得知，太阳其实并不是银河系的中心，而是位于银河系边缘，这可以说是重创了人类的骄傲之心。

从图 111 中，我们可以大致看出，银河系就像一个巨大的巢一样。这是只有实际尺寸的一万亿亿分之一的银河系，而且由于版面的原因，代表恒星的点也比 400 亿要少很多。

图 111

天文学家在观察缩小为原尺寸一万亿亿分之一的银河系。太阳大致位于天文学家头顶的位置。

这个由无数个星体组成的银河系，跟太阳一样，也在快速旋转，这是它的基本属性之一。银河系中的数百亿颗恒星，都在围绕着银河系的中心旋转，就像金星、地球和木星等行星围绕着太阳在做近似圆形的旋转一样。银河系的中心就在人马座的方向，如果你的视线能跨越天空，就能发现越靠近人马座，所能看到的银河系就越宽，因为越靠近中心部分，这个透镜就变得越厚（图 111 中的天文学家正在看向这个方向）。

由于太空中有太多黑暗的星际物质阻挡视线，我们并不能知道银河系中心到底是什么样子的。如果单独观察人马座区域厚厚的银河，我们会发现这条神话中的天路在这里分了岔，成为两条“单行道”。不过这并不是银河真的分了岔，而是漂浮在太空中的星际尘埃和气体挡住了后面的银河系。这跟银河系两侧的黑暗空间是不一样的，那里是由于空旷，而这里是由于有不透明的物质。在中间的黑暗区域之所以有几颗星星，是因为它们位于黑暗物质和我们之间（如图 112）。

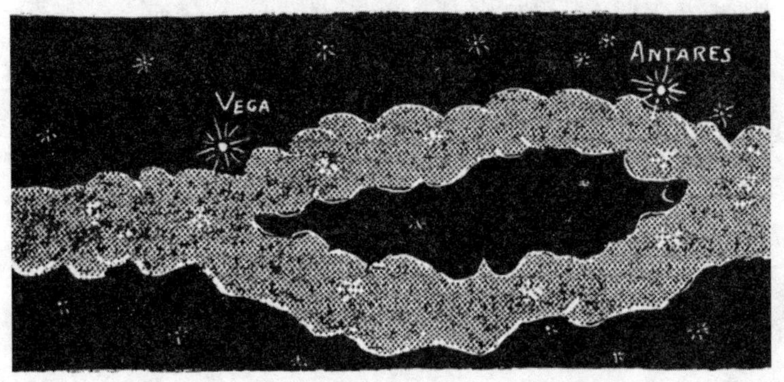

图 112

向银河系中心看去，我们会发现这条神话中的天路在这里分了岔，成为两条“单行道”。

虽然很遗憾我们无法亲眼看到环绕着几十亿颗恒星的银河系中心是什么样子的，不过我们可以通过观察银河系之外的星系，来推测银河系中心的样子。就像太阳统治着太阳系的行星一样，银河系中心也统治着银河系的其他地方，只不过这个中心并不是一颗超级大的恒星。通过观测，我们发现其他星系的中心是由众多恒星组成的，银河系中心应该也是同理，这片地区的恒星密度要比太阳系所在的边缘区域的恒星密度大很多。这一点我们在后面会讲到。如果把太阳统治太阳系比作专制国家，那么银河系中心统治银河系就可以比作民主国家，一部分重要成员居于统治地位，其他的成员则处于卑微的被统治地位。

银河系中的所有恒星，包括太阳在内，都在巨大轨道上围绕着银河系中心运行，但是该怎么证明这是事实呢？如果这是事实，那这些恒星的轨道半径有多大？运行周期有多长？

这些问题的答案，在几十年前被荷兰天文学家奥尔特（Oort）找到了。他用的方法类似于哥白尼观测太阳系的方法。

这里先重复一下哥白尼的理论。古巴比伦人、古埃及人和其他地区的某些人都曾发现，那些比较大的行星，比如木星、土星等，都在以非常奇怪的方式在天空中运行。它们一开始会像太阳一样沿着椭圆轨道运行，然后突然停下来，又往回运行，接着再折返，沿着原来的方向运行。图 113 中的下图就是土星在两年时间里的运行轨迹（土星运行一周需要 29.5 年）。以前因为宗教的问题，人们一直认为地球是宇宙的中心，太阳和其他行星都是围绕地球旋转的，对于那些行星的奇特运行轨迹，必须采用多个圆环的方式来解释。

后来哥白尼提出了一个天才般的观点，他认为之所以出现这种奇特的折返轨迹，是因为地球和其他行星都在以最简单的圆形轨道围绕太阳旋转。他的观点在图 113 中的上图中有清晰的表示。

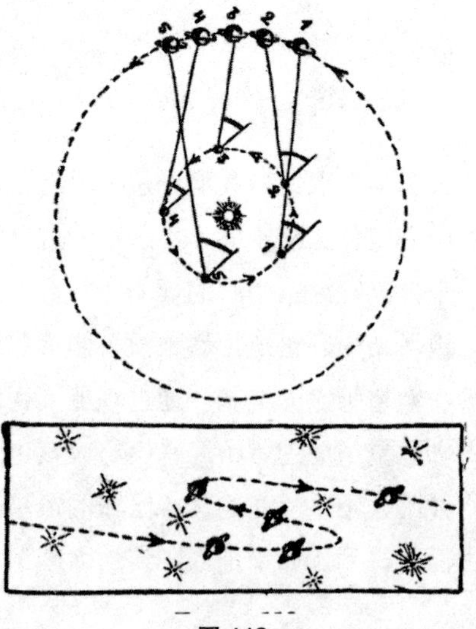

图 113

太阳在中心位置，中间的小圆代表的是地球（小球）的运行轨迹，外面的大圆代表的是土星（带有一个环）的运行轨迹，两者沿着相同的方向运转。图中的 1、2、3、4、5 分别代表地球和缓慢运行的土星在一年之中的五个不同位置。把土星位置和对应时刻的地球位置连接起来，同时从地球引出指向某一固定恒星的垂线，我们可以发现，两个方向（从地球到土星和从地球到固定恒星）之间的夹角会先变大后变小，接着再变大。由此可以看出来，土星的那种折返轨迹并不是因为它的运动复杂，而只是因为在观测的时候，地球处于不同的位置。

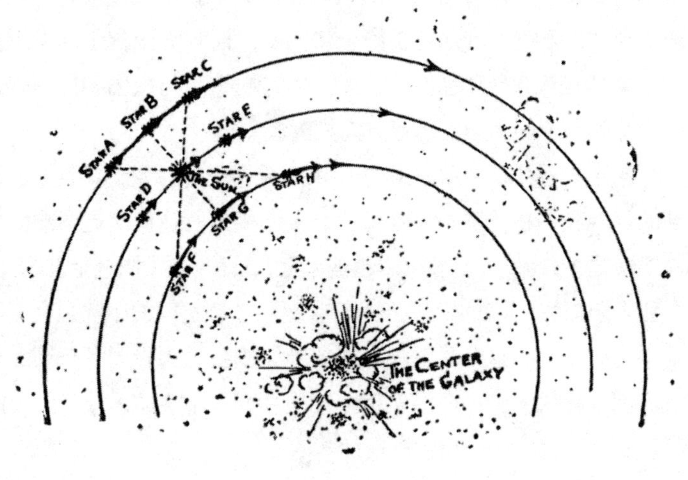

图 114

在图 114 中，我们可以看到奥尔特提出的银河系中恒星运行的理论。在图的下半部分我们可以看到银河系中心（里面有黑暗的星际物质），在这个中心的周围有很多恒星。外面的三个圆代表距离中心远近不同的几颗恒星的轨道，太阳轨道是中间的那个圆。

我们可以研究一下图 114 中的 8 颗恒星（以四射的光芒来跟

其他恒星进行区分）。这8颗恒星中有两颗与太阳处在同一轨道，一颗在太阳前面，一颗在太阳后面，其他恒星有的在较大轨道上，有的在较小轨道上。根据引力定律（见第五章），在太阳外层轨道上的恒星，比太阳轨道上的恒星运行速度慢，内层轨道上的恒星则运行速度更快（图中用不同的箭头表示）。

如果从太阳或地球上（这两处并没有本质区别）观察，这8颗恒星的运行是怎样的呢？根据多普勒效应（后文有多普勒效应的详细介绍），我们这里谈论的是最容易观察到的沿视线方向的运动。如果从太阳上观察，跟太阳在同一轨道上且速度相同的两颗恒星（D和E），是处于静止状态的。而与太阳位于同一半径线上的两颗恒星（B和G），在视线方向上也与太阳相对静止，因为此时它们与太阳的运行方向相同。

接下来看处在外层轨道的A和C两颗恒星，它们又是怎么运动的呢？我们根据图可以推测出，太阳的运行速度比这两颗恒星都要快很多，所以A会被太阳越落越远，C则会被太阳赶上并超过。因此太阳与A之间的距离会越来越大，与C之间的距离则会渐渐变小。如果分析这两颗恒星发出的光，则会分别看到多普勒红移效应和紫移效应。而内层轨道上的F和H则恰好相反，F呈现的将是紫移效应，H呈现的则是红移效应。

如果上述现象单纯由恒星的圆周运动引起，那么只要观测恒星的光学现象，就可以证实恒星在做圆周运动，还可以确定其轨道半径和运行速度。通过观测恒星的视运动，奥尔特确实发现了所预测的多普勒红移效应和紫移效应，也就证明整个银河系确实是在旋转的。

利用同样的原理，可以得出恒星在垂直于观察者视线方向上的速度同样会受到银河系旋转的影响。要测量这个速度非常困难（即便那些恒星的线速度很大，但是因为太过遥远，其相对于观测点的角位移也是很小的），不过奥尔特等人最终还是捕捉到了这种效应。

通过准确地测量恒星运动呈现出的奥尔特效应，就可以得到其轨道大小和运行周期。由此可以测得，以人马座为中心，太阳的轨道半径是3万光年,大概是银河系半径的三分之二。进而算得，太阳围绕银河系中心旋转一周的时间大概是两亿年。对我们来说，这是一段无比漫长的时间，但是别忘了，银河系诞生至今已经有50亿年，也就是说太阳和它的行星已经绕着银河系中心旋转20多圈了。我们把地球旋转周期称为“地球年”，同样的，我们也可以把太阳的旋转周期称为“太阳年”，以这个概念为时间标准，那么宇宙就只有20岁。恒星的运行是非常缓慢的，因此如果把太阳年作为时间单位，那会更便于研究宇宙历史。

三、探寻未知的边界

我们前面已经说过，银河系在广阔的宇宙中并不孤单。人们通过望远镜已经发现，在宇宙的深处，还有很多跟银河系相似的

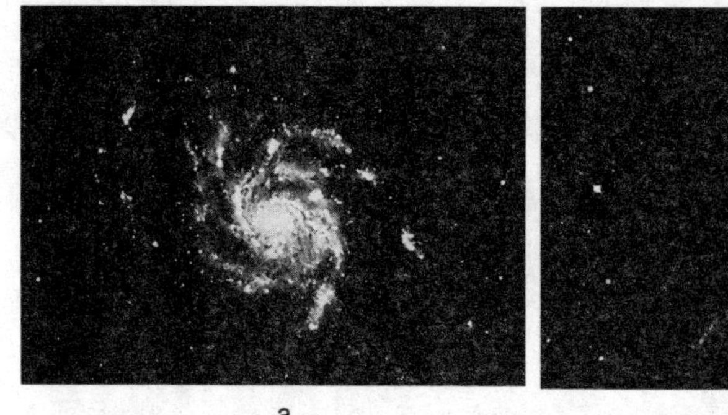

a　　　　b

照片 7

a：大熊座螺旋星云，这是一座遥远的宇宙岛（俯视图）。
b：后发座螺旋星云，另一座宇宙岛（侧视图）。

巨型星系。距离银河系最近的仙女座我们肉眼就可看见，看上去它就是一团不太亮的长条状小星云。照片 7 中的 a 和 b，就是两团这样的天体群，它们是用威尔逊山天文台的天文望远镜拍摄的，一个是从上方看到的大熊座星云，一个是从侧面看到的后发座星云。通过观察可以发现，这些星云都具有一种旋涡结构，所以被称为“旋涡星云”。很多证据可以表明，银河系也呈旋涡状，但是因为我们身处银河系内部，很难确定这一点。根据推测，太阳所处的位置，也许就是“银河系大星云”的某一条旋臂末端。

天文学家们一直以来并没有认识到旋涡星云与银河系是同类型的星系，而是把旋涡星云与猎户座中的弥漫星云归为一类，弥漫星云是由银河系中漂浮在恒星之间的星际尘埃组成的大云团。后来人们经过更加仔细的观察，发现旋涡星云并不是模糊的云雾，如果用最高倍数的望远镜观察，就可以发现里面其实是一个个的点，每个点都是一颗星星。不过没办法通过视差位移来测量它们的距离，因为它们离我们太过遥远了。

这样看的话，我们似乎没有办法测量更大尺度的天体距离了。但是天无绝人之路，当我们遇到某些看似无法克服的困难时，总是会有一些新的发现让我们继续前进。在这个问题上，为我们带来新发现的是哈佛大学的天文学家哈洛·沙普利（Harlow Shapley），他从脉动恒星或称造父变星那里找到了一把新的“尺子”。①

天上如此多的星辰，其中多半的恒星都在默默发着光，不过也有一些恒星的亮度并不恒定，而是会发生比较规则的变化。这些巨型恒星就像心脏一样，在进行周期性的脉动，其亮度也随着

① 最早在造父一（仙王座δ）上发现了脉动现象，所以使用这颗恒星的名字来命名。——原注

这种脉动发生有规则的变化。[①]拿钟表做类比，钟摆越长，摆动周期就越长，这种恒星同样是体积越大，其脉动周期越长。那些体积比较小的脉动恒星（在恒星里相对而言）脉动周期只有几个小时，而那些体型巨大的恒星，一个脉动周期有好几年。根据恒星体积越大，亮度就越高的规则，我们可以推测，恒星的脉动周期肯定也跟平均亮度有关系。由于一些脉动恒星距离我们很近，能够直接测量其距离和亮度，因此我们就通过观测它们来确定这种关系。

当你无法用视差效应的方法对某一颗脉动恒星进行测量的时候，你可以利用望远镜观察它的脉动周期，计算出它实际的亮度，再用这个实际亮度和观察到的亮度进行对比，由此就可以计算出它的距离。这是一种非常巧妙的方法，沙普利就是利用这种方法测量出了银河系中比较远的星体的距离，这种方法还可以帮助我们了解银河系到底有多大。

后来沙普利用这个方法对仙女座星云里的几颗脉动恒星进行测量，测量结果让他相当意外。原来地球到这些脉动恒星的距离达到了 1 700 000 光年，当然这也是地球到仙女座星云的距离。这个距离是远远大于人们所估计的银河系直径的。仙女座星云本身的大小其实只比银河系稍小一些。在照片 7 中的两团旋涡星云，它们跟仙女座星云的大小差不多，只不过距离要更远一些。

之前人们总认为旋涡星云只是银河系中的“小不点”，然而沙普利的发现彻底颠覆了这种观点，因此人们意识到旋涡星云是跟银河系同样的独立星系。天文学家们已经可以肯定，如果在仙女座星云当中某颗恒星的行星上站着一位观测者，那他观察到的

---

① 这种脉动恒星跟食变星是不同的，不要把两者弄混。食变星是一种双星系统，两颗恒星互相围绕彼此旋转，会周期性地遮盖对方。——原注

银河系应该与我们观察到的仙女座星云是高度相似的。

通过对这些遥远星系更深入的研究，人们发现了很多更加重要而且有趣的事情，在这一点上威尔逊天文台有名的星系观测家哈勃（Edwin Powell Hubble）做出了很大的贡献。利用那些专业的望远镜，可以看到很多我们用肉眼无法看到的星系。这些星系有很多不同的形状，并非都是旋涡状的。有的星系看上去是边缘模糊的球状；有的星系是椭球形，但是拉伸的程度不一；有的星系虽然也是旋涡状，但是有的旋涡紧密，有的旋涡松散；还有一些星系的形状很奇怪，是棒状旋涡的。

有一点需要注意，我们观测到的这些星系，其形状可以按照一定顺序排列（图 115），这或许代表了它们正处于不同的演化阶段。

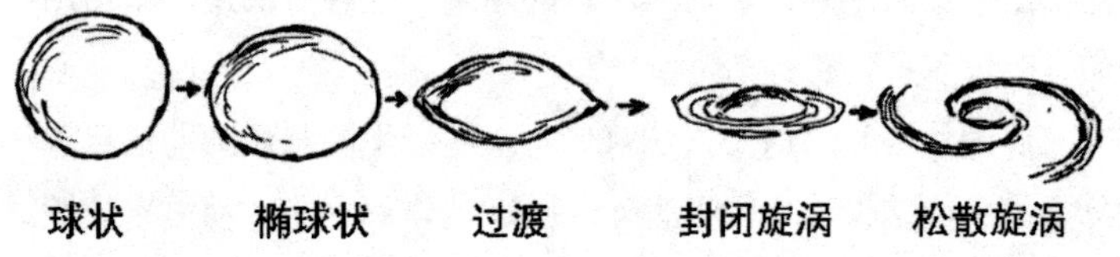

图 115

星系演化的各个阶段。

对于星系演化的详细情况，我们的了解还很少，不过可以推测，这种演化是一种渐渐收缩的过程。我们知道，一个气团最初的旋转速度比较慢，但是随着渐渐收缩，它的旋转速度会不断变快，形状也会慢慢变成椭球体。当其极半径和赤道半径的比值达到 7:10，它的形状就会变成透镜形，并且在赤道上面会出现一道比较明显的边缘。再继续收缩的话，透镜的形状不会再发生变化，但是气体会沿着赤道边缘渐渐分化，在周围空间形成一层很薄的气体膜。

这种关于旋转气团的理论，已经由英国著名物理学家和天文学家金斯（James Hopwood Jeans）用数学方法证明是正确的。这个理论同样也适用于那些体型巨大的星云。星云由无数颗恒星聚集而成，我们可以把这团星云看作是一团气体，而恒星便是这团气体中的一个分子。

如果对比金斯的计算和哈勃通过观测对星系进行的分类，我们可以发现两者是十分符合的。最重要的一点是，拉伸最长的椭球状星系其极半径和赤道半径之比恰好为 7:10（E7），这时我们第一次看到十分明显的赤道边缘。到演化后期，由于旋转速度加快，大量物质被抛出，这才形成了旋涡状。但是到现在为止我们还无法圆满地解释这种旋涡状是怎么形成的，以及为什么形成的。另外我们也无法解释是什么原因导致产生了普通旋涡星系和棒旋星系。

我们还需要进行更加深入的研究，来了解这些星系的组成、运动以及内部结构。威尔逊山天文台的天文学家沃尔特·巴德（Walter Baade）在几年以前得出了一个很有意思的研究结果：旋涡星云中心（核）的星体类型与球状星系、椭球状星系中心的星体类型是相同的，但在其旋臂中出现了新的恒星。研究显示，旋涡星云旋臂与中心最大的不同点，就是旋臂中出现了炽热且亮度很高的恒星，它们被称为“蓝巨星”，而在旋涡星云中心，以及球状和椭球状星系当中，则没有这样的恒星。在后面（第十一章）我们可以看到，蓝巨星应该是新生的恒星，而旋臂恰好就是这些新生恒星的最佳诞生地点。我们可以由此推想，当椭球状星系快速旋转时，所抛出的物质中有一大部分是原始气体，这些气体进入寒冷的星际空间之后，会因为冷却而聚集成巨型星体并进一步收缩，最终变成炽热且亮度很高的恒星。

在第十一章中，我们还会重新谈到恒星诞生和生命的问题。

在这里，我们要先谈一下星系在浩渺宇宙中是如何分布的。

首先要说明一点，在银河系和附近星系的范围内，利用脉动恒星测距是很好的方法，但是在更远的范围，这个方法就不适用了。由于距离太远，即便使用最好的望远镜，我们也无法对具体的某个星星进行分辨，就连星系也只能看出是模糊的长条星云。再远的地方，就只能通过看到的大小来估计星系的距离，因为同一类型的星系其大小是相差不多的，这一点跟单个的恒星有所不同。当人群中没有特别矮或特别高的人，所有人的身高都很一致，那么通过眼睛看到的大小来判断他所处的距离，就是一个比较靠谱的办法了。

正是利用这种方法，哈勃估算出了那些更远星系的距离。哈勃表示，在我们所能看到的范围内（当然是利用最好的望远镜），星系在可见宇宙中几乎是均匀分布的。为什么要说“几乎”呢？是因为在某些区域，星系会聚集成一个群落，有的群落甚至会包含几千个星系，这跟大量恒星聚集成星系的道理是一样的。

银河系所处的星系群落，应该是相对较小的，其中只有 3 个旋涡星系（包括银河系和仙女座星云）、6 个椭球状星系、4 个不规则星云（包括大小麦哲伦星云）。

不过，根据帕洛马山天文台那台 200 英寸口径的望远镜的观测，在 10 亿光年范围内的宇宙空间中，这些星系的分布总体来说是非常均匀的。在整个可见宇宙中，大概有几十亿个星系，各相邻星系之间的平均距离大概为 500 万光年。

这里还是用之前的比方，我们把帝国大厦看作一个细菌，把地球看作一粒豌豆，把太阳看作一个南瓜，那么银河系就相当于木星轨道这样大的范围，其中分布着几十亿个南瓜，可见宇宙则是一个直径略小于地球与最近恒星之间的距离形成的球体，在这个球体中分布着无数南瓜聚集成的群落。

事实上，我们很难用一种很恰当的尺度来表达宇宙的大小，就算把地球缩小成一粒豌豆，宇宙的大小仍然大到难以想象。图116中，体现了天文学家观察宇宙的步骤：从地球到月亮，到太阳，再到恒星，然后是星系，最后到达未知的边界。

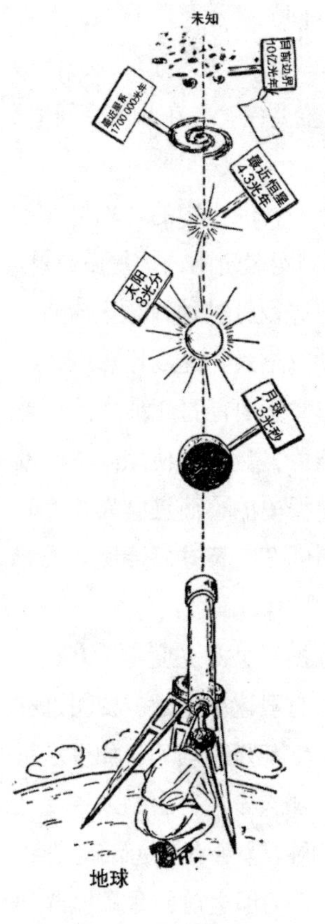

图 116

观测宇宙的阶段，以光年表示距离。

接下来我们要说一下宇宙的大小问题了。宇宙到底是没有边界，还是虽然巨大但仍然有边界？在望远镜发展得越来越精密和强大的情况下，天文学家是否能不断地发现新的区域？还是说总有穷尽宇宙中最后一颗星星的时候？

当然，我们所说的宇宙或许有边界，并不是指当探索者们观察到几十亿光年之外的某个地方时，会突然出现一堵墙，上面写着：“严禁穿越。”关于这一点，其实我们在第三章已经讲过，空间是可以有限但无界的，因为它可以弯曲，形成一个封闭的区域。我们可以想象一位探索者驾驶飞船在这个空间中飞行，他可以保持飞船直线飞行，但最终仍然会沿着测地线回到起点。打一个更形象的比方，这就像一位古希腊探险家从雅典出发，一直向西走，但是在经过很长时间之后，他最终会回到这座城市的东门。

关于曲率问题，当我们在地球范围内，可以通过对某个区域的几何学计算，来得到地球的曲率，而无须周游世界。同样的道理，当我们研究宇宙空间曲率问题，只需要在望远镜可见的范围内进行测量就够了，而无须看遍整个宇宙。在第五章中，我们提到了两种曲率：一种是有限封闭空间的正曲率，一种是马鞍形无限开放空间的负曲率（见图 42）。这两种空间的特性是不同的，在封闭空间当中，随着与观察者距离的增加，周围均匀分布的物体增加的速度，比这个距离的立方增长的速度要慢，而在开放空间中，这个特性则是恰好相反的。

我们宇宙中的星系就可以看作是上面特性当中的“均匀分布的物体”，那么现在我们只需要计算不同距离范围内的星系数量，就可以确定宇宙的曲率。哈勃本人就曾进行过这种计算。他的计算结果是，星系增加的速度比距离的立方增长的速度慢一些，所以按照前面说的理论，我们所在的宇宙空间可能是正曲率的，是有限的。然而需要注意的是，哈勃的结论，是在其使用的威尔逊山的 100 英寸口径望远镜的能力范围内得出的，而且结果并不明显。近期天文学家用帕洛马山上一台新的 200 英寸口径反射式望远镜进行了重新观测，不过至今还没有得出明确结论。

由于对遥远星系的距离判断只能根据目见的亮度（平方反比定律），所以并不能明确回答宇宙是否有限这个问题。使用这种方法需要一个条件，就是所有星系的亮度都是相同的，如果星系的亮度会随着年龄的长短而发生变化，那么最后得出的结果就是错误的。我们利用帕洛马山的望远镜可以看到的最远距离是 10 亿光年，也就是说，我们所见到的是 10 亿年之前的星系。假如星系的亮度会随着年龄增长而降低（比如活跃恒星变少），那么哈勃的结论就需要进行一些修正了。在 10 亿年范围内（相当于星系寿命的七分之一），只要星系亮度发生一些小的改变，就足以改变目前所得到的结论。

因此关于宇宙到底是有限还是无限这个问题，我们还需要更进一步的努力。

第十一章　创世纪时期

一、行星的诞生

地面——这个词对我们这些生长在七大洲（包括南极洲）的人来说，意味着长久的稳定。我们多半认为自从地球诞生以来，它表面的那些海洋、山川、河流等熟悉的特征，就已经存在了。但是根据地质学的研究，我们知道，地球的表面其实在不断发生变化，陆地可能被海水淹没，海底也可能升出水面变为陆地，远古的山脉也许会被雨水冲刷得越来越小，而地壳活动又会产生新的山脉。这些现象都是坚固的地壳发生的变化。

不过在更久远的从前，地球表面很可能并没有如此坚硬的地壳，而是整个处于一种炽热的熔融状态。通过对地球内部的研究，我们知道地球中间的大部分物质仍然是处于熔融状态的，而我们眼中的地面，不过是岩浆表面漂浮的一层外壳。

通过测量不同深度的地层温度，我们可以很容易地得出这个结论。通过测量，我们得知，地层深度每增加 1 千米，温度就会升高 30℃左右（或者地层深度每增加 1000 英尺，温度就会升高 16 ℉）。所以在世界最深的矿井中（南非的罗宾逊金矿），必须要增加一种能调节温度的设备，因为那里的井壁太热太烫了，会把下井的矿工们烤熟。如果地下温度按照这个速度增加的话，那么当到达地下 50 千米（不到地球半径的百分之一），岩石就会处于熔融状态（岩石熔点为1200℃到1800℃）。如果再往下深入，那么超过地球97%以上的物质都会处于熔化状态。

当然，这种情况不会永远持续下去的。我们现在就处于地球不断冷却的一个中间过程。地球在最开始的时候，是一个完全熔融的球体，而地球的最终状态会是一个完全冷却的球体。这个过程应该是从几十亿年前开始的，这一点可以通过对地球的冷却速度和地壳增长的速度进行计算得出。

另外还有一种方法，就是测定地壳岩石的年龄，同样可以得到这一结果。人们直观印象上，岩石通常不会变化，所以才会有“坚如磐石”这样的话。不过对经验丰富的地质学家来说，很多岩石内部都会有一些指示时间的物质，通过测量这些物质就可以确定岩石从熔融到凝固的时间。这种物质就是岩石中含量很少的铀和钍，在地面和地下的岩石中，经常可以发现这两种元素。在第七章我们提到过，这都是放射性元素，会以比较缓慢的速度发生衰变，最终变成稳定的元素铅。只要我们测定出岩石中的铅含量，就可以知道里面的放射性元素经历了多少个世纪的衰变，从而也就知道了岩石的年龄。

当岩石处于熔融状态时，里面的衰变产物会因为熔岩的流动而改变位置，但是当岩石凝固之后，里面的放射性元素和铅便都固定下来，并在原来的位置积累，通过测定铅的数量，便可以知道其积累了多长时间。打个比方，在太平洋的两座岛屿上，在棕榈树林中散落着一些空啤酒瓶，通过这些空啤酒瓶的数量，敌军间谍就能判断出海军部队在两座岛上各驻扎了多长时间。

现在又有了一些更先进的技术，可以更加精确地测定岩石中铅同位素和铷87、钾40等不稳定元素同位素的数量，并计算出目前已知的最古老的岩石有45亿年的年龄。所以我们可以得出结论，地球应该形成于50亿年前，那时地球还只是一团熔岩。

可以想象，当时的地球完全是熔融状态，周围是一层很厚的大气，里面包括空气和水蒸气，可能还有一些挥发性极强的气体。

那么，这些熔融物质是怎么来的？它们是怎么聚集到一起的？多个世纪以来，这些都是宇宙起源论所要研究的主要问题，这关系着地球和太阳系内其他行星的起源问题，天文学家们曾为此头疼不已。

1749年，法国著名博物学家布丰首次开始用科学的手段来研究这些问题。在其四十四卷巨著《自然史》（*Natural History*）中，他提出了自己的设想：宇宙深处的一颗彗星与太阳相撞之后，产生了太阳系。他所设想的画面是这样的：一颗明亮的彗星拖着长长的尾巴，在孤独的太阳表面划过，冲击使得太阳表面溅出若干“滴”物质，这些物质后来便开始围绕太阳旋转（图117a）。

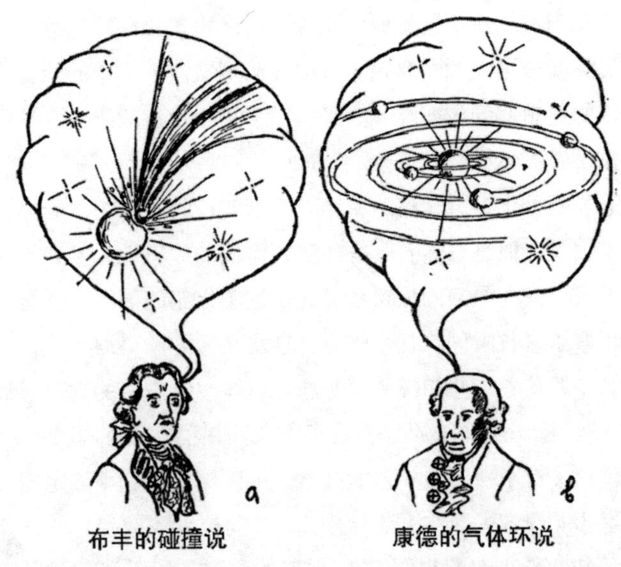

图117　关于宇宙起源的两种理论

几十年后，德国著名哲学家伊曼努尔·康德（Immanul Kant）提出了完全不同的理论。他认为，太阳系是由自身运动形成的，没有任何外力的干扰。他的观点是，太阳在早期是一团寒冷的气体，这团气体的体积就是如今太阳系的大小，它围绕着自己的核心缓慢旋转着，并不断向周围辐射能量。后来因为越来越寒冷，这团气体不断缩小，并加快旋转速度，由于离心力的增加，气体形状变得扁平，然后在赤道方向不断抛出向外扩展的气体环（图117b）。普拉陶（Plateau）就做过一个很经典的实验，证明物质旋转可以形成这种气体环。他的实验使用的物质是油（并没有使用设想中的气体），另外准备一种与油密度相同的液体，让油滴可以悬浮在这种液体中，使用某种机械装置让油滴加速旋转之后，油滴会在达到某个旋转速度的时候在自身周围形成一些油环。在康德的设想中，气体环在旋转的过程中产生了断裂，然后各个环的物质不断聚集，最终形成了太阳系的各大行星。

法国著名数学家皮埃尔－西蒙·德·拉普拉斯（Pierre-Simon de Laplace）支持康德的观点，并在他的基础上进行了拓展。1796年，拉普拉斯出版了《宇宙系统论》（*Exposition du sust è me du monde*），在其中提到了这个观点，不过他没有对此进行数学计算，只是用比较通俗的语言进行了概念性的讨论。

又过了六十年，英国物理学家詹姆斯·克拉克·麦克斯韦（James Clerk Maxwell）第一次使用数学方法对这个理论进行计算。麦克斯韦的计算发现康德和拉普拉斯的宇宙起源论中存在一个无法解决的问题。通过计算，麦克斯韦认为以目前太阳系各行星的物质总量来算，如果当初是均匀分布在一个圆环上的，那么这个圆环会十分稀薄，没有办法通过引力使这些物质聚集成行星。最终太阳抛出来的这些气体环将会永远保持这个状态，就像土星环一样。根据我们对土星环的了解，它就是由环绕土星的颗粒物质形成的，而且这个环并没有表现出聚集成一颗固体卫星的倾向。

对于这个问题，一个解决办法是假设当初太阳抛出来的物质比现在多（至少要是现在的 100 倍），后来在运转过程中，这些物质大部分都落回了太阳，剩下的 1% 则形成了太阳系各大行星。不过这种假设又会带来另一个问题，因为那些落回太阳的物质与行星的旋转速度是相同的，当它们回到太阳之后，就会使太阳的角速度增加到实际速度的 5000 倍，那样的话太阳自转周期将会是每小时 7 圈，而现在太阳是每 4 周转一圈。

康德 - 拉普拉斯的理论在这里似乎已经到了尽头，因此天文学家们转移了阵地。美国科学家托马斯·克劳德·张伯伦（Thomas Chrowder Chamberlin）、福雷斯特·雷·莫尔顿（Forest Ray Moulton）和英国著名科学家金斯爵士，又重新开启了对布丰的碰撞学说的研究。后来一些新知识的出现，让布丰的理论得到了发展。布丰认为与太阳相撞的是彗星，但是后来人们发现，彗星的质量太小，甚至比不上月亮，所以彗星撞击太阳的说法被抛弃了，人们认为撞击太阳的天体是一颗和太阳在体积、质量上都差不多的恒星。不过这种观点同样有难以克服的困难，虽然它避免了康德 - 拉普拉斯理论的矛盾点，但是它无法解释为什么两颗恒星撞击出来的碎片会以接近圆形的轨道运行，而不是长长的椭圆形轨道。

为了解决这个问题，人们又提出一种假设，就是当太阳遭受恒星撞击的时候，自身周围是包裹着匀速旋转的气体的，这些气体让本来长椭圆的轨道变成了圆形轨道。然而就目前探测到的情况看，在太阳系中并没有这种气体物质，所以人们又假设在后来的时间长河中，这种物质慢慢在太空中消散了，现在人们能看到的太阳黄道面的微弱光芒，就是以前那些物质残留的。

这些假设把布丰的碰撞理论和康德 - 拉普拉斯的太阳气体理

论综合了起来，然而同样不能算是一个圆满的答案，不过在当时，这个理论相对来说比较能让人接受，所以便被接纳为正确的学说。直到不久之前，所有的科学论文、教科书和科普书籍中都还在使用这个理论，其中也包括拙作《太阳的诞生与消亡》（1940 年出版）和《地球自传》（1941 年第一版，1959 年修订版）。

时间来到 1943 年秋天，一位名叫卡尔·弗里德里希·冯·魏茨泽克（Carl Friedrich von Weizsäcker）的年轻德国物理学家，终于找到了这个问题的答案。新的天体物理学研究成果，让他有了发力点，他指出，之前康德－拉普拉斯理论的所有矛盾点都可以利用新的学说进行解释，以前的理论所没有涉及的很多太阳系的特性，都可以被容纳进来，并由此建立起行星起源的完整理论。

魏茨泽克的研究关键点就是最近几十年天体物理学家们对宇宙化学成分的新认识。以前人们认为，包括太阳在内的所有恒星的化学成分比例，都跟地球差不多。我们知道，地球上的主要化学元素就是氧（以氧化物的形式存在）、硅、铁和其他少量重元素，氢、氦（还有氖、氩等稀有气体元素）等轻气体所占的比例非常小。[①]

当时的天文学家们没有办法对太阳和其他恒星上的物质进行研究，只好认为那些星体的组成与地球相似。但是后来丹麦天体物理学家本特·格奥尔·丹尼尔·斯特龙根（Bengt Georg Daniel Strömgren）通过对恒星的结构进行更加详细的论证，指出这种观点是不正确的。他认为太阳上的氢占据了 35% 的比例，后来又增加到了 50% 以上。通过更多的研究，人们又发现太阳上还有相当比例的氦。天体物理学家们通过对太阳内部进行理论研究（尤其卓越的是近期史瓦西所做的工作），还有对太阳表面进行更加精

---

① 氢在地球上通常以水，也就是它的氧化物的形式存在。虽然水占据了地球表面四分之三的面积，但是跟整个地球的质量比起来，水所占的比重并不多。——原注

确的光谱分析，最终得到一个颠覆了人们认知的结果，就是太阳上只有 1% 的物质是地球上常见的化学元素，而剩下的质量，则由氢和氦各占一半，其中氢稍多一些。其他恒星也是类似的组成。

如今的研究已经证明，太空中并不是真空的，而是充满了微尘和气体，每 1 000 000 立方英里中大概有 1 毫克这些物质。这些在太空中非常稀薄的物质拥有和太阳以及其他恒星相同的化学成分。证明这些物质存在的方法很简单，因为它们会吸收光线，产生很明显的吸收光谱。那些从几十万光年之外的恒星发出的光线，经过长途跋涉到达我们的望远镜，中间会被这些星际物质吸收，只要能够确定其吸收光谱的强度和位置，就能够计算出这些物质的密度，并且可以证明它们绝大部分的化学组成是氢和氦。在这些星际物质中，地球成分的微粒（直径大概只有 0.001 毫米）占比不超过总质量的 1%。

回过头来我们再看魏茨泽克的理论，对于宇宙物质化学成分的新认识，真的让康德－拉普拉斯理论起死回生了。最初正是这些物质包裹着太阳，那些比较重的"地球物质"，只占其中很少的一部分，后来便形成了地球以及其他行星，而占比较多的氢气和氦气，则肯定无法保持原位，要么被太阳吸收，要么散逸进入太空。就像前面说的，如果它们被太阳吸收，会导致太阳自转过快，因此第二种情况的可能性更大，在那些比较重的物质形成了行星之后，剩余的气态物质便散逸到太空中了。

我们可以由此勾画出一幅太阳系形成的画面：在太阳凝聚成形的最初阶段（见下一节），大部分物质（大概是现在各行星总质量的 100 倍）都被留在了太阳外面，成为围绕太阳旋转的圆环。（由于凝聚成太阳的气态物质各部分原本的旋转状态不同，才有了这种旋转。）太阳外层这个快速旋转的圆环包括各种地球物质微粒（比如铁的氧化物、硅化合物，还有水滴和冰晶等）和气态物质（包括氢气、氦气以及少量的其他气体）。地球物质微粒与气态物质混合在一起，共同围绕太阳旋转。后来那些地球物质微粒在相互碰撞中渐渐聚集在一起，形成了我们所称的行星。关于这些速度快如流星的物质相互撞击的效果，图 118 有比较形象的描绘。

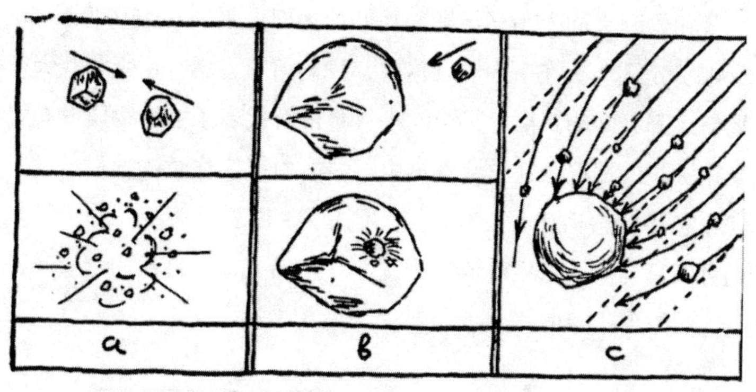

图 118

根据常理推断，如果两块差不多大小的物体以这么快的速度相撞，肯定都会碎掉（图 118a），而无法形成更大的物体。但是如果是一块比较大的物体跟一块比较小的物体相撞（图 118b），那么比较小的物体就会被大的物体吞噬，变成一个更大的物体。当这两个过程不断发生，小的物体就会逐渐消失，而大的物体则会变得更大，从而吸引更多小的物质。这种大物体俘获小物体的情况，在图 118c 中有比较清晰的展现。

魏茨泽克认为，在几亿年的时间长河里，原本布满太阳系的微尘肯定渐渐聚集，形成了行星。这些行星在围绕太阳旋转的时候，仍在不断吸收各种宇宙物质，并逐渐增长。由于表面会不断遭到这些物质的撞击，所以行星会始终处于炽热的状态。当那些星际尘埃、小石头还有大的石块几乎被全部吸收之后，行星便不再增长。随后这些行星会不断向太空中辐射热量，自身表面会逐渐冷却，形成比较坚固的外壳。随着散失的热量越来越多，行星会逐渐冷却，行星外壳也会逐渐增厚。

不管是哪种行星起源学说，都需要解决一个问题，就是解释行星和太阳之间的距离规则，我们称为“提丢斯－波得（Titus-Bode）定则”。在下面的表格中，我们列出了小行星带和九大行星与太阳之间的距离，其中的小行星带就代表了小块物质没有聚集在一起的情况。在这些数据中，最能引起人注意的就是最后一列数字，虽然相互间会有差异，但是总的来说都接近 2。所以我们可以总结出一条粗略的规则，即从内向外，各行星的轨道半径以倍数的形式递增。

行星名称	与太阳的距离（以日地距离为单位）	各行星轨道半径与前一颗行星轨道半径的比值
水星	0.387	—
金星	0.723	0.86
地球	1.000	1.38
火星	1.524	1.52
小行星带	约 2.7	1.77
木星	5.203	1.92
土星	9.539	1.83
天王星	19.191	2.001
海王星	30.07	1.56
冥王星	39.52	1.31

这条规则也适用于各大行星的卫星，比如下表中所列的土星 9 颗卫星的轨道半径，就大致符合这一规则。

卫星名称	与土星的距离（以土星半径为单位）	相邻卫星轨道半径比值
土卫一	3.11	—
土卫二	3.99	1.28
土卫三	4.94	1.24
土卫四	6.33	1.28
土卫五	8.84	1.39
土卫六	20.48	2.31
土卫七	24.82	1.21
土卫八	59.68	2.40
土卫九	216.8	3.63

从这些数据可以看出来，卫星和行星的情况是相似的，都存在一些偏差（尤其是土卫九）。不过有一点可以确认，就是其中存在一种明显的规律性。

为什么太阳周围的这些物质没有聚集成为一颗单独的大行星？为什么这些物质形成的几颗行星恰好处于那些特殊的轨道上呢？

我们需要对原始尘埃的运动进行更深入的研究，才能解决这些问题。前面我们说过，根据牛顿引力定律，所有围绕太阳旋转的物体，不管是行星、陨石还是小的微粒，都会形成一条椭圆轨道，而太阳就在这个椭圆的焦点上。我们假设原本围绕太阳的都是直径为 0.0001 厘米的微粒，那么就存在大约 10^{45} 个微粒，这些微粒会形成各种不同的椭圆形轨道。由于数量太多，这些微粒必然会发生碰撞。在经过无数次碰撞之后，“交通”渐渐变得有序起来，因为其中一些由于碰撞而粉碎，另外一些则改变了自己的路线，来到不是那么拥挤的轨道上。那这种有序(至少是部分有序)的“交通”遵从什么样的“交通规则”呢？

为了解决这个问题，我们可以具体分析其中一些情况。比如我们选择绕太阳旋转周期相同的一组微粒进行观察，其中一部分微粒是在圆形轨道上运行，另外一部分则是在不同的椭圆轨道上运行（图 119a）。下面我们建立一个围绕太阳旋转，并且旋转周期与微粒相同的坐标系（X，Y），然后利用这个坐标系来描述微粒的运动。

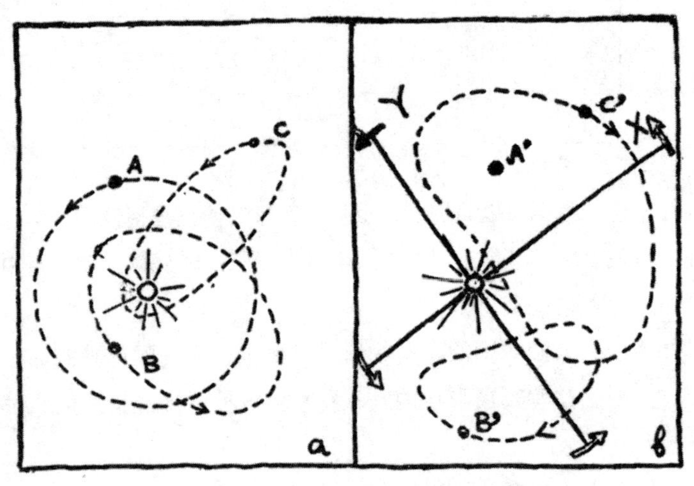

图 119

从旋转坐标系的角度看，在圆形轨道上运行的微粒 A，必定会始终静止于某个点 A'。而以椭圆轨道运行的某个微粒 B，则会不断改变自己的位置，有时离太阳近些，这时它的角速度会变大，有时离太阳远些，这时它的角速度会变小。因此它相对于旋转坐标系（X，Y），有时会超前，有时又会滞后。从旋转坐标系的角度观察，它的运行轨迹将是一个封闭的蚕豆形状，在图 119b 中，我们将其标记为 B'。沿一条更长的椭圆形轨道运行的微粒 C，在旋转坐标系上观察它的运行轨迹同样是封闭的蚕豆形，只不过更大一些，我们将其标记为 C'。

如果要让这些微粒在运行过程中不发生碰撞，那么就要让各微粒在旋转坐标系（X，Y）中的运行轨迹不相交。由于运行周期相同的微粒必然和太阳的平均距离相等，最终这些轨迹形成的图案就像一条环绕着太阳的“蚕豆项链”。

有些读者或许不太理解上面所说的内容，其实这是一种非常简单的解释，其作用就是说明跟太阳的平均距离相同因而运行周期相同的各种微粒，是在怎样的规则下保持不发生碰撞的。在原始太阳周围运行的那些微粒，跟太阳的平均距离不同，当然也就有不同的运行周期，因此会比图中的情况复杂很多。最终形成的“蚕豆项链”肯定不只一条，而是会嵌套很多条，相互间以不同的速度环绕。魏茨泽克对这个问题进行了仔细的分析，最终得出结论：要想让整个系统保持稳定有序，每条“项链”上都只能有五个旋涡系统，呈现出来的景象就像图 120 显示的那样。这种系统可以保证每条“项链”内部安稳运行，但是因为各条“项链”的运行周期不同，所以在两条“项链”相邻边界的地方，肯定会发生碰撞，分属不同“项链”的微粒在这个区域会相遇，并发生聚集效应。于是在这些特定的点上就出现了不断增长变大的物体，最终“项链”内的物质大部分都会聚集到这个物体上，形成行星。

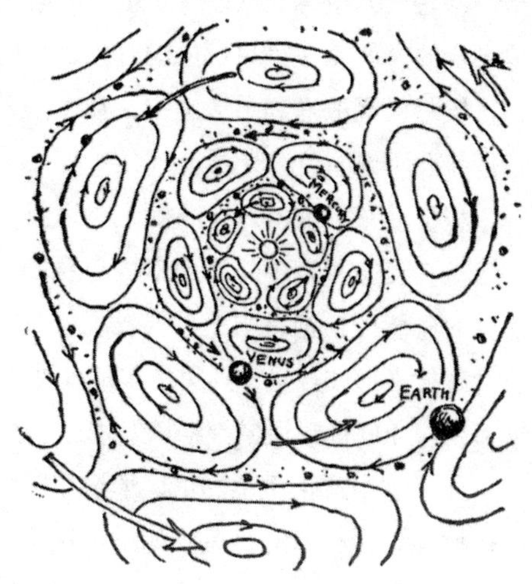

图 120 原始太阳外层中的微粒轨迹

这是太阳系形成过程中所经历的一个阶段，我们只是简单描述了当时的行星运行规则。实际上通过简单的几何推导，我们可以得出结论，在图120展示的这个系统中，相邻“项链”的边界半径，会呈现出几何级数递增的规律，也就是每一个半径都是前一个半径的两倍。但是我们并不会认为这个规律需要十分精确，因为这个规律并不是来源于原始尘埃需要遵从的某项规则，而只是表明了微粒如果不如此运动，会有陷入混乱的倾向。

各大行星的卫星也遵从同样的规律，这表明卫星的形成过程与行星的形成过程是大致类似的。在原始太阳周围的微粒渐渐聚集成行星的时候，其中的大部分会形成行星本身，而一小部分则会围绕行星运转，变成数量不一的卫星。

讲述完微粒相互碰撞并形成行星的过程，这里还要再讲一下原本围绕在太阳周围占总质量 99% 的气体去了哪里。这个问题其实是比较好解释的。

在微粒通过碰撞聚集成更大的物体时，气体物质并不会参与这个过程，最后只会散逸到太空中。进行一些简单的计算就能得出，这些气体散逸大约需要 1 亿年的时间，这跟行星形成的时间是吻合的。所以在行星形成的时候，那些原本包裹着太阳的氢气和氦气都已经散逸到了太空中，在太阳系中只留下一小部分，也就是前面所说的黄道光芒。

根据魏茨泽克的理论，我们可以推导出一个结论，就是所有的恒星在诞生过程中，都会形成自身的行星系，这是一个普遍现象。而碰撞理论则指向一种偶发现象。通过计算我们可以知道，通过碰撞来形成行星，其实是非常少见的。经过几十亿年的运行，银河系这 400 亿颗恒星大约只发生过几次碰撞。

如果这个推论正确的话，那么在银河系内就会有几百万颗与地球物理条件相似的行星。如果在这些“宜居”的行星上没有出现生命，没有出现生命的最高形态，那就真是件怪事了。

在第九章的时候我们说过，像病毒这种最简单的生命形态，不过是碳、氢、氧、氮等元素组成的复杂分子。在每个新生的行星上都会有充足的元素来形成这些物质，当行星上形成地壳，大气中的水分下降成为水源，只要那些特定的元素以特定的方式发生偶然的组合，便必定会出现生命分子。虽然说这些具备生命活性的分子相对比较复杂，形成的概率非常低，但是在如此长的时间中，即便是随便摇一盒拼图玩具，也有可能在偶然情况下得到我们想要的图案，更何况在行星上有那么多的原子在发生碰撞。

在地球形成了地壳之后，生命便很快出现了，虽然看上去不可思议，但这说明即便是非常复杂的有机分子也可能在几亿年的时间长河里偶然形成。当最简单的生命形态形成之后，繁殖和进化将会让生命的形态变得越来越复杂。①我们目前还无法了解各个“宜居”行星上是否有和地球一样的生命演化进程，如果将来能对这一点加以研究，将会帮助我们更深入地了解生命的进化。

或许在不久的将来，我们就可以乘坐“核动力太空飞船”，到火星和金星（太阳系中最“宜居”的行星）上去对那里可能存在的生命进行研究。不过对于几百、几千光年之外的其他星系，我们或许永远无法知道上面是否存在生命，以及以什么形态存在。

二、恒星“秘事”

我们已经较为系统地了解了恒星是怎样产生自己的行星系的，接下来我们要讨论一下恒星自身的情况。

---

① 关于地球生命的起源和演化，在拙作《地球自传》（1941 年第一版，1959 年修订版）中有更详细的讨论。——原注

恒星是怎样诞生的？诞生最初阶段是怎样的？后来的演化过程是怎样的？最后的结局又是怎样的？

对于这些问题，我们可以从银河系的几百亿颗恒星中挑选比较典型的一颗当作样本进行研究，这当然非太阳莫属。我们已经知道，太阳的历史是非常久远的，根据古生物学的研究，在几十亿年的时间里，太阳的光照强度一直没有发生变化，正是因为这样，地球上的生命才如此繁荣。太阳的能量来源一直是一个让科学家头疼的问题，因为普通的来源根本无法提供如此强大而稳定的能量。后来人们终于发现了元素的放射性嬗变和人工嬗变，了解到在原子核内部有如此巨大的能量。

在第七章我们已经说过，几乎所有的元素都是一种蕴含巨大能量的燃料，只要将其加热到几百万摄氏度，就可以把这种能量释放出来。当然，在地球的实验室中很难达到如此高的温度，但是在太空之中，要达到这样的温度却很容易。就拿太阳来说，虽然其表面温度只有 6 000℃，但是越往内部温度越高，在中心部位可以达到 20 000 000 万℃。这个数据是根据太阳的表面温度和太阳气体的导热性质计算得出的。这就像我们知道了一个热土豆的表面温度和它的导热性质，就能计算出它内部的温度，而无须把它切开测量。

我们已经知道了太阳中心的温度，也知道了各种元素嬗变反应的速率，通过这些数据我们就能计算出到底是什么样的反应使得太阳内部产生如此多的能量。两位热衷于天体物理学的核物理学家汉斯·贝特（Hans Bethe）和魏茨泽克同时发现了这个核反应过程，这一过程被命名为“碳循环”。

这个热核反应过程并不是单一的嬗变，而是由多个相互关联的嬗变形成的“链式反应”。链式反应由六个单独的反应组成，经过这六个反应就会重新回到起点，从而形成一个闭合的循环，这是链式反应最有趣之处。从图 121 中可以看到链式反应的整个过程，参与反应的主要是碳核、氮核，还有与其进行碰撞的热质子。

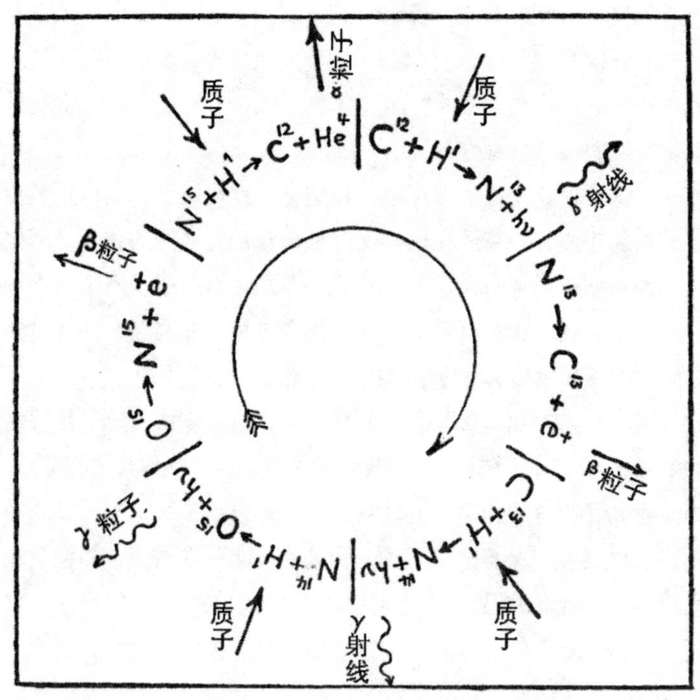

图 121

能让太阳产生能量的链式反应。

链式反应的起点，是普通的碳核（C^{12}），从图中可以看出来，它与一个质子发生碰撞，形成了氮的轻同位素（N^{13}），同时一部分能量以 γ 射线的形式放出。这个反应是核物理学家所熟悉的，在实验室中，核物理学家已经用人工加速高能质子的方式制造出了 γ 射线。N^{13} 是一种不稳定的存在，会释放出一个正电子或称为 β 粒子，形成碳的重同位素（C^{13}），这是一种比较稳定的原子核，在我们使用的煤里就存在少量这种元素。之后 C^{13} 与一个热质子发生碰撞，变成正常的氮核（N^{14}），同时释放出很强的 γ 射线。（后面的反应也可以同样用简便的方式描述。）N^{14} 与一个（第三个）热质子发生碰撞，形成不稳定的氧（O^{15}），O^{15} 释放出一个正电子形成稳定的 N^{15}。N^{15} 与第四个质子发生碰撞，分裂成两个不同的原子核，一个就是反应的起点 C^{12}，另一个就是氦核，也就是通常所说的 α 粒子。

在这个链式反应的循环中，我们可以发现碳核和氮核总是会不断重新生成，如果放在化学反应里，它们充当的角色就是催化剂。抛除催化剂来看，这个反应就是参加碰撞的四个质子最终形成了一个氦核。我们可以这样描述整个过程：在高温条件下，氢核经过碳核和氮核的催化嬗变成了氦核。

贝特称，在 20 000 000℃的高温中，这种链式反应所释放出的能量，恰好相当于太阳实际放射的能量。如果换作其他的反应，则没有如此相符的结果。所以我们基本可以确定，太阳正是利用碳－氮链式反应来释放能量的。另外有一点需要注意，即便是在太阳内部如此高的温度下，要完成图 121 中的完整链式反应，也需要大概 500 万年的时间。在这样的一个周期结束之后，当初参加反应的碳（或氮）才会重新回到起点。

以前有人提出过，说太阳的能量来自于煤。现在我们已经知道实际反应中有碳的参与，所以这句话仍然适用，只不过其中的“煤”不再是燃料的角色，而更接近于神话中的“不死鸟”。

关于太阳释放能量的速度，还有一点需要注意，虽然其影响因素主要是太阳中心的温度和密度，但是氢、碳、氮的含量也会产生一定的影响。利用这一点，我们可以找到一种分析太阳组成成分的方法，就是通过改变各反应物的浓度，用其理论亮度来跟太阳的实际亮度进行比对。史瓦西在近期就进行了这方面的工作，他得出的结论是：氢在太阳中占比超过 50%，氦比氢略少一些，其他的元素则占比很小。

这种对太阳释放能量过程的分析，同样可以应用到其他恒星上，最后我们可以知道，不同恒星有不同的中心温度，因此释放能量的速率也有所不同。比如波江座 O_2C 的质量只有太阳的五分之一，所以亮度只有太阳的 1%；统称天狼星的大犬座 α 质量是太阳的 25% 倍，它的亮度是太阳的 40 倍；天鹅座 Y380 的质量是太阳的 40 倍，是名副其实的巨星，它的亮度是太阳的几十万倍。这种关系可以利用前面的理论很好地解释：恒星的质量越大，中心温度就越高，“碳循环”的链式反应速率就越快，恒星亮度也就越高。

按照这种恒星的“主星序”，我们还可以得出这样的结论：恒星的质量越大，半径就越大（波江座 O_2C 的半径是太阳的 0.43 倍，天鹅座 Y380 的半径是太阳的 29 倍），平均密度就越小（波江座 O_2C 的密度是 2.5，太阳的密度是 1.4，天鹅座 Y380 的密度是 0.085）。图 122 中展示的是一部分主星序恒星的数据。

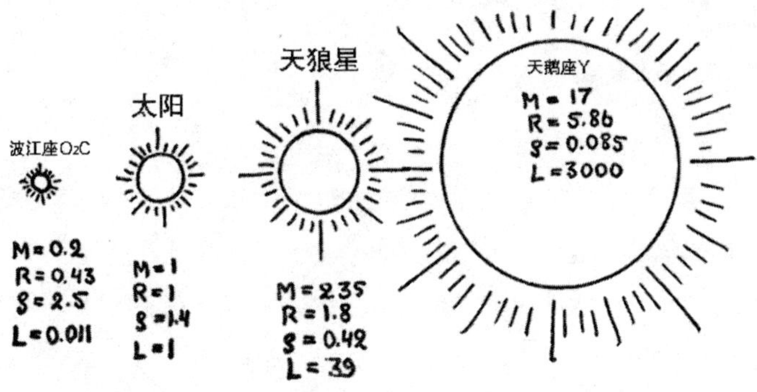

图 122 主星序恒星

大多数恒星的质量都取决于半径、密度和亮度，但是天文学家们发现，有一部分恒星则完全不符合这种规律。比如“红巨星”和“超巨星”，与相同亮度的正常恒星相比，它们的质量是相同的，但是体积却明显要大出许多。图 123 中给出了几颗这样的恒星，其中包括比较有名的御夫座 α、飞马座 β、金牛座 α、猎户座 α、武仙座 α 和御夫座 ε。我们目前还无法解释是什么因素导致这些恒星比正常的恒星体积大那么多，密度那么小。

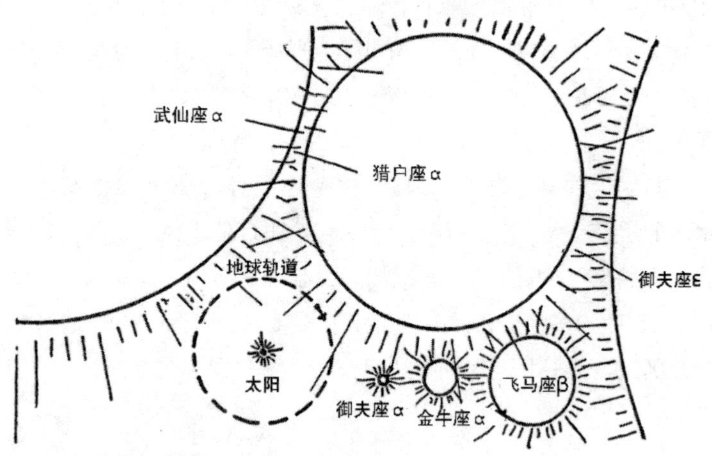

图 123　巨星和超巨星与太阳系的大小对比

另外还有一些被称作“白矮星”的恒星，与那些巨星相反，它们的体积非常小。[①]图 124 中将一颗白矮星与地球进行了大小对比，这是一颗天狼星的伴星，质量跟太阳差不多，直径却只有地

---

① “红巨星”和“白矮星”的名称源于它们的亮度和表面积所呈现的关系。红巨星表面积大，容易释放内部能量，因此表面的温度较低，呈现红色。白矮星的密度大，表面积小，所以表面温度高，呈现白色。——原注

球的3倍，由此可以算得，它的平均密度大约是水的50万倍。可以由此推断，白矮星就是恒星演化到末期的形态，里面的氢已经被消耗殆尽。

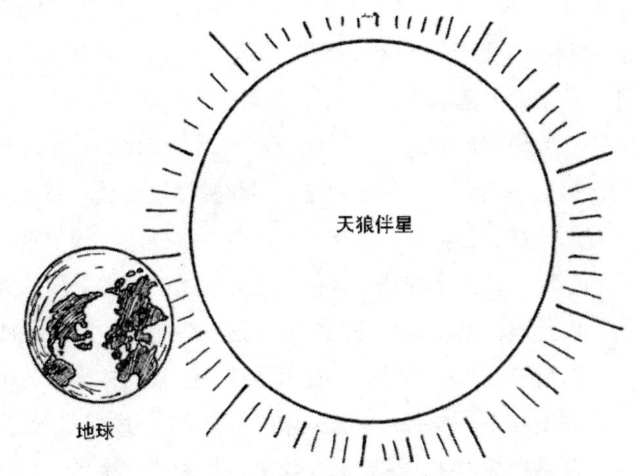

图124 白矮星和地球的大小对比

正如前面说的，恒星的整个生命过程就是从氢到氦的嬗变反应。分散的星际物质刚刚聚集成恒星时，其中50%以上都是氢，我们可以推断，它还有很长的生命。比如太阳的总质量为2×10^{27}吨，氢占其中的一半以上，而从太阳的亮度上来看，它每秒钟大约会消耗掉6.6亿吨氢，也就是说，它的寿命大概是15×10^{18}秒，也就是大约500亿年。而太阳从诞生到现在只有三四十亿年，[①]所以可以说，太阳是一颗很年轻的恒星，还可以在几百亿年的时间里维持这个亮度不变。

但是对那些质量更大的恒星来说，因为亮度更高，所以消耗

① 根据魏茨泽克的理论，太阳形成之后不久太阳系就形成了，所以我们可以根据地球的年龄来大致估算太阳的年龄。——原注

氢的速度也更快。比如天狼星的亮度是太阳的 39 倍，所以在相同的时间里，它消耗的氢也是太阳的 39 倍。而它的质量只是太阳的 2.3 倍，含有的氢也只是太阳的 2.3 倍，所以天狼星把氢耗光只需要 30 亿年。对那些亮度更高的恒星来说，比如天鹅座 Y380（它的质量是太阳的 17 倍，亮度却达到太阳的 30 000 倍），把氢耗光只需要 1 亿年。

那么当氢消耗完之后，恒星会发生什么变化呢？在能源耗尽之后，恒星必然会进入收缩阶段，因此密度也会越来越大。根据天文观测，在宇宙中有很多这种已经进入收缩阶段的恒星，它们的平均密度大约是水的几十万倍。这些恒星的表面温度依然是很高的，因此表面会发出明亮的白光，这跟主星序中的黄色或红色的正常恒星有明显的差异。不过由于这些恒星的体积比较小，所以总的亮度并不是很高，只有太阳亮度的几千分之一。这些已经进入生命末期的恒星，便被天文学家们称为“白矮星”，这里面的“矮”字既可以指体积，也可以指亮度。再经过一段时间，白矮星会逐渐冷却，变成不发光的冷物质，无法用一般的观测方法观察到，这便是天文学家们所称的“黑矮星”。

不过这并不总是注定的结局，还有一些处于末期的恒星在进入收缩和冷却阶段时，并不会保持沉默，有时会发生一些突然的变化，似乎是在向命运呐喊。这种情况通常被称为“新星爆发”或者“超新星爆发”事件，这在恒星研究领域是让人非常感兴趣的一个话题。某颗恒星起初看上去与其他的恒星并没有什么不同，但是在几天时间里，它的温度会突然迅速上升，亮度也突然增加几十万倍。亮度的变化会引起光谱的改变，通过对光谱的研究，可以发现这颗恒星的体积正在迅速增加，其外层膨胀的速度可以达到每秒 2000 千米。不过这种亮度增加只会持续很短的时间，当亮度到达峰值之后，这颗恒星便会渐渐恢复平静。发生爆发事件之后，恒星大约需要一年的时间来恢复到原本的亮度，不过在之后的很长一段时间里，它的辐射仍然会有小幅度的波动。但这颗恒星的其他性质并不会随着亮度的恢复而恢复，在爆发时，恒星中的一部分气体也会随之向外扩散，当恒星本体停止膨胀，这些气体仍然会保持向外的运动趋势，成为环绕星体的一圈越来越大的气体光环。至于星体本身还会发生哪些变化，我们还没有明确的根据加以研究。到现在为止，在爆发前被记录下光谱的，只有一颗新星（御夫座新星，1918 年），而且记录光谱的照片并不清晰，无法通过照片确定它的半径和表面温度。

在这些爆发事件中，对超新星爆发的观测更有利于我们对星体爆发的研究。在银河系当中，通常要隔几个世纪的时间才会发生一次超新星爆发（普通的新星爆发每年都会有 40 次左右）。超新星爆发时的亮度是普通新星爆发的几千倍，有些超新星爆发亮度达到峰值的时候，甚至比整个银河系都亮。1572 年，第谷·布拉赫（Tycho Brahe）就观测到了在大白天也能看到的星星；1054 年，中国的天文学家也记录了类似的星星；伯利恒星或许也是其中一例，这些都是银河系中超新星爆发的例子。

1885 年，我们在对仙女座星云进行观测时，第一次观察到了银河系外的超新星爆发，它的亮度比仙女座星云其他所有新星的亮度加起来还要亮几千倍。近些年，得益于沃尔特·巴德（Walter Baade）和弗里茨·兹维基（Fritz Zwicky）的观测，我们对这类较少发生的大爆发事件有了更深入的了解。是他们最早认识到这两种爆发是十分不同的，并且展开了对超新星的观测工作。

超新星爆发和普通的新星爆发还是有很多共同点的，比如它们的亮度都会先快速增加然后又缓慢下降，亮度曲线的形状也近乎完全一致（不包括尺度）。超新星和普通新星一样，爆发之后会产生一个迅速向外扩展的气体环，不过超新星的气体环占恒星质量的比重要大很多。普通新星的气体环在逐渐扩大之后，会慢慢散逸到太空中，而超新星的气体环却会在爆发的区域内形成一片广阔而明亮的星云。比如1054年观测到的超新星爆发，在其周围就可以看到一片蟹状星云，这应该就是爆发时扩散出来的气体（见照片8）。而且有证据显示，这确实是超新星爆发后的遗留。在蟹状星云的中央，我们观测到一颗亮度不高的星体，通过其性质可以推断出，这正是一颗密度非常大的白矮星。

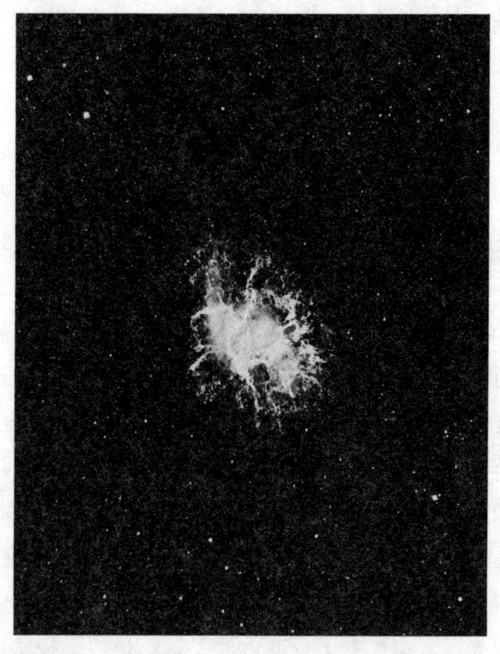

照片8　蟹状星云

1054年，中国天文学家发现了这片区域中超新星爆发，不断膨胀的气体形成了这个蟹状星云。

通过这些研究，我们可以知道，超新星爆发与普通新星的爆发过程非常相似，只不过前者在规模上要大很多。

要是我们认可了超新星和普通新星的“坍缩效应”，那么有一个问题就必须要解答，就是星体为什么会快速坍缩。就我们已经知道的来看，这些恒星都是由大量温度很高的气体组成的，当其处于正常状态时，内部气体的高温高压完全可以支撑其形态。其表面辐射损失的能量，可以由内部进行的“碳循环”核反应产生的能量进行补充，所以只要核反应还在维持，整个恒星的形态就不会改变。但是当氢耗尽之后，内部没办法再补充表面辐射的能量，那整个星体便肯定会进入收缩状态，将引力势能转变为辐射能。不过因为恒星物质的传导率比较低，内外热传导要经过很长的时间，所以引力收缩的速度也会很慢。就拿太阳来说，如果要让太阳的半径变成现在的一半，那需要经过一千万年以上的收缩过程。如果出现某些因素加快了星体的收缩，那么就会使引力势能加速释放，使得内部的压力和温度升高，从而再次减慢收缩的速度。可以看出来，要想让恒星的收缩速度达到超新星或新星坍缩那样快，必须要有某种特殊的办法把恒星内部的能量快速转移走。比如把恒星物质的传导率增加几十亿倍，那么恒星的收缩速度相应地也会增加几十亿倍，如此一来就可以让恒星在几天的时间内完成坍缩。然而就目前的研究来看，恒星物质的传导率只取决于其本身的密度和温度，是无法通过其他办法如此明显地改变其传导率的，所以也就没办法实现前面的设想。

近期，我和我的同事申伯格博士一起提出了一个观点，就是恒星坍缩的真正原因是其内部出现了大量中微子。在第七章的时候，我们已经对这种微观粒子进行过描述，可以推测就是它们转移走了恒星内部的能量。恒星的星体对中微子来说是透明的，要转移能量并不难，正如玻璃对阳光来说是透明的。只不过我们不能确定恒星内部是否会因收缩而产生中微子，以及是否有足够的中微子用来转移能量。

所有元素的原子核在与高速电子结合时都会释放中微子。当一个原子核与一个高速电子结合在一起之后，会释放出一个高能中微子，并形成一个不稳定的新原子核，不过原子量不会发生改变。这个新的原子核在一段时间之后就会衰变，同时释放出一个电子和一个中微子。接着又进入新的循环，再次释放中微子……（图125）这个过程就被称为“尤卡过程”。

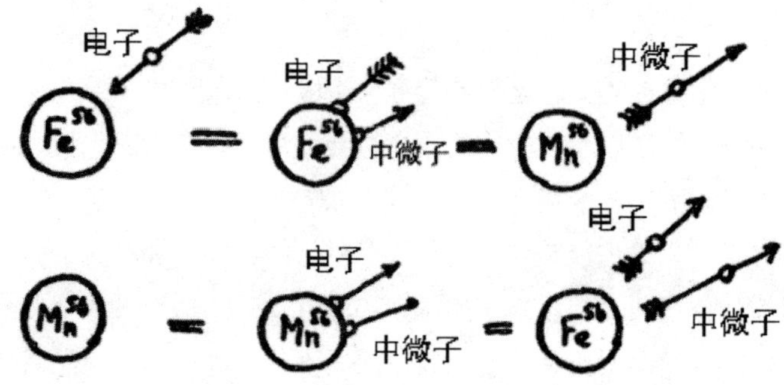

图 125

铁原子核通过尤卡过程不断产生中微子。

当星体处于收缩状态时，其内部的温度和密度会非常高，从而释放大量中微子，并带来巨大的能量损失。比如铁原子核俘获和释放电子的过程会释放出每克每秒 10^{11} 尔格的中微子能量，如果换成氧原子核（它产生的新的不稳定原子核是放射性氮，衰变周期是 9 秒），那么损失能量的速度可以达到每克每秒 10^{17} 尔格。如此高的能量损失，会让恒星在 25 分钟内就完全坍缩。

因此，通过中微子辐射转移恒星内部能量的理论可以很好地解释恒星坍缩的原因。但是目前我们也仅限于能计算出中微子带来的能量损失，对于坍缩过程的具体细节，还需要更多数学上的计算，所以现在还只能对这个问题进行定性的描述。

我们可以想象这样一幅画面，当恒星内部的气压不足以支撑外部物质的时候，外面的气团就会因为引力而向中心坍缩。不过因为恒星通常是快速旋转的，极点附近的物质（靠近转轴的物质）会比赤道附近的物质先坍缩，并把赤道附近的物质向外挤压，由此形成一种不对称的坍缩（如图 126）。

图 126 超新星爆发的前后不同阶段

如此一来原本位于恒星内部的物质会被挤压出来，并且温度会升高到几十亿摄氏度，这就是恒星亮度会突然增加的原因。与此同时，坍缩入中心的物质会形成一颗密度很大的白矮星，那些被挤压出来的物质则会继续向外扩展，并渐渐冷却，形成像模糊的蟹状星云一样的东西。

三、混沌和宇宙膨胀

如果将宇宙看成一个整体，那么就有一些问题需要先行解答，包括宇宙是否会随着时间的推移而演化？宇宙到底是在不断变化中，还是始终处于我们目前所见到的这个状态？

从现在各个学科所得到的研究资料来看，我们可以很明确地认为，宇宙是在不断变化当中的。在遥远的过去、现在、遥远的未来，宇宙的样子大不相同。从各学科所得到的资料来看，宇宙存在一个起点，从这个起点经过漫长的时间，宇宙演化成了现在的样子。各个不同方向的研究都表明，太阳系已经诞生了几十亿年。月亮差不多也有几十亿年的年龄了，它看上去像是被太阳用力从地球上撕下来的一块东西。通过对恒星演化的研究（见上一节），我们知道一般的恒星也都诞生几十亿年了。通过对普通恒星、双星、三星以及复杂的银河系星团运动的研究，天文学家们认为，这些天体的年龄应该也在几十亿年左右。

通过对钍、铀等放射性元素存在数量的研究，也可以为宇宙的存在时间提供一些参考。由于在宇宙中仍然存在这些不断衰变的元素，我们可以认为，要么是宇宙在遥远的过去形成了这些元素，并留存到现在，要么是其他的轻元素通过核嬗变在不断产生这些元素。基于对核嬗变反应的了解，我们可以断定，后一种可能几乎是不存在的。因为在上一节我们可以看到，要从轻元素转变成这些具有放射性的重元素，需要几十亿摄氏度的温度，而恒星内部只有几千万摄氏度的温度，所以就算是最热的恒星内部也无法产生这些重元素。因此我们只能认为，宇宙在前期的某个阶段处于极高温高压状态，从而产生了这些重元素。

我们可以估算一下宇宙的这个阶段的大致时间。我们都知道，钍的平均寿命是180亿年，铀238的平均寿命是45亿年，到现在为止，它们跟稳定的重元素几乎有相同的含量，所以可以断定，它们当中还有相当一部分没有衰变。铀235的平均寿命大约是5亿年，而其含量是铀238的一百四十分之一。从当前钍和铀238的含量可以看出，这些元素的形成时间不会超过几十亿年。接下来我们可以根据铀235的含量进行一些计算。由于其半衰期是5亿年，也就是每过5亿年含量就会减少一半，那么其含量要想减少到现在水平，就需要经过7个半衰期（$\frac{1}{2}\times\frac{1}{2}\times\frac{1}{2}\times\frac{1}{2}\times\frac{1}{2}\times\frac{1}{2}\times\frac{1}{2}=\frac{1}{128}$），也就是35亿年。

这种从物理学角度对化学元素的年龄进行估算得出的数据，与通过天文观测得出的行星、恒星和星系的年龄是十分相符的。

不过还有一个问题，在各种物质刚刚形成的几十亿年前，宇宙到底是什么样子的？中间是怎样的演变让宇宙变成了现在的样子？要回答这些问题，就需要对“宇宙膨胀”现象进行研究。

在上一章中我们提到，在宇宙中有无数庞大的星系，太阳不过是星系之一银河系的几百亿颗恒星中的一颗。而且我们还知道，在视线所能看到的范围内（自然是利用200英寸口径的望远镜），宇宙中的星系总体而言是均匀分布的。威尔逊山天文台的天文学家哈勃在研究这些遥远星系的光谱时，发现这些星系的谱线都向红色方向偏移了一些，并且星系的距离越远，“红移”现象就越明显。后来发现，这些星系的“红移”程度跟它们与地球的距离成正比。对此最合理的解释就是，所有的星系都在远离我们，并且越远的星系远离我们的速度越快。这种解释利用的就是光学上的“多普勒效应”：当我们向光源接近的时候，光源谱线在光谱上会向紫色一端偏移；当我们远离光源的时候，光源谱线在光谱上就会向红色一端偏移。不过发生这种偏移的前提条件，是相对速度要足够大。R.W. 伍德（R.W.Wood）教授在巴尔的摩曾经因为闯红灯而被警察逮捕，当法官审问他的时候，他说因为自己正在向信号灯方向移动，由于多普勒效应，红灯在他眼里变成了绿灯。他这完全是在对法官撒谎，如果法官多了解一些物理学知识，就应该反问伍德教授，需要多快的速度才能让红灯在他眼里变成绿灯，然后给他开出超速罚单。

接下来继续说“红移现象”。前面我们给出的解释似乎有些荒谬，为什么宇宙中其他的星系都要远离银河系？难道银河系跟其他星系有什么不同吗？难道银河系有什么可怕的地方吗？难道银河系是个怪物？不过只要思考一下，这个问题就可以迎刃而解。其实银河系并不特殊，也不是其他星系都要远离银河系，而是所有的星系都在互相远离。我们设想有这样一个气球，气球的表面上有许多小圆点（图 127），当气球被吹大的时候，各个圆点就会相互远离。如果一只昆虫待在某个圆点上，它就会发现其他的圆点都在远离它。而且这些点远离的速度与它们和昆虫之间的距离成正比。

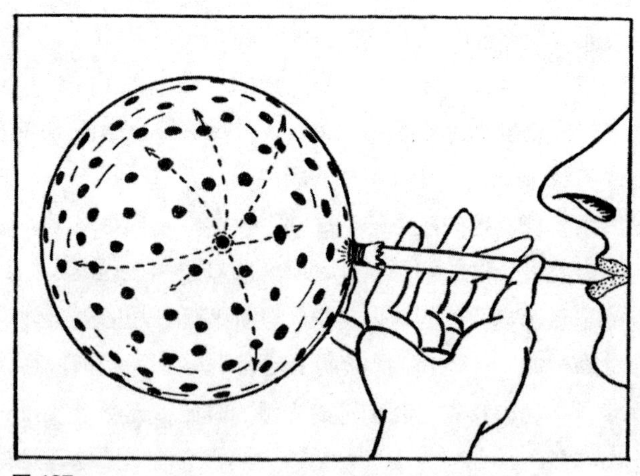

图 127

当气球膨胀的时候，所有的圆点都在相互远离。

从这个例子可以看出，哈勃观察到星系的远离，并不是因为银河系有什么特殊的地方，而是因为整个宇宙都在均匀膨胀，所有的星系都在相互远离。通过膨胀速度和当前相邻星系间的距离，我们可以计算出，至少在50亿年前，这种膨胀就开始了。①

在这个过程开始之前，那些如今我们称为星系的星云正处在形成遍布宇宙的恒星的阶段。如果再往前，宇宙中只有炽热的气体，所有的恒星都还没有独立出来。在更早的阶段，那些气体更加致密，温度也更高，那些化学元素（尤其是放射性元素）就是在这个时候形成的。再往前，整个宇宙的物质都挤压在一起，形成我们在第七章提到的那种超级紧密和炽热的核液体。

接下来我们把前面得到的结果综合一下，用正确的顺序来梳理一下宇宙的演化过程。

在宇宙的初始阶段，威尔逊山望远镜视线范围内（半径5亿光年）的所有物质都聚集成一个球体，大小只有太阳半径的8倍。②不过此时的密度太高，无法维持太久，只需要两秒钟，这个球体就会因为快速膨胀而密度下降到只有水的几百万倍。再过几个小时，其密度下降到了跟水的密度相同。或许就是在这个阶段内，之前连续分布的气体分散成为无数气态球体，即恒星的雏形。当膨胀继续下去，这些恒星又分离变成了星系。直到现在，这些星

---

① 按照哈勃提供的数据，相邻星系间的平均距离为170万光年（1.6×10^{19}千米），相互间的远离速度大概是每秒300千米。我们假设宇宙的膨胀是匀速的，那么膨胀的时间就是$\frac{1.6\times10^{19}}{300}=5\times10^{16}$秒$=1.8\times10^{9}$年。不过根据最新数据计算出来的结果，时间要更长一些。——原注

② 核液体密度是10^{14}克/立方厘米，当前宇宙物质的平均密度是10^{-30}克/立方厘米，由此可算得宇宙的线收缩率为$\sqrt[3]{\frac{10^{14}}{10^{-30}}}=5\times10^{14}$。所以现在的$5\times10^{8}$光年，在那个时候只相当于$\frac{5\times10^{8}}{5\times10^{14}}=10^{-6}$光年$=10\ 000\ 000$千米。——原注

系仍然在相互远离，进入我们无法探知的宇宙空间。

接下来又引出许多问题，比如是什么力促使宇宙膨胀的？宇宙会停止膨胀吗？宇宙会收缩回去吗？会不会有一天，宇宙又收缩成一团致密的核液体，把银河系、太阳、地球和人都挤压在一起？

通过比较可靠的信息，我们可以推断，将来不会出现这种情况。在宇宙形成初期，这个膨胀过程已经扯断了拉紧宇宙的锁链（阻止物质相互远离的引力），使得宇宙遵循惯性定律如此膨胀下去。

我们可以举例说明。比如我们从地球上向太空发射一枚火箭，在重力的作用下，这枚火箭必定会落回地球，因为我们知道，所有的火箭都没有足够的动力进入太空，包括著名的 V-2 火箭在内。不过当火箭的初始速度达到每秒 11 千米（或许将来的原子喷气式火箭可以达到这个速度），就可以克服地球的引力，进入太空当中，并且不受任何阻力地继续运动。我们通常把每秒 11 千米的速度称为克服地球引力的“逃逸速度”。

我们还可以想象一枚炮弹在空中爆炸，抛射的力量使弹片克服了把它们拉向中心的引力，四散飞开（图 128a）。当然，弹片间的引力极小，是无法阻止弹片散开的。不过当这种引力变得非常强大，就可以让弹片停止向外飞行，回到原本的中心（图 128b）。弹片间的引力势能和它们动能的相对大小，决定了这些弹片是向外飞散还是落回中心。

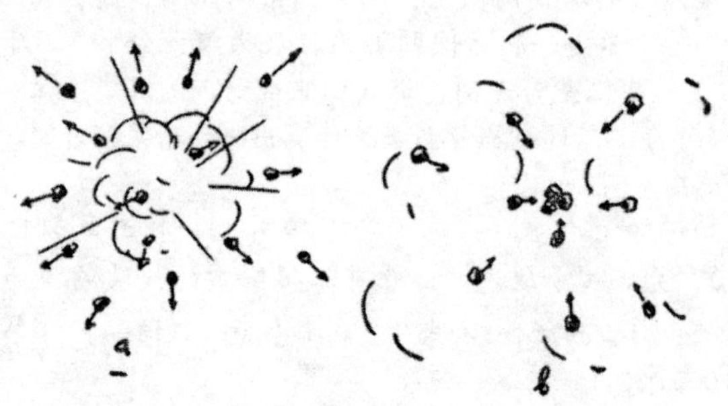

图 128

如果把弹片换成恒星，我们就可以描绘出一幅宇宙膨胀的画面。但是因为星系的质量太大，引力势能跟动能是差不多的，[①]所以需要更细致的比较才能判断宇宙将来到底是膨胀还是收缩。

通过我们目前已知的星系质量，可以算出星系的动能比相互间的引力势能大很多倍，所以可以得出结论，宇宙并不会反向收缩，而是会持续膨胀下去。但是因为关于宇宙的数据通常都是估算值，所以将来也许会推翻这个结论。不过即便宇宙真的开始收缩了，那也需要几十亿年的时间才能恢复到原来的状态。所以距离黑人灵歌中描绘的“星球坠落”、坍缩的星系将我们挤压成粉末的景象，还有很长的一段距离。

宇宙中物质相互远离的速度如此之快，到底是什么样的烈性炸药引起的呢？或许我的回答会让你失望了：可能并不存在我们想象中的爆炸，虽然宇宙现在在膨胀，但是在之前的某个历史时期（当然不会有什么历史记录），它是从一种无限大的状态收缩成一团致密物质的，接着它又被内部强大的力量反弹，开始膨胀。当你进入一间乒乓球室的时候，看到一个乒乓球从地板飞向空中，你肯定马上就能明白，它之前是从高处落到地板上的，之后又弹了起来。

我们可以大胆想象一下，当宇宙处于收缩状态时，是不是所有事情发生的次序都跟现在是相反的。在80亿年或者100亿年前，你是否也是在读这本书，但是却以从后往前的顺序读？那时的人们会不会从嘴里取出来一只炸鸡，放到厨房里变成一只活鸡，然后再送到养鸡场？在养鸡场里，这只鸡会不会从大鸡变成小鸡，然后进入蛋壳，成为一枚新鲜的鸡蛋？

---

① 运动粒子的动能跟它本身的质量成正比，势能与质量的平方成正比。——原注

这些问题都让人神往，但是没办法用科学的方法进行解答，因为宇宙的收缩让所有物质都变成了核液体，之前的所有信息都已经不存在了。